MANUEL D'ALGÈBRE,

OU

EXPOSITION ÉLÉMENTAIRE DES PRINCIPES DE CETTE SCIENCE,

A L'USAGE DES PERSONNES PRIVÉES DES SECOURS D'UN MAÎTRE;

PAR M. TERQUEM,

Docteur ès sciences, Officier de l'Université, Professeur aux Écoles royales d'Artillerie, et Bibliothécaire du Dépôt central de l'Artillerie; membre de l'Académie de Metz.

PARIS,

RORET, LIBRAIRE, RUE HAUTEFEUILLE,

AU COIN DE CELLE DU BATTOIR.

1827.

Explication des Signes employés dans le Manuel.

figures	significations
$+$	plus
$-$	moins
$=$	est égal à
$>$	est plus grand que
$<$	est plus petit que
$:$	est à
$::$	comme
$\times$	multiplié par
$-$	divisé par
∞	infini
$\pm$	plus-moins
$\sqrt{}$	racine.

DE L'IMPRIMERIE DE CRAPELET,
rue de Vaugirard, nº 9.

COLLECTION DE MANUELS FORMANT UNE ENCYCLOPÉDIE DES SCIENCES ET DES ARTS.

Format in-18.

Tous les Traités se vendent séparément.

Pour les recevoir franc de port on ajoutera 50 cent. par volume in-18.

Les suivans sont en vente; les autres paraîtront successivement.

Manuel d'Algèbre, par M. Terquem, professeur de mathématiques aux Écoles royales. Un vol. 3 fr. 50 c.

Manuel d'Arithmétique démontrée, par M. Collin. Sixième édit. Un vol. 2 fr. 50 c.

Manuel d'Arpentage, ou Instruction sur cet art et sur celui de lever les plans, par M. Lacroix, membre de l'Institut. Un vol. orné de planches. Deuxième édition. 2 fr. 50 c.

Manuel de l'Artificier, contenant les Élémens de la Pyrotechnie civile et militaire; par A. D. Vergnaud, capitaine d'artillerie, et ancien élève de l'École Polytechnique. Un vol. orné de planches. 3 fr.

Manuel d'Astronomie, par M. Bailly. Un volume orné de planches. 2e édition. 2 fr. 50 c.

Manuel Biographique, ou Dictionnaire historique abrégé des grands Hommes, par M. Jacquelin et M. Noël, inspecteur-général des études. 2 gr. vol. 6 fr.

Manuel complet de Botanique, contenant les principes élémentaires de cette science; par M. Boitard. Un vol. de 450 pages, orné de planches. 3 fr. 50 c.

Manuel du Boulanger et du Meunier, par M. Dessables. Un vol. 2 fr. 50 c.

Manuel du Brasseur, ou l'Art de faire toutes sortes de Bières, par M. Riffault. Un vol. 2 fr. 50 c.

Manuel du Chamoiseur, Maroquinier, Peaussier et Parcheminier; par M. Dessables. Un vol. orné de planches. 3 fr.

Manuel du Charcutier, ou l'Art d'accommoder toutes les parties du cochon. Un vol. 2 fr. 50 c.

Manuel du Charpentier, ou Traité complet de cet Art. Un gros vol. orné de planches. 3 fr. 50 c.

Manuel du Chasseur et des Gardes-Chasse. Un vol. Nouv. éd. 3 fr.

Manuel de Chimie, par M. Riffault. Un vol. 2e édition. 3 fr.

Manuel de Chimie amusante, par le même. Un vol. 2e édit. 3 fr.

Manuel de la bonne Compagnie, ou l'Ami de la politesse. Un vol. Quatrième édition. 2 fr. 50 c.

Manuel du Cuisinier et de la Cuisinière, par M. Cardelli. Un vol. Cinquième édition. 2 fr. 50 c.

Manuel des Dames, ou l'Art de la toilette, suivi de l'Art du Modiste, du Mercier-Passementier, par mad. Celnart. Un vol. 3 fr.

Manuel des Demoiselles, ou Arts et Métiers qui leur conviennent et dont elles peuvent s'occuper avec agrément; par madame Elisab. Celnart. Un vol. orné de planches. 2e édit. 3 fr.

Manuel du Dessinateur, ou Traité complet de cet Art; par M. Perrot. Un vol. orné d'un grand nombre de planches. 3 f.

Manuel du Dessinateur et de l'Imprimeur Lithographe, par Brégeaut, lithographe breveté. Un vol. orné de planches. 3 fr.

Manuel du Destructeur des Animaux nuisibles à l'Agriculture, à l'Economie domestique, etc., par M. Vérardi. Un vol. orné de planches. 3 fr.

Manuel du Distillateur-Liquoriste, par M. Lebeaud, 1 v. 3 fr.

Manuel complet d'Économie domestique, par mad. Celnart. Un vol. 2 fr. 50 c.

Manuel du Fabricant de Draps, par M. Bonnet, ancien fabricant à Lodève. 1 vol. 3 fr.

Manuel du Fabricant et de l'Épurateur d'Huiles, ou l'Art de faire et dépurer toutes sortes d'Huiles; par M. Julia-Fontenelle. Un vol. orné de figures 3 f.

Manuel du Fabricant de Sucre et du Raffineur; par MM. Blachette et Zoéga. 1 vol. 3 fr.

Manuel du Fondeur sur tous Métaux, par M. Launay, fondeur de la Colonne de la place Vendôme. 2 vol. ornés de planches. 7 fr.

Manuel du Porcelainier, du Faïencier et du Potier de terre, par M. Boyer. 2 vol. 6 fr.

Manuel des Gardes-Malades, par M. Morin. 2e éd. 1 v. 2 fr. 50 c.

Géographe-manuel (*le nouveau*), par M. Devilliers. 2e édit. 1 vol. orné de 7 cartes. 3 fr. 50 c.

Manuel des Habitans de la Campagne. 1 vol. 2 fr. 50 c.

Manuel d'Histoire Naturelle, comprenant les trois Règnes de la Nature; par M. Boitard. 2 vol. 7 fr.

Manuel d'Hygiène, ou l'Art de conserver sa Santé, par M. le docteur Morin. Un vol. 3 fr.

Manuel de l'Imprimeur, ou Traité simplifié et complet de cet Art; par M. E. Audouin de Géronval, et revu par M. Crapelet, imprimeur. 1 vol. 3 fr.

Manuel complet du Jardinier, dédié à M. Thouin; par M. Bailly. 3e édit. 2 vol. 5 fr.

Annuaire du Jardinier et de l'Agronome, pour 1827, par un *Jardinier-agronome*, 1 vol. in-18. 1 fr. 50 c.

Cet Annuaire paraît au 1er janvier de chaque année, et tient au courant de toutes les Découvertes le Manuel du Jardinier, *et tous les autres ouvrages de jardinage.*

Manuel du Jaugeage et des Débitans de boissons; par MM. Laudier et D... avocat. Un vol. 3 fr.

Manuel complet des Jeux de Société, renfermant tous les jeux qui conviennent aux jeunes gens des deux sexes; par mad. Celnart. 1 vol. 3 fr.

Manuel du Limonadier et du Confiseur, par M. Cardelli. 1 vol. 4e édition. 2 fr. 50 c.

Manuel de la Maîtresse de maison, et de la Parfaite Ménagère, par mad. Gacon-Dufour. 1 vol. 2 fr. 50 c.

Manuel de Mammalogie, ou Histoire naturelle des Mammifères, par M. Lesson. Un vol. 3 fr. 50 c.

Manuel des Marchands de Bois et de Charbons, suivi de nouveaux Tarifs du Cubage des bois, etc.; par M. Marié de l'Isle. 1 vol. 3 fr.

Manuel de Médecine et de Chirurgie domestiques, par M. Morin. 2e édition. 1 vol. 3 fr. 50 c.

Manuel du Menuisier en Bâtimens et en Meubles, suivi de l'Art de l'Ébéniste, par M. Nosban. 2 vol. ornés de planches. 6 fr.

Manuel de Minéralogie, par M. Blondeau. 2e éd. 1 v. 3 fr. 50 c.

Manuel du Naturaliste préparateur, par M. Boitard. Un vol. 2 fr. 50 c.

Manuel du Parfumeur, par mad. Gacon-Dufour. Un vol. 2 fr. 50 c.

Manuel du Pâtissier et de la Pâtissière, par la même. Un vol. 2 fr. 50 c.

Manuel du Pêcheur français, ou Traité général de toutes sortes de Pêches; par M. Pesson-Maisonneuve. Un vol. 3 fr.

Manuel du Peintre en bâtimens, du Doreur et du Vernisseur; par M. Riffault. Deuxième édition. Un vol. 2 fr. 50 c.

Manuel de Perspective, du Dessinateur et du Peintre, par M. Vergnaud. Deuxième édition. Un vol. 3 fr.

Manuel de Physique, par M. Bailly. Troisième édition. Un vol. 2 fr. 50 c.

Manuel de Physique amusante, ou Nouvelles Récréations physiques, par M. Julia-Fontenelle. Un vol. 2e édition. 3 fr.

Manuel pratique des Poids et Mesures, des Monnaies et du Calcul décimal; par M. Tarbé. 12e édition. 1 vol. 3 fr.

Manuel du Praticien, ou Traité de la Science du Droit; par M. D..., avocat. Deuxième édition. Un vol. 3 fr. 50 c.

Manuel du Relieur, du Brôcheur et de l'Assembleur, par M. Sébastien Lenormand. Un vol. orné de planches. 3 fr.

Manuel du Savonnier, ou l'Art de faire toutes sortes de Savons, par mad. Gacon-Dufour. Un vol. 3 fr.

Manuel du Serrurier, par le comte de Grandpré. Un vol. 3 fr.

Manuel du Tanneur, du Corroyeur, de l'Hongroyeur, par M. Chicoineau. Un vol. 3 fr.

Manuel du Teinturier, suivi de l'Art du Dégraisseur, par M. Riffault. 1 vol. orné de figures. 3 fr.

Manuel du Tourneur, ou Traité complet et simplifié de cet Art, par M. *Dessables*. 2 vol. ornés de planches. 6 fr.

Manuel du Vétérinaire, contenant la connaissance générale des Chevaux, la manière de les élever, de les dresser et de les conduire; par M. Lebeaud. 1 vol. 3 fr.

Manuel du Vigneron français, ou l'Art de cultiver la vigne, de faire les vins et les eaux-de-vie; par M. Thiébaud de Berneaud. 2e édition. 1 vol. 3 fr.

Manuel du Vinaigrier et du Moutardier, par M. Julia-Fontenelle. 1 vol. 3 fr.

Manuel du Zoophile, ou l'Art d'élever et de soigner les animaux domestiques, par mad. Celnart. 1 vol. 2 fr. 50 c.

SOUS PRESSE.

Manuel de l'Amidonnier et du Vermicellier.

Manuel d'Architecture, ou Traité de l'Art de bâtir, par M. Toussaint, architecte. 2 vol.

Manuel du Chandelier et du Cirier, par M. Sébastien Lenormand. Un vol.

Manuel d'Entomologie, ou Histoire naturelle des Insectes; par M. Boitard. 2 vol.

Manuel de l'Epicier, du Droguiste et de l'Herboriste.

Manuel du Ferblantier.

Manuel complet de Géométrie, par M. Terquem.

Manuel des Jeux de Hasard et de Calcul.

Manuel de Mathématiques amusantes, ou nouvelles Récréations mathématiques.

Manuel complet de Mécanique, par M. Terquem.

Manuel de l'Art militaire, par M. *Vergnaud*, capitaine d'artillerie.

Manuel théorique et pratique de Musique vocale et instrumentale; par M. *Choron*.

Manuel d'Ornithologie, ou Histoire naturelle des Oiseaux.

Manuel du Peintre en Miniature.

Manuel du Poêlier-Fumiste.

Beaucoup d'autres Ouvrages sont prêts à imprimer.

AVERTISSEMENT.

Nous possédons beaucoup de Traités élémentaires sur l'Algèbre; tous sont composés pour les jeunes gens qui, fréquentant les colléges, se destinent au service public. Dans cette sorte d'ouvrages classiques, on est dispensé d'entrer dans de minutieuses explications, dans de longs développemens, qui seront toujours mieux donnés par les professeurs. Il est impossible, en effet, que l'auteur le plus fécond puisse prévoir et consigner d'avance toutes les espèces de difficultés qui peuvent s'offrir à l'esprit des commençans, difficultés aussi diverses que les facultés intellectuelles des élèves. Appréciant ces facultés, c'est aux professeurs à choisir les exercices, à trouver les applications propres à faire comprendre les théories générales de la science. Toutefois, depuis que l'instruction publique a cessé d'être gratuite, beaucoup de jeunes gens, que leur goût naturel porterait aux études mathématiques, en sont repoussés par leur position sociale; c'est principalement à cette classe d'élèves studieux que s'adresse notre Manuel. Dans cette vue, on n'a épargné ni les exemples ni les explications; on a cherché à diminuer ce que les propositions générales ont d'abstrait par de fréquentes applications numériques. A cet effet, l'excellent Recueil publié en Allemagne, par M. Mayer Hirsch, nous a été d'un grand secours. Dans le même pays, on s'est beaucoup occupé à transporter dans les élémens la doctrine des combinaisons, qui joue un rôle si important dans les classifications méthodiques et dans l'appréciation des chances possibles. Sans attacher aux prescriptions, aux règles dites combinatoires, la haute importance qu'on y met de l'autre côté du Rhin, nous croyons cependant cet objet trop négligé en France. A cet égard, notre Manuel remplit une lacune qui existe encore dans les meilleurs traités d'algèbre; on s'est borné à exposer avec étendue la résolution des équations jusqu'au second degré inclusivement. La théorie complète des équations littérales et numériques sera l'objet d'un ouvrage spécial. En général, on s'est attaché à ce double but de donner d'abord ce qu'exigent les besoins de la pratique, et ensuite d'inspirer le désir et de fournir les moyens de s'élever plus haut.

On est prié de faire les corrections indiquées dans l'*errata* placé à la fin du volume.

MANUEL D'ALGÈBRE.

PREMIÈRE LEÇON.

I. L'ALGÈBRE est l'art d'exécuter sur des quantités quelconques, au moyen de signes généraux, toutes les opérations de l'arithmétique, et de représenter, à l'aide des mêmes signes, toutes les relations entre ces quantités.

II. La partie de l'algèbre qui enseigne les règles pour exécuter les opérations arithmétiques sur des quantités quelconques se nomme *calcul littéral.*

III. La partie de l'algèbre qui traite de la manière de représenter, à l'aide de signes, les relations entre les quantités, se nomme *calcul par équation.* (1)

IV. On verra dans la suite que, dans le calcul par équation, on a sans cesse besoin du calcul

(1) LAGRANGE, *Résolution des Équations numériques.*

littéral; c'est donc par celui-ci qu'il faut commencer.

CALCUL LITTÉRAL.

V. Ce calcul est nommé *littéral* parce qu'il apprend à opérer sur des quantités représentées par des *lettres*, ce qui le distingue du calcul *numérique*, qui n'opère que sur des quantités représentées par des chiffres.

VI. On représente les quantités quelconques par des lettres, parce que les lettres sont des signes dont l'usage est le plus connu et le plus fréquent.

VII. Les premières opérations de l'arithmétique ont pour but de composer (addition, multiplication) et de décomposer (soustraction, division) les nombres : il en est de même dans le calcul littéral.

ADDITION.

VIII. Pour indiquer qu'on doit ajouter deux quantités, on se sert de ce signe $+$, qu'on prononce *plus;* ainsi $a + b$, ou a plus b, traduit en langage ordinaire, signifie qu'il faut ajouter la quantité représentée par b à la quantité représentée par a.

IX. Il est évident, par la nature même de l'addition, que $a + b$ donne le même résultat que $b + a$; on écrit cette proposition en signes algébriques de la manière suivante : $a + b = b + a$. Le signe $=$ se prononce *est égal à*, et se nomme le signe d'égalité.

X. $a + b + c$, traduit en langage ordinaire, signifie qu'il faut ajouter b avec a, et à cette dernière somme, ajouter encore la quantité c.

XI. Il est évident, comme dans le n° IX, que l'on a $a + b + c = a + c + b = b + a + c = b + c + a = c + a + b = c + b + a$.

XII. On trouve maintenant aisément la signification de

$$m + n + p + q, \text{ ou de } a + b + c + d + e, \text{ etc.}$$

XIII. L'addition de deux quantités peut se faire de deux manières (n° IX); l'addition de trois quantités, de six manières (n° X): on peut donc demander de combien de manières est-il possible d'effectuer l'addition de quatre, cinq, six quantités; la solution de cette question dépend de certaines règles de combinaisons que nous donnerons dans la suite.

XIV. Si $a = 7{,}345$,

$b = 8{,}26$,

$c = 37{,}534$,

$d = 19{,}0005$,

$e = 10{,}94$,

$f = 103{,}729$,

on aura $a + b + c + d + e + f = 186{,}8085$.

SOUSTRACTION.

XV. Pour indiquer qu'on doit soustraire une quantité d'une autre, on met devant la quantité, qui doit être retranchée, le signe —, qu'on prononce *moins;* ainsi $m - r$ signifie que de la quantité m il faut retrancher la quantité r;

si $m = 129{,}57$

et $r = 6{,}894356$,

alors $m - r = 122{,}675644$.

XVI. Il est évident que

$$a - a = b - b = c - c = 0.$$

Addition et Soustraction combinées.

XVII. Soit proposé d'ajouter $a - b$ à la quantité c; si l'on ajoute seulement c avec a, on aura pour résultat $a + c$ évidemment trop grand de la quantité b; pour avoir la somme juste, il faut donc ôter la quantité b, et l'on obtiendra ainsi $a + c - b$ pour la somme demandée.

XVIII. Il est évident que l'on a

$$a + c - b = c + a - b = a - b + c = c - b + a,$$

Si $a = 12$	a 12	c, 4	a 12	c 4
$c = 4$	$+ c$ 4	a, 12	$- b$ 3	$- b$, $+ - 3$
$b = 3$	$a + c, = 16$	$c + a = 16$	$a - b = 9$	$c - b = 1$
	$- b, - 3$	$- b = - 3$	$+ c = 4$	$+ a = 12$
	$a + c - b = 13$	$c + a - b = 13$	$a - b + c = 13$	$c - b + a = 13$

XIX. Soit proposé d'ajouter $a - b$ à la quantité $c - d$; si l'on ajoute seulement c à $a - b$, on aura un résultat $c + a - b$ évidemment trop grand de la quantité d; il faut diminuer de d ce dernier résultat, et l'on obtiendra $c + a - b - d$ pour la somme cherchée.

XX. Il est évident que

$$c + a - b - d = a + c - b - d = c - b + a - d = c - b - d + a, \text{ etc.}$$

Si $c = 12$	c	12	a	13	c	12	c	12
$a = 13$	a	13	c	12	$-b$	6	$-b$	6
$b = 6$	$c + a =$	25	$a + c$	25	$c - b$	6	$c - b =$	6
$d = 5$	$-b$	6	$-b$	6	$+a$	13	$-d$	-5
	$c + a - b =$	19	$a + c - b$	19	$c - b + a$	19	$c - b - d =$	1
	$-d$	5	$-d$	5	$-d$	5	$+a =$	13
	$a + c - b - d =$	14	$a + c - b - d =$	14	$c - b + a - d =$	14	$c - b - d + a =$	14

XXI. Quelle que soit la quantité à ajouter, on raisonne toujours d'une manière semblable.

Soit proposée l'addition des quantités

$$
\begin{array}{l}
a - b - c \\
d + f - e \\
l - m + n \\
r - s + t
\end{array}
$$

on aura pour résultat

$a+d+l+r+n+t+f-b-c-e-m-s=$
$a-b+d-c+l+r+f+t+n-e-m-s$, etc.

Règle pour l'addition.

On écrit, *dans un ordre quelconque,* les termes, *avec leurs signes*, à côté les uns des autres.

Cette règle est une suite des raisonnemens développés dans les numéros 19, 20 et 21.

XXII. Pour trouver la règle de la soustraction, il faut se rappeler ce principe d'arithmétique : lorsque le nombre supérieur augmente ou diminue, le reste augmente ou diminue de la même quantité ; et lorsque le nombre inférieur augmente ou diminue, le reste diminue ou augmente de la même quantité.

XXIII. Soit proposé de retrancher c de $a-b$, on aura évidemment pour reste $a-b-c$; ce qui revient à retrancher de a la somme des deux quantités b et c ; ainsi $a-b-c=a-(b+c)$.

Le signe ( ) se nomme parenthèse (1), il indique que $b+c$ doit être considérée comme une seule quantité résultant d'une addition effectuée.

(1) Παρα, entre; εν, dans; θεσις, position; παρεντιθημι, *intersero.*

Soit $a = 12$	a	12		
$b = 8$	$-b$	-8	a	12
$c = 2$	$a-b$	4	$-(b+c)$	-10
	$-c$	-2	$a-(b+c) =$	2
	$a-b-c =$	2		

XXIV. Soit proposé de retrancher $c - d$ de $a - b$; si on retranche seulement c de $a - b$, on aura en résultat $a - b - c$ trop petit de la quantité d (n° XXIII) : il faut donc, pour avoir le reste exact, augmenter ce résultat de la quantité d; ainsi $(a-b) - (c-d) = a - b - c + d = a - c + d - b = d - c + a - b$, = etc.

Si $a = 15$ $\quad a - b - c + d = a + d - b - c$.
$b = 2$ $\quad a - b = 13$ $(a-b) - (c-d) = 13 - 3$
$= 15 - 2 - 16 + 13 = 15 + 13 - 2 - 16$
$= 10$.
$c = 16$, $c - d = 3$.
$d = 13$.

XXV. Quelles que soient les quantités qu'il faut soustraire, on raisonnera toujours de la même manière; qu'il faille de

$a - b + c - d - e$
retrancher $l - f - q - s + t$.

reste $a - b + c - d - e - l + f + q + s - t$.

Règle pour la Soustraction.

XXVI. On change les signes des termes de la quantité qu'on doit soustraire, et on l'ajoute ainsi changée à la quantité dont il faut soustraire.

DEUXIÈME LEÇON.

MULTIPLICATION.

I. La multiplication est une opération par laquelle on ajoute un nombre à lui-même autant de fois qu'il y a d'unités moins une dans un autre nombre. Le nombre qu'on répète se nomme *multiplicande*, et celui qui indique le nombre de répétitions se nomme *multiplicateur*; ainsi multiplier a par b, c'est répéter a autant de fois qu'il y a d'unités moins une dans b; a est le multiplicande, et b le multiplicateur.

Le résultat de la multiplication se nomme *produit*.

II. Le produit ne change pas en prenant le multiplicande pour multiplicateur; et le multiplicateur pour multiplicande; c'est-à-dire que a multiplié par $b = b$ multiplié par a; pour le démontrer, nous supposons d'abord que a et b sont des nombres entiers, et qu'on écrive, comme en arithmétique, le multiplicande au-dessus du multiplicateur, on aura d'abord évidemment 1 multiplié par 1 = 1 multiplié par 1.

Supposons maintenant que dans la première multiplication le multiplicande augmente d'une unité, et que dans la seconde multiplication le multiplicateur augmente aussi d'une unité, on aura encore évidemment

$$\begin{array}{lcc} & 1 + 1 \quad . & 1 \\ & 1 \quad\quad ; & 1 + 1 \\ \hline \text{produit} & 1 + 1 & 1 + 1, \end{array}$$

ou bien $(1 + 1)$ multiplié par $1 = 1$ multiplié par $(1+1)$. Par un raisonnement semblable on conclut, de ce dernier résultat, que $(1+1+1)$ multiplié par $1 = 1$ multiplié par $(1+1+1)$.

Le multiplicande d'un côté et le multiplicateur de l'autre, continuant d'augmenter toujours d'une unité, finiront par atteindre a, et les produits étant toujours égaux, on aura enfin a multiplié par $1 = 1$ multiplié par a.

Supposons encore que le multiplicateur de

la première multiplication et le multiplicande de la deuxième multiplication augmentent chacun d'une unité ; il viendra d'abord a multiplié par $(1 + 1) = (1 + 1)$ multiplié par a ; car

$$\begin{array}{cc} a & 1+1 \\ 1+1, & a \\ \hline a+a = & a+a. \end{array}$$

En continuant à faire croître d'une unité le multiplicande et le multiplicateur, il est évident que d'un coté le multiplicande et de l'autre le multiplicateur finiront par devenir égaux à b, et l'on aura enfin a multiplié par $b = b$ multiplié par a.

III. Le multiplicande et le multiplicateur pouvant changer réciproquement de dénomination sans que le produit soit altéré, on a donné à chacun d'eux le nom commun de *facteur.*

IV. Pour indiquer le produit de deux facteurs, on écrit, dans tel ordre qu'on veut, ces facteurs à côté les uns des autres ; ainsi $a\,b$ ou $b\,a$ signifie que b doit être multiplié par a, ou bien a multiplié par b.

Lorsqu'un de ces facteurs est un nombre, on

lui donne le nom de *coefficient;* ainsi 8 b indique que le nombre 8 doit être multiplié par b, et 8 se nomme alors le coefficient de b. (1)

V. Lorsque les deux facteurs sont numériques, il y aurait de l'inconvénient à les écrire à côté l'un de l'autre : par exemple, en voyant 45, on lira quarante-cinq, et non pas 4 multiplié par 5; pour éviter cet inconvénient, qui provient de notre système de numération, on met un point entre les deux facteurs numériques : ainsi 4.5 ou 13.15 indique 4 multiplié par 5.
et 13 *id.* 15.

Souvent le point sert encore à d'autres usages; alors, pour éviter la confusion, on prend le signe $\times$ pour indiquer la multiplication, ainsi $4.5 = 4 \times 5 = 20$; dans quelques cas, on emploie l'un ou l'autre de ces signes, lors même que les facteurs ne sont pas numériques; ainsi $a.b = a \times b = ab = ba$.

VI. Un produit de deux facteurs étant multiplié par un troisième facteur donne un produit qui est formé de trois facteurs : a, b, c étant les trois facteurs donnés, donnent pour produit

(1) *Coefficio;* il contribue, avec la lettre qu'il accompagne, à faire le produit.

$a\,b\,c$, qu'on peut effectuer de douze manières différentes :

1°. $ab \times c$	4°. $c \times ab$	7°. $ba \times c$	10°. $c \times ba$
2°. $ac \times b$	5°. $b \times ac$	8°. $ca \times b$	11°. $b \times ca$
3°. $bc \times a$	6°. $a \times bc$	9°. $cb \times a$	12°. $a \times cb$.

Il résulte de la démonstration du n° II, que les quatre produits de la première ligne sont égaux entre eux.

En effet, l'on a $a\,b = b\,a$, donc $a\,b \times c = a\,b = c \times b\,a$.

Il en est de même des quatre produits de la deuxième ligne et des quatre produits de la troisième ligne.

Les produits obtenus par les première, seconde et troisième manières sont aussi égaux entre eux ; en effet, on a évidemment $a.1 \times c = a\,c \times 1$: de là, on conclut successivement comme dans le n° II :

$$a(1+1) \times c = ac \times (1+1) = ac + ac$$
$$a(1+1+1) \times c = ac \times (1+1+1) = ac + ac + ac,$$

---

et finalement

$$a\,b \times c = a\,c \times b.$$

On démontrera semblablement que $a\,b \times c = b\,c \times a$; donc, de quelque manière qu'on effectue le produit $a\,b\,c$, on obtient toujours le même résultat.

VII. On doit maintenant comprendre ce que signifie un produit de quatre facteurs, ou $a\,b\,c\,d$; il y a cent vingt manières de former ce produit, qui mènent toutes au même résultat. Nous prouverons plus loin ce théorème général : quel que soit le nombre de facteurs, on obtient toujours le même produit dans quelque ordre qu'on multiplie les facteurs entre eux.

VIII. Lorsque dans un produit il se rencontre plusieurs facteurs égaux, on écrit le facteur une seule fois, et un nombre, placé au haut et à la droite de la lettre, indique le nombre de fois que le facteur doit être répété; ce nombre indicateur prend le nom d'exposant, ainsi $a^4b^3c^5 = aaaabbbccccc$. On voit que l'avantage de cette notation est d'abréger considérablement l'écriture algébrique.

IX. D'après son usage et sa définition, on voit que les exposans sont des nombres *essentiellement entiers;* il faut surtout prendre garde de ne pas les confondre avec les coefficiens ; ainsi il y a une très grande différence entre a^3 et $3\,a$. Par exemple, si $a = 4$, on aura

$$a^3 = a\,a\,a = 4.\,4.\,4. = 64$$
$$3\,a = 3. \quad 4 = 12.$$

Règles pour l'addition et la soustraction des quantités littérales *avec des exposans.*

X. Dans la multiplication, nous aurons besoin d'additionner des quantités littérales ayant des exposans ; cette addition est souvent susceptible d'une abréviation que nous allons faire connaître.

XI. Une expression littérale qui ne renferme qu'un seul terme se nomme *monome*, $7\,a^5\,b^3$ est un monome. (1)

Une expression algébrique renfermant deux termes se nomme *binome* (*bis*), ainsi $7\,a^5\,b^3 + 3\,a^4\,b^5$ est un binome, un trinome (2) renferme trois termes ; et on appelle d'un nom commun polynome (3) les expressions algébriques qui renferment plus de deux termes, ainsi $3\,a^5 - b^5 + 6\,c^5 - d$ est un polynome.

XII. Deux monomes sont dits semblables lorsqu'ils ont les mêmes lettres et les mêmes expo-

---

(1) Μονος, *solus* ; νομος, *lex*.

(2) Τρις, *ter*, τρεις, *tres*.

(3) Πολυς, η, υ, *multus, a, um*.

sans, quels que soient d'ailleurs le signe et le coefficient; ainsi les quantités $7\ a^3\ b^5$, $4\ a^3\ b^5$ sont deux monomes semblables. Mais $a^5\ b^3$ et $a^3\ b^5$ ne sont pas semblables, puisque l'exposant 5 de a, dans le premier monome, n'est pas égal à l'exposant 3 dans le second monome.

XIII. Un terme positif (1) est celui qui est précédé du signe +, et un terme négatif (2) est celui est qui précédé du signe —; ainsi $+ 3\ a^2$ est positif, $- 3\ a^2$ est négatif; nous verrons plus bas l'origine de ces dénominations, et nous nous en servirons par anticipation pour abréger le discours.

XIV. Dans le polynome $3\ a^2\ b - 4\ a^5\ c + 3\ a^5 - 6\ a^2\ d$, il y a deux termes positifs et deux termes négatifs ; car le premier terme est censé avoir le signe +; en effet, si l'on renverse l'ordre des termes, ce qui n'altère pas la valeur du polynome, on aura $3\ a^5 - 4\ a^5\ c + 3\ a^2\ b - 6\ a^2\ d$; on voit que le terme $3\ a^2\ b$ a le signe + ; ainsi le premier terme de polynome qui n'a pas de signe est toujours censé avoir le signe +.

---

(1) *Pono,* je pose, j'avance, j'affirme.

(2) *Nego,* je nie.

XV. Un polynome composé de termes *semblables* peut toujours se réduire à un monome; on nomme cette opération *faire la réduction.* Il faut considérer trois cas :

1°. Tous les termes du polynome sont positifs; le résultat sera un monome positif semblable à ceux du polynome, et ayant pour coefficient la somme des coefficiens du polynome. Soit pour exemple le polynome $7\,a^3\,b + 5\,a^7\,b + 13\,a^3\,b$, le produit $a^3\,b$ peut être considéré comme un objet quelconque : il faut donc prendre cet objet d'abord sept fois, puis cinq fois, et ensuite treize fois; ce qui revient à prendre cet objet vingt-cinq fois, donc $7\,a^3\,b + 5a^3b + 13a^3b = 25\,a^3\,b$.

2°. Tous les termes du polynome sont négatifs; le monome résultant est négatif et semblable à ceux du polynome, et ayant pour coefficient la somme des coefficiens du polynome. En effet, le polynome $-7\,a^3\,b - 12\,a^3\,b - 13\,a^3\,b$ indique que $a^3\,b$ doit être retranché successivement sept, douze et treize fois; ce qui revient à retrancher $a^3\,b$ trente-deux fois, donc $-7\,a^3\,b - 12\,a^3\,b - 13\,a^3\,b = -32\,a^3\,b$.

3°. Le polynome est composé de termes positifs et négatifs. On fait la somme de tous les coefficiens positifs et la somme de tous les coefficiens négatifs ; on ôte la plus petite somme de la plus grande ; le reste est le coefficient du monome résultant, qui aura le même signe que la plus grande somme. En effet, soit le polynome $5a^3b - 12a^3b + 17a^3b - 4a^3b$, ce polynome se change dans le binome $22a^3b - 16a^3b$, et ce binome dans le monome $6a^8b$, donc $5a^3b - 12a^3b + 17a^3b - 4a^3b = (5+17-4-12)a^3b = (22-16)a^3b = 6a^3b$.

Si l'on avait le polynome $12a^3b + 4a^3b - 5a^3b - 17a^3b$, il vient $12a^3b + 4a^3b - 5a^3b - 17a^3b = 16a^3b - 22a^3b$; où ce binome indique que a^3b doit être ajouté seize fois et retranché vingt-deux fois ; ce qui revient à retrancher a^3b six fois ; donc $16a^3b - 22a^3b = -6a^3b$.

Règle de réduction.

XVI. Pour faire la réduction, on ajoute ensemble tous les termes semblables positifs et les termes semblables négatifs ; on retranche le plus petit coefficient du plus grand, et on donne au reste le signe du plus grand.

XVII. Ainsi, lorsqu'on a des polynomes à ajouter ensemble, ou à retrancher les uns des autres; il faut, après avoir suivi les règles propres à cette opération, faire ensuite la réduction, s'il y a lieu.

Exemples de réduction dans l'addition et soustraction.

$$10.a^4+3.a^4+6a^4-a^4-5a^4=13a^4$$

$$6^4+2.8^3+3^2+19.6^5+5.8^3-18.6^4+3^2=$$
$$7.8^3+2.3^2-17.6^4+19.6^5=125712.$$

$$16a^4b^3c^5-6b^3a^4c^5+7c^5b^3a^4=17a^4b^3c^5.$$

Addition.

$$5a^4b+3a^2b^2c-7ab$$
$$17ab-6a^4b+2a^2b^2c$$
$$-8a^2b^2c-10ab+9a^4b.$$

Rassemblons les termes semblables :

$$5a^4b+3a^2b^2c-7ab$$
$$-6a^4b+2a^2b^2c+17ab$$
$$+9a^4b-8a^2b^2c-10ab$$

Réduction $-8a^4b-3a^2b^2c.$

Addition.

$$5a^m b^n + 3a^3 b^{m-1} - 6^5 + a^2 c^5$$
$$4a^m b^n - 5a^3 b^{m-1} + 4.6^5 - a^2 c^5$$
$$-9a^m b^n + 8a^3 b^{m-1} - 3.6^5 + 4a^2 c^5$$

Réduction $\quad +6a^3 b^{m-1} \qquad +4a^2 c^5.$

Soustraction.

$$5a^4 - 7a^3 b^2 - 3cd^2 + 7d$$
$$3a^4 - 15a^3 b^2 - 9cd^2 - 3a^2$$

Reste $\quad 2a^4 + 8a^3 b^2 + 6cd^2 + 3a^2 + 7d.$

Soustraction.

$$3a^m x^2 - 13 + 20ab^3 x - 4b^m cx^2 + 4.5^6 + 3.6^5$$
$$3b^m cx^2 + 9a^m x^2 - 6 + 3ab^3 x - 5.5^6$$

Reste $-6a^m x^2 - 7b^m cx^2 - 7 + 17ab^3 x + 9.5^6 + 3.6^5$

TROISIÈME LEÇON.

SUITE DE LA MULTIPLICATION.

I. Lorsqu'on doit multiplier un monome par un polynome, il est évident qu'on peut prendre le monome pour multiplicande et le polynome pour multiplicateur; alors l'opération revient à prendre le monome multiplicande autant de fois qu'il y a d'unités dans chaque terme du multiplicateur; ainsi $a\times(b+c+d+e)=ab+ac+ad+ae$.

II. Si le polynome multiplicateur renferme des termes négatifs, par exemple, si l'on propose de multiplier $a\times(b-c+d-e)$, il faut alors répéter a autant de fois qu'il y a d'unités dans $b+d$; et ensuite répéter a autant de fois qu'il y a d'unités dans c et dans e, ou bien autant de fois qu'il y a d'unités dans $c+e$, et retrancher ce dernier résultat du premier; ainsi

$$a\times(b-c+d-e)=ab+ad-ac-ae$$
$$=ab-ac+ad-ae.$$

III. Si les deux facteurs sont polynomes, par exemple, si l'on doit multiplier $a-b+c-d$ par $e+f+g+h$, il faut répéter $a-b+c-d$ successivement autant de fois qu'il y a d'unités dans e, f, g, h, et ajouter le résultat; ainsi

$$(a-b+c-d)(e+f+g+h)=e(a-b+c-d)+ f(a-b+c-d)+g(a-b+c-d)+ h(a-b+c-d);$$

et, exécutant chacun de ces quatre produits,

$$(a-b+c-d)(e+f+g+h)=ae-be+ce-de+af-bf+cf-df+ag+bg+cg-dg+ha-hb+hc-hd.$$

IV. Les deux facteurs proposés étant polynomes, ils peuvent renfermer chacun des termes et des signes différens. Par exemple : qu'il soit proposé de multiplier $a-b+c-d$ par $e-f-g+h$, cette opération se réduit évidemment à répéter $a-b+c-d$ autant de fois qu'il y a d'unités dans $e+h$, ensuite autant de fois qu'il y a d'unités dans $f+g$, et en retrancher ce dernier résultat du premier ; donc

$$(a-b+c-d)(e-f-g+h)=$$
$$(a-b+c-d)(e+h)$$
$$(a-b+c-d)(f+g)$$

$$(a+b+c-d)(e+h)=$$
$$ae-be+ce-de+ah-bh+ch-dh$$

$$(a-b+c-d)(f+g)=$$
$$af-bf+cf+df+ag-bg+cg-dg;$$

retranchant ce dernier résultat du premier, en observant la règle de la soustraction, qui consiste à changer les signes de la quantité soustraite, il vient finalement :

$$(a-b+c-d)(e-f-g+h)=ae-be+ce-de+ah-bh+ch-dh-af+bf-cf+df-ag+bg-cg+dg.$$

V. Nous voyons, par les n°s II et IV que, lorsqu'il y a des termes négatifs dans un des facteurs, il faut, après la multiplication, faire une soustraction; mais il est plus expéditif de faire ces deux opérations simultanément. Ainsi, dans l'exemple précédent, on procédera plus brièvement de la manière suivante : on commence par multiplier $a-b+c-d$ par e, a multiplié par e donne ae, b multiplié par e donne be; mais, ce terme devant être retranché, on écrit tout de suite $e-be$; c multiplié par e donne ce, ce terme doit être ajouté, on écrit donc $+ce$; d multiplié par e donne de, mais ce terme doit être retranché, donc il faut écrire $-de$. Passons au produit de $-b+c-d$ multiplié par f, qui doit être retranché du précédent, dont tous les signes doivent par conséquent changer; ainsi, a multiplié par f donne af, changeant le signe, il vient $-af$; $-b$ par f donne $-bf$, mais ce terme doit être retranché, donc il faut écrire $+bf$; en continuant de même, on voit qu'il faut écrire tout de suite $-cf$ et $+df$. Il est aisé d'appliquer ce procédé aux autres termes du multiplicateur ; ainsi en écrivant, comme en arithmétique, un des facteurs au-dessous de l'autre, on obtient sur-le-champ le produit :

$$\begin{array}{r} a-b+c-d \\ e-f-g+h \\ \hline \left.\begin{array}{r} ae-be+ce-de \\ -af+bf-cf+df \\ -ag+bg-cg+dg \\ ah-bh+ch-dh \end{array}\right\} \text{produit demandé.} \end{array}$$

Règle des Signes dans la Multiplication.

VI. On verra sans difficulté que le procédé abréviateur contenu dans le numéro précédent est conforme à la règle suivante, qu'on nomme la *règle des signes :* deux termes de même signe (soit positif ou négatif), dans les deux facteurs, donnent au produit un terme positif, et deux termes de signes différens fournissent au produit un terme négatif ; souvent on énonce cette règle d'une manière elliptique, de cette sorte :

$+$ par $+$ donne $+$
$+$ par $-$ donne $-$
$-$ par $+$ donne $-$
$-$ par $-$ donne $+$.

Règle des Coefficiens.

VII. Lorsque les termes ont des coefficiens, on les multiplie entre eux selon les règles de l'arithmétique. En effet, le produit reste le même dans quelque ordre qu'on multiplie les facteurs; il est donc permis de commencer à multiplier entre eux les facteurs numériques ou les coefficiens, par exemple :

$$(6a+3b-5f+7)\times 5g=30ag+15bg-25fg+35g,$$

$$(7l-2m-g)(3l-11n)=21l^2-77nl-6ml+22nm-11ng,$$

$$(l-2m+9)(2p-3)=2pl-4pm+18p-3l+6m-27,$$

$$(p-3)(3q-4)=3pq-4p-9q+12.$$

Règle des exposans.

VIII. Lorsque les polynomes facteurs renferment des quantités avec des exposans, il faut, dans le produit des deux monomes, ajouter les exposans qui affectent la même lettre. En effet, soit, par exemple, $5a^m$ à multiplier par $6a^n$, a est m fois facteur dans le multiplicande, et

n fois dans le multiplicateur; il sera donc $m+n$ fois facteur dans le produit; ainsi:

$$5a^m \times 6a^n = 30a^{m+n}$$
$$3a^4 \times 2a^6 = 6a^{10}.$$

Si les lettres ne sont pas les mêmes, on les écrit à côté les unes des autres, comme il a été dit plus haut.

IX. Tout ce que nous venons de dire sur la multiplication se réduit à ceci: pour multiplier entre eux deux polynomes, il faut multiplier le premier terme du multiplicande par le premier terme du multiplicateur, en observant, 1°. la règle des signes (n° VI); 2°. la règle des coefficiens (n° VII); 3°. la règle des lettres non semblables (n° IV, leçon 2e); 4°. la règle des lettres semblables, ou celle des exposans (n° VIII); on multiplie ensemble le second terme du multiplicande par le premier terme du multiplicateur, en observant les mêmes règles, et ainsi de suite jusqu'au dernier terme du multiplicateur inclusivement; on multiplie de la même manière tous les multiplicandes par le deuxième, troisième, quatrième et dernier terme du multiplicateur; on additionne les produits partiels, et on fait la réduction, s'il y a lieu.

Exemples de Multiplication.

$$(a^2-3ab-5b^2)\,4a^2b=4a^4b-12a^3b-20a^2b^3$$

$$(a^2+a^4+a^6)(a^2-1)=a^8-a^2$$

$$(a^4-2a^3b+4a^2b^2-8ab^3+16b^4)(a+2b)=a^5+32b^5.$$

QUATRIÈME LEÇON.

SUR LA MANIÈRE D'ORDONNER UN POLYNOME, ET SON USAGE DANS LA MULTIPLICATION.

I. L'esprit saisit et la mémoire retient plus facilement une série d'objets arrangés suivant une certaine loi, que lorsqu'ils sont confusément mêlés les uns avec les autres; ainsi, de toutes les manières possibles d'écrire les termes d'un polynome à côté les uns des autres, il y en a nécessairement quelques-unes qui jouissent de l'avantage de présenter une forme régulière et symétrique. La recherche de ces formes régulières a contribué puissamment aux progrès de l'algèbre, et nous allons montrer son utilité et son usage dans la multiplication.

II. On dit que des nombres ou des quantités quelconques sont écrits suivant leur *ordre de grandeur* lorsque, en allant de droite à gauche, ces nombres vont successivement en diminuant ou en augmentant; ainsi les nombres suivans, 3, 5, 12, 17, 19, ou bien 19, 17, 12, 5, 3, sont écrits selon leur ordre de grandeur; dans le premier cas, l'ordre est *ascendant* (1), dans le second cas, l'ordre est *descendant* (2). *Ordonner* (3) des quantités, c'est les écrire selon leur ordre de grandeur; ainsi, pour ordonner les quantités

$$2m+1,\ 2m,\ 2m+5,\ 2n-3$$
$$2m-3,\ 3m,\ 3m-1,\ 3m+1,$$

il faut les écrire de cette manière :

$$3m+1, 3m, 3m-1, 2m+15,$$
$$2m+1,\ 2m, 2m-1, 2m-3;$$

ou bien en suivant l'ordre ascendant:

$$2m-3,\ 2m-1,\ 2m, 2m+1.$$
$$2m+5,\ 3m-1, 3m, 3m+1.$$

---

(1) *Ascendo*, je monte.

(2) *Descendo.*

(3) Ranger, du latin *ordinare*, o.

Ordonner un polynome.

III. *Ordonner* un polynome suivant une *certaine lettre,* c'est écrire les termes où cette lettre se trouve, de manière que les *exposans* de cette lettre se succèdent dans leur ordre de grandeur. Par exemple, pour ordonner le polynome

$$a^2 - 5\,a^3\,b + 6\,a\,b^2 - 3\,b^3$$

suivant la lettre a, il faut l'écrire de cette manière :

$$-5\,a^3b + a^2 + 6\,a\,b^2 - 3\,b^3;$$

les exposans 3, 2, 1 de a se succèdent suivant leur ordre de grandeur. Il faut remarquer ici que les lettres sans exposans sont censées avoir pour exposant l'unité; ainsi, à la place de $6ab^2$, on pourrait mettre $6\,a^1b^2$. On omet ordinairement l'exposant 1 parce qu'il indique que la lettre doit être écrite une fois ; or, la lettre étant écrite, c'est un double emploi que de la surmonter de l'exposant 1. Si on voulait ordonner le polynome par rapport à la lettre b, il faudrait l'écrire ainsi : $-3\,b^3 + 6\,a\,b^2 - 5\,a^3\,b + a^2$.

Lettre principale répétée dans plusieurs termes avec le même exposant.

IV. Si la lettre par rapport à laquelle on ordonne se trouve dans plusieurs termes avec le même exposant, on écrit tous ces termes les uns au-dessous des autres, dans une colonne verticale, ou bien on met tous ces termes sous la forme d'un produit dont l'un des facteurs est la lettre principale avec son exposant, et l'autre facteur est l'un des coefficiens renfermés entre parenthèses : soit, par exemple, le polynome

$$3a^5-2ba^5+3ca^6-b^3+4da^6-a^3-ba^2+1;$$

ce polynome, ordonné par rapport à la lettre a, prend la forme

$$a^6(3c+4d)+a^5(3-2b)-a^3-ba^2+1,$$

ou bien $\left.\begin{array}{r}3c\\4d\end{array}\right|\begin{array}{r}a^6+3\\-2b\end{array}\left|\,a^5-a^3-ba^2+1.\right.$

Quelquefois aussi on ordonne les multiplicateurs de la lettre principale par rapport à une lettre secondaire. Par exemple, le polynome

$$\left.\begin{array}{r}b^4\\+3b^3\\-2b^3\\+1\end{array}\right|\begin{array}{r}a^4+2b^5\\-3b^4\\+\;d\\ \\ \end{array}\left|\begin{array}{r}a^3+2bc^2\\-3bc\\-\;b\\ \\ \end{array}\right|\begin{array}{r}a+b^3\\-2b^2\\+b\\-6\end{array}$$

est ordonné par rapport à la lettre principale a, et les coefficiens de a sont ordonnés par rapport à la lettre secondaire b. Par extension, on donne le nom de *coefficient* aux multiplicateurs de la lettre principale, lors même que ces multiplicateurs ne sont pas des nombres.

V. Un système de numération n'est autre chose que l'art d'ordonner toutes les quantités numériques par rapport à un nombre principal et constant. Dans la numération ordinaire, ce nombre principal est 10 ; ainsi

$$28715 = 2.10^4 + 8.10^3 + 7.10^2 + 1.10 + 5$$
$$28022 = 2.10^4 + 8.10^3 \pm 0.10^2 + 2.10 + 2.$$

Dans le dernier nombre, le terme 10^2 manque, et on le remplace par un zéro.

Signification du double signe $\pm$.

Nous voyons ici o précédé du signe $\pm$, qu'on nomme le *double signe ;* il indique qu'on peut prendre à volonté le signe positif ou le signe négatif : en effet, évidemment, $0.10^2 = 0$; or, une quantité ne change pas, soit qu'on y ajoute ou qu'on en retranche zéro. On se sert quelquefois aussi du caractère *zéro* pour les expressions littérales, pour donner au polynome une forme plus régulière et complète; ainsi on écrit quelquefois le polynome du numéro précédent de cette manière :

$$a^6(3c+4d)+a^5(3-2b)\pm 0.a^4 - a^3 - ba^2 \pm 0.a + 1;$$

il est évident que les termes $\pm a^4$, $\pm a$, sans altérer en rien le polynome, lui donnent une forme plus régulière; les exposans de la lettre principale diminuent successivement d'une unité, 6, 5, 4, 3, 2, 1. Auparavant il y avait un passage brusque de 5 à 3.

VI. Le plus haut exposant de la lettre principale désigne le *degré* du polynome, ainsi le polynome du numéro précédent est dit du sixième degré; on comprend ce qu'il faut entendre par un polynome du septième ou huitième degré.

VII. Lorsque deux polynomes sont ordonnés d'après les mêmes lettres principales et dans le même sens (ascendant ou descendant), le produit de ces deux polynomes sera aussi ordonné d'après cette lettre et dans le même sens. En effet, soit à multiplier le polynome ordonné et du quatrième degré $Aa^4+Ba^3+Ca^2+Da+E$ par le polynome ordonné du troisième degré $A'a^3+B'a^2+C'a+D'$; les lettres capitales représentent les coefficiens de la lettre principale. Le produit total se compose de la somme de quatre produits partiels. Le premier produit partiel est $AA'a^7 + BA'a^6 + A'Ca^5 + DA'a^4 + EA'a^3$; il est du septième degré, et donné par la somme de degrés des deux facteurs.

On voit facilement que le second produit partiel est du sixième degré, le troisième est du cinquième degré, et le quatrième est du quatrième degré; il est aisé d'étendre ce raisonnement à des polynomes de degré quelconque, et on conclut que lorsque les polynomes sont ordonnés suivant l'ordre descendant,

1°. Le premier terme du produit total est égal au premier terme du premier produit partiel, et résulte de la multiplication des deux premiers termes des facteurs.

2°. Le second produit partiel est d'un degré moindre que le premier, le troisième moindre que le second, et ainsi de suite.

3°. Dans chaque produit partiel le premier terme est le plus élevé de son rang, et résulte toujours de la multiplication du premier terme du multiplicateur, par un des termes du multiplicande.

4°. En retranchant du produit total le premier produit partiel, le premier terme du reste est égal au premier terme du second produit partiel, et en retranchant de ce reste le second produit partiel, le premier terme de ce second reste sera égal au premier terme du troisième produit partiel, et ainsi de suite.

5°. Si les polynomes sont ordonnés suivant l'ordre ascendant, il est aisé de voir les changemens qui sont à faire dans les conclusions précédentes.

6°. Ces propositions sont très importantes, et servent de base aux opérations à faire dans la division littérale; aussi nous engageons les commençans à achever la multiplication des deux polynomes proposés, en ordonnant les facteurs successivement, suivant l'ordre descendant et ascendant, et à s'exercer sur les exemples qui suivent. Ils verront facilement que la composition des termes est conforme aux observations rapportées ci-dessus, quels que soient les signes des termes des polynomes, et lors même que, par les valeurs particulières des coefficiens, un ou plusieurs termes du produit total disparaissent, les conclusions conservent toujours leur exactitude et leur généralité.

VIII. Au moyen de facteurs ordonnés, on

trouve avec beaucoup de facilité les termes du produit qui sont susceptibles de réduction.

Exemples de produits ordonnés.

$$(a^4-2b^3)(a-b)=a^5-2ab^3-a^4b+2b^4$$

$$(x^2-3x-7)(x-2)=x^3-5x^2-x+14$$

$$(3k^2-5kl+2l^2)(k^2-7kl)=3k^4-26k^3l+37k^3l^2-14kl^3$$

$$(6f^2-17fl+3l^2)(f^5+4f^4l)=6f^7+7f^6l-65f^5l^3+12f^4l^3$$

$$(4a^2-16ax+3x^2)(5a^3-2a^2x)=20a^5-88a^4x+47a^3x^2-6a^2x^3$$

$$(7a^3-5a^2b+6ab^2-2b^3)(3a^4-a^3b+16a^2b^2)=21a^7-43a^6b+150a^5b^2-110a^4b^3+104a^3b^4-32a^2b^5.$$

$$(a^5-5a^4b+10a^3b^2-10a^2b^3+5ab^4-b^5)(a^3-3a^2b+ab^2-b^3)=a8-8a^7b+28a^6b^2-56a^5b^3+70a^4b^4-56a^3b^5+28a^2b^6-8ab^7+b^8.$$

$$(a^2+az+z^2)(a^2-az+z^2)=a^4+a^2z^2+z^4$$

$$(5a^3b^3c^2-6a^4b^2c^5+7a^8b^6c^6)(2a^3b^3c^2+a^4b^2c^5-6a^7b^5c^3)=10a^6b^6c^4+3a^7b^5c^7-18a^8b^4c^{10}+14a^{11}b^8c^8-30a^{10}b^7c^5+36a^{11}b^6c^8+21a^{12}b^7c^{11}-42a^{15}b^9c^5.$$

$$(a^m+b^x-2c^n)(2a^m-3b)=$$
$$2a^{2m}+2b^xa^m-3b^{x+1}+6bc^n$$
$$-4c^na^m$$
$$-3ba^m$$

IX. Il est bon d'apprendre par cœur le produit suivant, dont on fait souvent usage : $(a+b)(a-b)=a^2-b^2$; ce résultat, traduit en langage ordinaire, s'énonce ainsi : la somme de deux quantités, multipliées par leur différence, est égale à la différence de leurs carrés, et réciproquement. En effet, $a+b$ est la somme de a et de b, $a-b$ la différence de a et de b, a^2 le carré de a, b^2 le carré de b, et a^2-b^2 la différence de ces carrés ; un exemple rendra ceci encore plus clair :

$$(7+5)(7-5)=7^2-5^2=49-25=24$$
$$7+5=12 \quad \text{et} \quad 2\times12=24$$
$$7-5=2.$$

X. Dans le numéro précédent, nous voyons que le produit d'un nombre par lui-même se nomme *carré ;* on donne le nom de *cube* au produit qui résulte d'un nombre multiplié deux fois par lui-même : ces deux expressions, carré et cube, ont passé de la géométrie dans l'algèbre, parce que la première de ces sciences a été cultivée long-temps avant que l'on eût eu seulement connaissance de l'autre. Les anciens se servaient aussi des expressions *carré-carré* ou *bi-carré*, *carré-cube*, *cube-cube*, pour désigner les produits tels que a^4, a^5, a^6, etc., parceque

$$a^4 = a^2.a^2$$
$$a^5 = a^2.a^3$$
$$a^6 = a^3.a^3.$$

On sent aisément le vice de cette nomenclature, qui oblige de recourir à de très longues phrases, pour désigner des exposans considérables, tels que a^{75}; aussi les modernes l'ont-ils abandonnée, et désignent en général les produits, formés par des facteurs égaux, par le nom de *puissance*, et joignent avec ce mot le quantième de l'exposant; ainsi :

b^1 ou b est la première puissance de b, ou bien b élevé à la première puissance;

b^2 est la deuxième puissance de b, ou bien b élevé à la deuxième puissance;

b^3 est la troisième puissance de b, ou bien b élevé à la troisième puissance;

et en général b^n est la $n^{ème}$ puissance de b, ou bien b élevé à la $n^{ème}$ puissance.

Cependant on a encore conservé l'habitude de se servir des mots carrés et cubes, anciennement usités; la dénomination de puissance, n'ayant ici rien de commun avec l'idée qu'elle doit faire naître, paraît inconvenante, et devrait être remplacée par un mot analogue à l'objet qu'on a en vue. Le mot *autogène* (1) peut être propre à remplir ce but. Au reste, nous nous servirons toujours de la dénomination consacrée par l'usage.

XIII. On se sert aussi des exposans pour désigner le produit formé par des facteurs polynomes égaux, par exemple :

$$(a+bx+cx^2)^3 = (a+bx+cx^2)(a+bx+cx^2)(a+bx+cx^2); \quad (a+x)^3(b-x)^2(c-e) = (a+x)(a+x)(a+x)(b-x)(b-x)(c-e).$$

CINQUIÈME LEÇON.

LA DIVISION LITTÉRALE.

I. La division littérale est une opération par laquelle étant donnée une expression littérale,

---

(1) Αυτως, *se ipse*, γινομαι, *fio*.

considérée comme résultant de la multiplication de deux facteurs, et connaissant un de ces facteurs, on trouve l'autre facteur.

Lorsque le produit et le facteur donnés sont des nombres, la division est numérique, et l'on en traite dans l'arithmétique.

II. Cette opération est identique à celle par laquelle on partage une quantité donnée en un nombre donné de parties égales, et qu'on cherche la grandeur de chaque partie ; en effet, partager 100 en cinq parties égales, et demander la grandeur de ces parties, c'est, en d'autres termes, chercher un nombre tel qu'étant multiplié par le facteur donné 5, il produise le nombre donné 100 ; l'identité de ces deux recherches a fait donner à l'opération le nom de *division;* au produit on a donné le nom de *dividende* (*dividendus,* à diviser) ; et au facteur, le nom de *diviseur;* le facteur cherché se nomme *quotient* (*quoties,* combien de fois). D'après cette nomenclature, la définition du n° I peut s'énoncer ainsi : *étant donné le dividende et le diviseur trouver le quotient.*

III. On considère aussi la division sous un troisième point de vue, et relativement à l'*unité.* En effet, partager 100 en 5 parties égales, c'est la même chose que partager l'unité en 5 parties égales, et prendre une de ces parties 100 fois; et, en général, partager a en b parties égales, c'est partager 1 en b parties égales, et prendre cette partie a fois. Considérée de cette manière, la nomenclature change : le dividende prend le nom de numérateur, le diviseur celui de dénominateur, et le quotient celui de fraction; aussi toutes les propriétés des fractions s'appliquent aux quotiens, *et vice versâ*.

IV. Le rapport dit géométrique est encore une division : le dividende s'appelle alors *antécédent*, et le diviseur s'appelle *conséquent*. Aussi les expressions *quotient*, *fraction*, *rapport géométrique*, celles de *dividende*, *numérateur*, *antécédent*, celles de *diviseur*, *dénominateur*, *conséquent* sont identiques.

Cette multiplicité de mots, pour désigner la même idée, est un vice du langage mathématique; il est bien essentiel de le connaître, et de se convaincre de la parfaite identité que l'on vient de signaler; par là on est dispensé de répéter les démonstrations pour les mêmes objets, désignés avec des termes différens.

V. Le même signe qui sert en arithmétique pour représenter des fractions, est conservé en algèbre pour désigner la division, ainsi $\frac{a\,b}{b}$ signifie qu'il faut diviser ab par b : il est évident que le quotient est b; ainsi l'on écrit $\frac{ab}{b} = a$; on aurait de même $\frac{ab}{a} = b$.

VI. Il n'est pas toujours possible, dans la division littérale, d'assigner le quotient; par exemple, lorsque le dividende est a, et le diviseur b, on voit facilement qu'il ne saurait exister de facteur littéral, qui, étant multiplié par b, donne pour produit a; dans ce cas, la division ne peut pas s'effectuer; on la met sous forme de fraction : $\frac{a}{b}$.

VII. Il est très important de savoir si la division peut s'effectuer ou non. Le cas le plus simple est celui où le dividende et le diviseur sont monomes; pour que la division puisse s'effectuer, il faut nécessairement que tous les facteurs du diviseur se trouvent dans le dividende; car, si le diviseur renferme un facteur étranger au dividende, par quelque facteur qu'on multiplie le diviseur, le produit résultant aura aussi un facteur étranger, et ne pourra jamais être égal au dividende, par exemple $\frac{ac}{ad}$, cette division ne peut s'effectuer, parce que la lettre d ne se trouve pas dans ac; il en est de même de $\frac{a^2}{a^3}$, parce qu'il y a un facteur a, dans le dénominateur, qui manque dans le numérateur. Lorsque les facteurs du diviseur se trouvent tous dans le dividende, la division s'effectue toujours, et l'on a évidemment le quotient en effaçant, dans le dividende, tous les facteurs qui lui sont communs avec le diviseur ; ainsi on aura $\frac{ab}{b} = a$; $\frac{abc}{ac} = b$; $\frac{a^4d}{a^3d} = \frac{aaaad}{aaad} = a$; $\frac{6\,a^5\,d}{3\,a^2} = 2\,a^3\,d$, et en général $\frac{a^m\ b^n\ c^p}{a^r\ b^s\ c^t} = a^{m-r}\,b^{n-s}c^{p-}$; car a est m fois facteur dans le dividende, et r fois dans le diviseur : il faut donc l'effacer r fois dans le dividende ; il sera facteur dans le quotient $m-r$ fois ; il en est ainsi de b et de c.

VIII. De même qu'en arithmétique, on simplifie une fraction littérale en ôtant les facteurs communs à ses deux termes, de cette manière on trouve :

$$\frac{ac}{ad}=\frac{c}{d};\ \frac{16a}{8b}=\frac{2a}{b};\ \frac{12a}{4b}=\frac{3a}{b};\ \frac{14a}{4b}=\frac{7a}{2b};$$

$$\frac{abc}{ad}=\frac{bc}{d};\ \frac{8fmn}{2fgm}=\frac{4n}{g};\ \frac{12abcde}{8acd}=\frac{3be}{2};$$

$$\frac{6abde}{2bf}=\frac{3ade}{f};\quad \frac{27a^3b^2cfg}{18abcghk}=\frac{3a^2bf}{2hk};$$

$$\frac{35abfgm}{5a^2bf^2gmn}=\frac{7}{afn};\ \frac{13a^{m+1}b^{n-p}}{7a^m\ b^{n+p}}=\frac{13a}{7b^{2p}};$$

$$\frac{25a^{n-2}b^{n-3}}{5a^n b^{n-6}}=\frac{5b^3}{a^2}.$$

IX. Supposons maintenant que le dividende et le diviseur soient des polynomes, et cherchons dans quel cas la division pourra s'effectuer : par un raisonnement analogue à celui du n° VIII, on prouve que le diviseur ne doit pas renfermer des lettres étrangères au dividende, ainsi la division

$$\frac{a^3-7a^2b+bo}{a^2-bd+5}$$

ne peut s'effectuer, parce que la lettre d du dénominateur ne se trouve pas dans le numérateur. En prenant donc, comme principale, une lettre quelconque du diviseur, on pourra ordonner le dividende et le diviseur par rapport à cette lettre; et, pour que la division puisse avoir lieu, il faut que la plus haute puissance de cette lettre, dans le diviseur, ne soit pas surpassée par la puissance la plus élevée de la même lettre dans le dividende : ainsi la division

$$\frac{8a^3 - 8a^4 + 8d}{a^2 - a + d^2}$$

ne peut s'effectuer, parce qu'en ordonnant par rapport à d il se trouve que la puissance de cette lettre, dans le diviseur, surpasse celle de d dans le dividende. Lors donc 1°. que le diviseur renferme des lettres étrangères au dividende; 2° que le diviseur renferme des puissances plus élevées que celles des mêmes lettres dans le dividende, on est sûr que la division ne peut s'effectuer. Lorsque ces deux conditions n'ont pas lieu, voyons s'il est toujours possible d'obtenir le quotient; à cet effet, prenons d'abord un exemple particulier : soit la fraction

$$\frac{+14a^5b^6-12a^4b^9+a^7-6a^6b^3}{a^3-2a^2b^3}$$

$$\begin{array}{l|l}
a^7-6a^6b^3+14a^5b^6-12a^4b^9 & a^3-2a^2b^3 \\
\hline
-a^7+2a^6b^3 & a^4-4a^3b^3+6a^2b^6 \\
\hline
-4a^6b^3+14a^5b^6-12a^4b^9 & \\
+4a^6b^3-8a^5b^6 & \\
\hline
+6a^5b^6-12a^4b^9 & \\
-6a^5b^6+12a^4b^9 & \\
\hline
0 &
\end{array}$$

Ordonnons les deux termes par rapport à la lettre a, et disposons toute l'opération, comme dans l'arithmétique, en regardant le diviseur comme le multiplicande, le quotient devient le multiplicateur et le dividende le produit; le premier terme a^7 (*Leçon* IV et VII), est égal au premier terme du multiplicande a^3, multiplié par le premier terme du multiplicateur; donc le premier terme du multiplicateur est évidemment $\frac{a^7}{a^3}=a^4$; et le premier produit partiel est $a^7-2a^6b^3$. En retranchant ce produit du produit total, le reste est égal au produit du diviseur par les termes suivans du quotient; or

$-4a^6b^3$, premier terme du reste, est égal au produit de a^3 par le deuxième terme du quotient (*Leçon* IV, *concl.* III et IV); donc ce deuxième terme $= -\frac{4a^6b^3}{a^3} = -4a^3b^3$; et le deuxième produit partiel est $-4a^6b^3 + 8a^5b^6$; en le retranchant du premier reste, on aura un second reste égal au diviseur multiplié par les termes suivans du quotient, donc $6a^5b^6$, premier terme, est égal à $6a^5b^6$, multiplié par le troisième terme du quotient, qui sera par conséquent $= \frac{6a^5b^6}{a^3}$; donc le produit partiel $= 6a^3b^6 - 12a^4b^9$ faisant la soustraction, il ne reste rien; par conséquent le troisième terme est aussi le dernier du quotient. Soit encore à effectuer :

$$
\begin{array}{l|l}
a^2bx^8 + a^5x^7 - 8a^6x^6 + 7a^7x^5 & a^2x^2 - a^3x \\
\quad - a^3bx^7 & \overline{bx^6 + a^3x^5 - 7a^4x^4} \\
-a^2bx^8 + a^3bx^7 & \\
\hline
\quad a^5x^7 - 8a^6x^6 + 7a^7x^5 & \\
\quad - a^5x^7 + a^6x^6 & \\
\hline
\quad\quad -7a^6x^6 + 7a^7x^5 & \\
\quad\quad +7a^6x^6 - 7a^7x^5 & \\
\hline
\quad\quad\quad 0 &
\end{array}
$$

Ordonnons le dividende par rapport à x, a^2bx^8 est le produit de a^2x^2 par le premier terme du multiplicande; donc ce premier terme $=\frac{a^2bx^8}{a^2x^2}=bx^6$. Faisons le premier produit partiel, et retranchons-le du produit total; or, $a^5 x^7$ est égal à $a^2 x^2$, multiplié par le deuxième terme du quotient, donc ce deuxième terme $=\frac{a^5 x^7}{a^2 x^2}=a^3 x^5$; on continuera de même pour obtenir le troisième et dernier terme du quotient.

X. D'après la manière de procéder dans la division, on voit que les exposans de la lettre vont en diminuant dans les restes qu'on obtient sucessivement. Si l'on parvient donc à un reste où l'exposant de la lettre principale soit moindre que dans le diviseur, on est sûr que la division ne pourra s'effectuer; car chaque reste devra être égal au produit du diviseur, par un certain nombre des termes du quotient; par conséquent tout ce qu'on a dit du produit total s'applique à chaque reste particulier. Cette conclusion cesserait d'être vraie, si la lettre principale figurait comme dénominateur dans un ou plusieurs termes.

Règle de division.

XI. En rassemblant tout ce qui précède, on en déduit la règle suivante : pour savoir si un polynome est divisible par un autre polynome, on les ordonne par rapport à une lettre principale, et dans le même sens; on examine ensuite : 1°. si le diviseur n'a pas une lettre étrangère au dividende; 2°. si l'exposant de la lettre principale dans le diviseur ne surpasse pas l'exposant de la même lettre dans le dividende. Lorsqu'un de ces deux cas aura lieu, la division ne peut s'effectuer; lorsque aucun de ces cas n'existe, on divisera le premier terme du dividende par le premier terme du diviseur, en observant, 1°. la règle des signes; 2°. la règle des coefficiens, 3°. la règle des lettres non semblables; 4°. et la règle des lettres semblables ou des exposans; on aura ainsi le premier terme du quotient : on multiplie le diviseur par ce premier terme, et on retranche le produit du dividende. Si le reste est sujet à une des conditions ci-dessus rapportées, la division ne pourra s'effectuer; dans le cas contraire, on continuera à diviser le premier terme du reste par le terme du diviseur. On obtient ainsi le deuxième terme du quotient, et ainsi de suite, et on parviendra nécessairement à un reste nul, alors la division est terminée, ou bien à un reste qui ne permet plus de continuer la division; alors l'opération ne peut s'effectuer.

1°. La règle des signes s'énonce ainsi :

+	divisé par	+	donne	+
+	*id.*	—	*id.*	—
—	*id.*	+	*id.*	—
—	*id.*	—	*id.*	+

2°. La règle des coefficiens est qu'on divise, comme en arithmétique, le coefficient du dividende par le coefficient du diviseur. Ces deux règles sont fondées sur ce que le quotient, multiplié par le diviseur, doit reproduire le dividende avec son signe et son coefficient.

3°. La règle des lettres non semblables consiste à écrire les lettres du diviseur au-dessous de celles du dividende, en les séparant par un trait horizontal.

4°. La règle des lettres semblables, ou celle des exposans, consiste à retrancher l'exposant de la lettre dans le diviseur de l'exposant de la même-lettre dans le dividende; mais, lorsque l'exposant du dividende est plus petit que celui du diviseur, on écrit le diviseur au-dessous du dividende, sous forme de fraction, et l'on retranche ensuite l'exposant du dividende de celui du diviseur. Nous verrons bientôt qu'il est facile de s'en tenir, dans tous les cas, à la première partie de cette règle.

Exemples où la Division ne peut s'effectuer.

$$\frac{7a^3 - 5a^2b + 3a^2 - 4}{7a^3 - 5a^2d + 3a^2 - 4}$$

La première condition manque.

$$\frac{a^3 - 3a^2b + 3ab^2}{a^4 - 3a^2b + 3ab^2}$$

La deuxième condition manque.

$$\frac{5a^2 + a - 4b^2}{a^2 - b^2}$$

La deuxième condition manque au premier reste.

$$\frac{a^4 + a^2 - b^4 + b^2}{a^2 + b^2}$$

La première condition manque au deuxième reste.

Exemples de Divisions qu'on peut effectuer.

$\frac{ab-ac}{b-c}=a$; $\frac{ac-bc+ad-bd}{a-b}=c+d$; $\frac{4a^2+6ab+4ax+9bx-15x^2}{2a+3x}=2a+3b-5x$

$$\frac{14af-21bf+7cf+6ag-9bg+3cg}{7f+3g}=2a-3b+c$$

$\frac{4x^3+4x^2-29x-21}{2x-3}=2x^2+5x-7$; $\frac{a^2+ab+2ac-2b^2+7bc-3c^2}{a+2b-c}=a-b+3c$

$$\frac{12a^2+26ab-36ac+18ad-10b^2+29bc-6bd-21c^2+9cd}{6a-2b+3c}=2a+5b-7c+3d$$

$$\frac{119c^2-200cd+408ce-113cf-39d^2+72de+37df-96ef+20f^2}{17c+3d-4f}=7c-13d+24e-5f$$

$$\frac{30a^2b-6a^2c+15ab^2-3abc}{15ab-3ac}=2a+b$$

$$\frac{36a^2b-63ab^2+20b^3}{12ab-5b^2}=3a-4b$$

$\frac{72x^4-78x^3y-10x^2y^2+17xy^3+3y^4}{6x^2-4xy-y^2}=12x^2-5xy-3y^2$; $\frac{a^2-b^2}{a-b}=a+b$

$\frac{\ldots-b^4}{\ldots-b}=a^3+a^2b+ab^2+b^3$; $\frac{a^5-b^5}{a-b}=a^4+a^3b+a^2b^2+ab^3+b^4$; $\frac{a^6-b^6}{a-b}=a^5+a^4b+a^3b^2+a^2b^3+ab^4+b^5$

$$\frac{a^m-b^m}{a-b}=a^{m-1}+ba^{m-2}+b^2a^{m-3}+\ldots\ldots+b^{m-n}a^{n-1}\ldots\ldots+b^{m-1}$$

$$\frac{108a^2-33ac-9ad-9ae-24a^6+10bc+2bd+2be-5c^2-cd-ce}{12a-5e-d-e}=9a-2b+c$$

$$\frac{75a^2bfx^2+65a^2cxy+60abxy^2-65axz+180abfx^2y-156acxy^2-144bxy^3+156xyz}{15abfx-12bg^2-13acy+13z}=5ax+12xy$$

$\frac{6a^3b^2-10a^2f+7a^4bx}{2a^2}=ab^2-5f+\frac{7}{2}a^2bx$; $\frac{bc^3-c^3x}{b-x}=c^3$

$\frac{a^2-2ab+b^2}{a-b}=a-b$; $\frac{a^3+a^2b-ab^2-b^3}{a-b}=a^2+2ab+b^2$

$$\frac{a^7 - 6a^6b^3 + 14a^5b^6 - 12a^4b^9}{a^3 - 2a^2b^3} = a^4 - 4a^3b^3 + 6a^2b^6$$

$$\frac{3a^5 + 16a^4b - 33a^3b^2 + 14a^2b^3}{a^2 + 7ab} = 3a^3 - 5a^2b + 2ab^2$$

$$\frac{(a+x)^4 - 2(a+x)^2b^2 + b^4}{(a+x)^2 - b^2} = (a+x)^2 - b^2 \; (1)$$

$$\frac{a^2bx^8 - a^3bx^7 + a^5x^7 - 8a^6x^6 + 7a^8x^4}{a^2x^2 - a^3x} = bx^6 + a^3x^5 - 7a^4x^4 - 7a^5x^3$$

$$\frac{-a^9b^4 + 15a^{11}b^5 - 48a^{13}b^6 - 20a^{15}b^7}{10a^8b^2 - a^6b} = a^3b^5 - 5a^3b^4 - 2a^7b^5$$

$$\frac{(a-y)^8 - 16(z+y)^8}{(a-y)^2 - 2(z+y)^2} = (a-y)^6 + 2(a-y)^4(z+y)^2 + 4(a-y)^2(z+y)^4 + 8(z+y)^6$$

$$\frac{2a^4 - 13a^3b + 31a^2b^2 - 38ab^3 + 24b^4}{2a^2 - 3ab + 4b^2} = a^2 - 5ab + 6b^2$$

$$\frac{-3f^5g^5 + 20f^6g^4 - 21f^7g^3 + 54f^8g^2}{-f^3g^3 + 6f^4g^2} = 3f^2g^2 - 2f^3g + 9f^4$$

$$\frac{-1 + a^3n^3}{-1 + an} = 1 + an + a^2n^2; \quad \frac{1 - 18z^2 + 81z^4}{1 + 6z + 9z^2} = 1 - 6z + 9z^2$$

$$\frac{a^3 - 2a^2b + b^2 - 2a^4 + 4a^3b - 2ab^2}{a^3 - 2a^2b + b^2} = 1 - 2a; \quad \frac{a^5 - 1}{a - 1} = a^4 + a^3 + a^2 + 1$$

$$\frac{a^6 - 1}{a - 1} = a^5 + a^4 + a^3 + a^2 + a + 1; \quad \frac{a^m - 1}{a - 1} = a^{m-1} + a^{m-2} + a^{m-3} + a^{m-4} \ldots\ldots + a^3 + a^2 + a + 1$$

$$\frac{7a^3 - 5a^2 + a - 3a^4}{1 - 3a} = a^3 - 2a^2 + a; \quad \frac{8a^3 - 15a^2 + 6 - a^4 - 2a}{a^3 - 5a^2 + 2} = 3 - a$$

$$\frac{a^{m+n}b^n - 4a^{m+n-1}b^{2n} - 27a^{m+n-2}b^{2n} + 42a^{m+n-3}b^{4n}}{a^nb^n - 7a^{n-1}b^{2n}} = a^m + 3a^{m-1}b^n - 6a^{m-2}b^{2n}$$

$$\frac{a^{2m} - b^{2m}}{a^m - b^m} = a^m + b^m; \quad \frac{a^{2m+2} - 2a^{m+1}b^2 + b^4}{a^{m+1} - b^2} = a^{m+1} - b^2$$

$$\frac{a^{3m-3} - 3a^{2m-2}b^{n-2} + 3a^{m-1}b^{2n-4} - b^{3n-6}}{a - b} = a^{2m-2} - 2a^{m-1}b^{n-2} + b^{2n-4}$$

(1) On fait l'opération en considérant $a + x$ comme un monome.

SIXIÈME LEÇON.

CALCUL DES FRACTIONS LITTÉRALES.

I. Tout ce qu'on a démontré en arithmétique sur les fractions numériques s'applique aussi aux fractions littérales ; nous nous contenterons donc d'énoncer seulement les principes et les règles pratiquées dans ce genre de calcul.

II. Principe fondamental : une fraction ne change pas lorsqu'on multiplie ou que l'on divise ses deux termes par une même quantité ; ainsi $\frac{a}{b} = \frac{a(l+c)}{b(l+c)} = \frac{anb}{bnc}$.

III. Pour réduire plusieurs fractions au même dénominateur, il faut distinguer deux cas :

1°. Lorsque les dénominateurs particuliers n'ont pas de facteurs en commun, il faut alors multiplier les deux termes de chaque fraction par les produits des dénominateurs des autres fractions, excepté celle dont il s'agit.

2°. Lorsque les dénominateurs particuliers ont des facteurs en commun, on choisit alors pour dénominateur commun le plus petit produit qui soit divisible par le dénominateur de chaque fraction; on multiplie les deux termes de chaque fraction par le quotient du dénominateur commun, divisé par le dénominateur de la fraction dont il s'agit. Soit, par exemple, les trois fractions $\frac{a}{b}$, $\frac{c}{d}$, $\frac{e}{f}$; b, d, f n'ont pas de facteur commun; $\frac{adf}{bdf}$, $\frac{cbf}{bdf}$, $\frac{edb}{bdf}$ sont des fractions réduites au dénominateur commun. Soit les fractions $\frac{a}{4b}$, $\frac{f}{8l}$, $\frac{x}{y}$; d'après la règle générale, le dénominateur commun est $4.8.bly$; mais il est évident que $8bly$ est divisible par chaque dénominateur; c'est donc $8bly$ qu'il faut prendre pour dénominateur commun, et l'on trouvera alors les fractions suivantes : $\frac{2aly}{8bly}$, $\frac{byf}{8bly}$, $\frac{8blx}{8bly}$.

Soient les trois fractions $\frac{a}{bcd}$, $\frac{h}{bcg}$, $\frac{cd}{bg}$ à réduire au même dénominateur. En prenant les facteurs essentiellement différens, on aura pour produit $bcdg$, que l'on prendra pour dénominateur commun, et les trois fractions se changent en celles-ci : $\frac{ag}{bcdg}$, $\frac{hd}{bcdg}$, $\frac{c^2d^2}{bcdg}$; si l'on avait les fractions $\frac{a}{b^2cd}$, $\frac{h}{b^3c^2g}$, $\frac{cd}{bc^3g^2}$, l'on prendrait pour dénominateur commun $b^3c^3g^2d$, et les fractions deviennent $\frac{abc^2g^2}{b^3c^2g^2d}$, $\frac{hcgd}{b^3c^2g^2d}$, $\frac{cd^2b^2}{b^3c^2g^2d}$; on se conduira de même dans des cas semblables.

IV. On peut mettre une quantité quelconque sous la forme d'une fraction, en lui donnant pour dénominateur l'unité; ainsi $a = \frac{a}{1}$; $a+x = \frac{a+x}{1}$; pour réduire au même dénominateur les quantités $\frac{a}{b}$ et c, on donnera à la seconde quantité la forme fractionnaire $\frac{c}{1}$; on a alors les deux fractions $\frac{a}{b}$ et $\frac{c}{1}$ réduites à la même dénomination, elles deviennent $\frac{a}{b}$ et $\frac{cb}{b}$.

Règle d'addition et de soustraction de fractions littérales.

V. On réduit toutes les fractions au même dénominateur, et on fait ensuite, sur les numérateurs, les opérations indiquées par les signes.

Exemples d'addition et de soustraction.

$$\frac{a}{b}+\frac{c}{d}=\frac{ad+bc}{cd};\ \frac{a}{b}+\frac{c}{d}-\frac{e}{f}=\frac{adf+cbf-bde}{bdf}$$

$$\frac{3a}{5b}+\frac{c}{4d}+h=\frac{12ad+5bc+20bdh}{20bd}$$

$$\frac{1}{a}-\frac{1}{b}+\frac{1}{c}=\frac{bc-ac+ab}{abc}$$

$$\frac{af}{4bg}-\frac{5cd}{12bh}+\frac{2}{3}=\frac{3afh-5cdg+8bhg}{12bhg}$$

$$\frac{a^2d}{3b^7c^3}-\frac{3ad}{2b^4c^2}-\frac{b^2}{cd}=\frac{2a^2d^2-9adb^3c-6b^7c^2}{6b^7c^3d}$$

$$a-b-\frac{d}{ef}-\frac{c}{eg}=\frac{aefg-befg-dg-cf}{efg}$$

$$\frac{a}{b^n}+\frac{c}{b^{n-r}}+\frac{d}{b^{n-2r}}=\frac{a+cb^r+db^{2r}}{b^n}$$

$$c + 2ab - 3ac - \frac{b^2c - 5ab^2c + a3}{b^2 - bc} = \frac{2ab^3 - bc^2 + 3abc^2 - a^3}{b^2 - bc}$$

$$\frac{a+b}{2} + \frac{a-b}{2} = a; \quad \frac{a+b}{2} - \frac{a-b}{2} = b$$

$$\frac{2ax + x^2}{(a-x)^2} - \frac{a^2 + 5ax}{(a+x)^2} - \frac{x}{a-x} = \frac{2x^4 + 13a^2x^2 - 2a^3x - a^4}{(a^2 - x^2)^2}$$

$$\frac{a}{a+z} + \frac{z}{a-z} = \frac{a^2 + z^2}{a^2 - z^2}$$

$$\frac{3}{4(1-x)^2} + \frac{3}{8(1-x)} + \frac{1}{8(1+x)} - \frac{1-x}{4(1+x^2)} = \frac{1 + x + x^2}{1 - x - x^4 + x^5}$$

Multiplication des fractions.

VI. Règle. Le produit de deux fractions est égal à une fraction qui a pour numérateur le produit des numérateurs, et pour dénominateur le produit des dénominateurs de deux facteurs fractionnaires.

Exemples de multiplication de fractions littérales.

$\frac{3a}{2} \times \frac{5f}{4} = \frac{15}{8} af = \frac{15af}{8}$; il faut remarquer ici la différence entre $\frac{15}{8} af$ et $\frac{15\,af}{8}$: la première expression signifie qu'il faut multiplier le produit af par $\frac{15}{8}$; et la seconde expression signifie qu'il faut diviser 15 af par 8; or, on démontre en arithmétique que ces deux opérations conduisent au même résultat : donc $\frac{15}{8} af = \frac{15\,af}{8}$. Cette observation est applicable à toutes les expressions de cette forme :

$$17\,a \times \tfrac{3}{4}\,b = \frac{51\,ab}{4};\ \frac{1}{fgh} \times 4\,cd = \frac{4\,cd}{fgh}$$

$$\frac{1}{a^m} \cdot \frac{1}{a^n} = \frac{1}{a^{m+n}};\ \frac{1}{a} \cdot \frac{3ac}{x} \cdot \frac{c}{x} = \frac{3c^2}{x^2}$$

$$\left(\frac{a^2}{x^2} - \frac{ab}{2xy} + \frac{b^2}{y2}\right)\left(\frac{3a^2}{x^2} - \frac{2ab}{5xy} + \frac{b^2}{y^2}\right) = \frac{3a^4}{x^4} - \frac{19a^3b}{10x^3y} + \frac{21a^2b^2}{5x^2y^2} - \frac{9ab^3}{10xy^3} + \frac{b^4}{y^4}$$

$$(3c - 5d + \tfrac{3}{4}g - \tfrac{5}{3}h)(\tfrac{2}{3}c - d + 7g + \tfrac{1}{2}h) =$$
$$2c^2 - \tfrac{19}{3}cd + \tfrac{1}{2}cg + \tfrac{7}{18}ch + 5d^2 - \tfrac{143}{4}dg -$$
$$\tfrac{5}{6}dh + 21cg + \tfrac{21}{4}g^2 - \tfrac{271}{24}gh - \tfrac{5}{6}h^2$$

Division des fractions littérales.

VII. Pour diviser une fraction par une autre fraction, il faut multiplier la fraction du dividende par la fraction du diviseur renversée ; le produit est égal au quotient cherché.

Exemples de division de fractions littérales.

Les exemples rapportés ci-dessus pour la multiplication peuvent aussi servir pour s'exercer dans la division ; il suffit de diviser chaque produit par un des facteurs, et on doit trouver pour quotient l'autre facteur; nous allons donner encore d'autres exemples.

Lorsque le dividende et le diviseur sont fractionnaires, le trait horizontal qui sépare le premier du second est plus grand que celui qui sépare les deux termes de chaque fraction ; cette distinction est nécessaire, afin qu'on sache bien ce qui appartient au dividende et au diviseur.

$$\cfrac{\frac{a}{b}}{\frac{c}{d}} = \frac{ad}{bc}; \quad \cfrac{a}{\frac{c}{d}} = \frac{ad}{c}; \quad \cfrac{\frac{a}{b}}{c} = \frac{a}{bc}; \quad \cfrac{a}{\frac{b}{c}} = \frac{ac}{b}$$

$$\frac{\left(\frac{a}{\frac{b}{c}}\right)}{d} = \frac{ca}{bd}$$

Dans ce dernier exemple, il faut d'abord diviser a par $\frac{b}{c}$, ce qui donne pour quotient $\frac{ca}{b}$; il faut ensuite diviser cette dernière quantité par d; on obtient pour quotient final $\frac{ca}{bd}$.

$$\frac{\frac{3}{4}x^5 - 4x^4 + \frac{77}{8}x^3 - \frac{43}{4}x^2 - \frac{33}{4}x + 27}{\frac{1}{2}x^2 - x + 3} =$$
$$\frac{3}{2}x^3 - 5x^2 + \frac{1}{4}x + 9.$$

$$\frac{\frac{a^7b^2}{5} - \frac{47}{40}a^6b^3 + \frac{9}{2}a^5b^4 - 12a^4b^5}{\frac{2}{5}a^3b^2 - \frac{3}{4}a^2b^3 + 6ab^4} = \frac{1}{2}a^4 - 2a^3b$$

$$\frac{\frac{1}{3} - 6z^2 + 27z^4}{\frac{1}{3} + 2z + 3z^2} = 1 - 6z + 9z^2.$$

SEPTIÈME LEÇON.

SUR LES OPÉRATIONS DÉTACHÉES, SUR L'EXPOSANT ZÉRO ET SUR LES EXPOSANS NÉGATIFS.

I. Lorsque des polynomes sont combinés entre eux, soit par addition, multiplication ou division, on a quelquefois besoin de détacher à volonté des termes dans chaque polynome, et d'assigner la part qu'ont ces termes dans le résultat final. Soient les deux polynomes à ajouter P et Q; le résultat total est P + Q; si dans le premier polynome se trouve le terme $+ a$, et dans le second le terme $+ b$, ces deux quantités donnent évidemment, dans le résultat, le binome $+ a + b$; si dans le premier se trouve le monome $+ a$, et dans le second le monome négatif $- b$, ces deux monomes fournissent au résultat le binome $+ a - b$; si le premier renferme le monome $- a$, et le second le monome $- b$, ces deux monomes fournissent ensemble, au résultat final, le binome $- a - b$; il en serait de même s'il y avait plus de deux polynomes.

Si le polynome Q doit être retranché du polynome P, on aura pour résultat total P — Q. Le monome $+ a$ dans P, et $+ b$ dans Q donne, dans le reste, le binome $+ a - b$; le monome $+ a$ dans P, et $- b$ dans Q donne, dans le reste, le binome $+ a + b$. Le monome $- a$ dans P, et $- b$ dans Q donne, dans le reste, le binome $- a + b$. D'après cette explication, on comprendra facilement les opérations suivantes :

Addition de monomes détachés.

$$a + a = 2a; + a - a = 0; - 6f + 9f + 13f - 8f = 8f;$$
$$- 7c - 5c - 3c = - 15c; - 7 - 6 - 4 = - 17$$
$$- 3a - 8a - 15a = - 26a$$

Soustraction de monomes détachés.

$$a - (+a) = 0;\ 5d - 11d = - 6d;\ a - (-a) = 2a$$
$$8a - (-a) = 9a;\ a - (+8a) = - 9a$$
$$- 9a - (-5a) = - 4a$$
$$12 - (-7) = 19;\ - 13 - (-8) = - 5$$
$$3a - (-26) = 3a + 26;\ - 7a - (-7a) = 0.$$

II. Il en est de même dans la multiplication et dans la division ; on peut détacher un monome dans le multiplicande et dans le multiplicateur, afin d'assigner ensuite le terme qu'ils donnent au produit total. Il est évident que, d'après les règles de la multiplication, exposées plus haut, ce terme sera positif ou négatif, selon que les deux monomes sont de même signe ou de signes différens. Ainsi $+a.+b=+ab$; $-a\times-b=+ab$; $+a.-b=-ab$.

Exemples de multiplication de monomes détachés.

$$-3a.4c=-12ac$$
$$7a.-10b=-70ab$$
$$\tfrac{3}{8}a.-\tfrac{2}{3}b=-\tfrac{1}{4}ab$$
$$-6a.-11x=66ax$$
$$-\tfrac{5}{4}a.-\tfrac{3}{7}x=\tfrac{15}{28}ax$$
$$(-26+3c-9).-8h=18bh-24ch+72h.$$

Exemples de la division de monomes détachés.

$$\frac{-3a^m b^n}{4a^p b^p c^r}=-\frac{3a^{m-p}b^{n-p}}{4c^r};$$

$$\frac{\dfrac{3a^2b^6}{8a^3}-\dfrac{5ac}{6y}+2a^3c^2-\dfrac{2a^2c^2}{5b(a+y)^2}}{-\dfrac{2a^5b^2}{3c}}=$$

$$\frac{-9b^4c}{8a^5}+\frac{15c^2}{2a^4b^5}-\frac{3c^3}{a^2b^2}+\frac{3c^3}{5a^3b^3(a+y)^2}.$$

III. Nous avons insisté sur les opérations avec des monomes détachés parce qu'elles ont pour but de lever la difficulté qu'ont ordinairement les commençans de concevoir comment il est possible qu'on puisse ajouter ensemble, ou multiplier ensemble, des quantités négatives, telles que $-a$ par $-b$, et en effet le multiplicateur ne saurait jamais être ni positif ni négatif; car il est, par sa nature même, essentiellement entier et abstrait; les signes des termes du multiplicateur servent seulement à indiquer de quelle manière les produits partiels doivent être combinés entre eux; ainsi un terme positif du multiplicateur indique que le produit partiel dû à ce terme doit être ajouté; un terme négatif annonce que le produit partiel doit être retranché. On étendra facilement cette explication à la division.

IV. D'après ce qui a été dit dans le n° II, on voit qu'en ajoutant une quantité négative on fait la même opération que si l'on retranchait cette quantité prise positivement, et en retranchant une quantité négative, on fait la même opération que si on ajoutait cette quantité prise positivement. Cette observation nous sera utile dans la suite.

Des exposans négatifs et de l'exposant zéro.

V. Nous avons vu, dans la division des monomes, que la règle des lettres semblables ou des exposans consiste à retrancher le plus petit exposant du plus grand; ainsi

$$\frac{a^5}{a^2} = a^{5-2} = a^3$$

$$\frac{a^3}{a^5} = \frac{1}{a^{5-3}} = \frac{1}{a^2}$$

Mais si pour l'uniformité de la règle on voulait, sans s'embarrasser de la grandeur des exposans, retrancher toujours l'exposant du diviseur de celui du dividende, on serait nécessairement conduit à des résultats négatifs. Ainsi le dernier exemple donne, dans ce cas, pour résultat $\frac{a^3}{a^5} = a^{3-5} = a^{-2}$. Il y a encore une infinité d'autres exemples qui peuvent produire l'exposant négatif -2, entre autres $\frac{a^4}{a^6}$, $\frac{a^5}{a^7}$, $\frac{a^8}{a^{10}}$, et en général $\frac{a^m}{a^{m+2}}$ sont égales à $\frac{1}{a^2}$; toutes ces fractions sont égales. De même la quantité

a^{-3} annonce une fraction dans laquelle, avant d'avoir pratiqué la division, l'exposant du diviseur surpassait de 3 l'exposant du dividende, et où l'on a retranché le plus grand exposant du plus petit. En effet

$$a^{-3} = \frac{a}{a^4} = \frac{a^2}{a^5} = \frac{a^3}{a^6} = \frac{a^m}{a^{m+3}} = \frac{1}{a^3} = \frac{1}{a} \cdot \frac{1}{a} \cdot \frac{1}{a}$$

$$a^{-4} = \frac{a}{a^5} = \frac{a^2}{a^6} = \frac{1}{a^4}$$

$$a^{-n} = \frac{a}{a^{n+1}} = \frac{a^m}{a^{m+n}} = \frac{a^n}{1}$$

VI. Puisque $a^{-4} = \frac{a}{a^4} = \frac{1}{a}, \frac{1}{a}, \frac{1}{a}, \frac{1}{a}$, il s'ensuit que l'exposant négatif a^{-4} indique que la quantité $\frac{1}{a}$ est quatre fois facteur dans le produit. Il y a donc cette différence entre a^4 et a^{-4} : dans la première quantité, a est quatre fois facteur, et, dans la seconde, c'est $\frac{1}{a}$ qui est quatre fois facteur.

VII. Les règles que nous avons données jusqu'ici pour les exposans ordinaires comprennent aussi les exposans négatifs. Les termes composés des mêmes lettres et des mêmes exposans négatifs sont semblables, et sujets à une réduction, quand il y a lieu. Ainsi 7 a^{-m} et 13 a^{-m} sont semblables ; réduits ils donnent 20 a^{-m}.

En effet, $7\,a^{-m} = \frac{7}{a^m}$, et $13\,a^{-m} = \frac{13}{a^m}$,

donc $7\,a^{-m} + 13\,a^{-m} = \frac{20}{a^m} = 20\,a^{-m}$, et ainsi des autres.

Pour multiplier a^{-m} par a^{-n}, il faut ajouter les exposans ; ainsi $a^{-m} \times a^{-n} = a^{-m-n}$. En effet a^{-n} indique un produit composé de n facteurs, égaux chacun à $\frac{1}{a}$; donc le produit total renferme $m + n$ facteurs, égaux chacun à $\frac{1}{a}$, à a^{-m-n}. On démontre de la même manière que

$$a^m \times a^{-n} = a^{m-n};\ \frac{a^{-m}}{a^{-n}} = \frac{\frac{1}{a^m}}{\frac{1}{a^n}} = \frac{a^n}{a^m} = a^{n-m};$$

$$\frac{a^m}{a^{-n}} = \frac{a^m}{\frac{1}{a^n}} = a^{m+n}.$$

On voit donc que, dans la division, il faut

toujours retrancher l'exposant du diviseur de celui du dividende.

VIII. En pratiquant la règle des exposans sur la fraction $\frac{a^m}{a^m}$, on trouve pour quotient a^{m-m}, ou bien a^0; d'un autre côté, on sait que $\frac{a^m}{a^m} = 1$, donc $a^0 = 1$. En effet l'exposant 0 annonce que, avant d'avoir pratiqué la division, l'exposant du dividende était égal à celui du diviseur, les deux termes de la fraction étaient donc égaux, donc la fraction $= 1$. Ainsi $7^0 = 8^0 = 9^0 = 100^0 = a^0 = b^0 = c^0 = (x+y)^0 = 1$, parce que $\frac{7^m}{7^m} = \frac{8^m}{8^m} = \frac{9^m}{9^m} = \frac{100^m}{100^m} = \frac{a^m}{a^m} = \frac{b^m}{b^m} = \frac{c^m}{c^m} = \frac{(x+y)^m}{(x+y)^m} = 1$.

IX. Par analogie on a nommé puissances négatives les quantités qui ont des exposans négatifs, ainsi a^{-3} se prononce a élevé à la puissance -3; $(a+b)^{-5}$ se prononce $a+b$ élevé à la puissance -5, et elle est égale à $\frac{1}{(a+b)^5}$.

X. Les fractions décimales sont des quantités

ordonnées suivant les puissances négatives de 10; soit par exemple :

$$275{,}3412 = 2.10^2 + 7.10^1 + 5.10^0 + \frac{3}{10} + \frac{4}{10^2} + \frac{1}{10^3} + \frac{2}{10^4} = 2.10^2 + 7.10^1 + 5.10^0 + 3.10^{-1} + 4.10^{-2} + 1.10^{-3} + 2.10^{-4}.$$

$$307{,}0203 = 3.10^2 + 0.10^1 + 7.10^0 + 0.10^{-1} + 2.10^{-2} + 0.10^{-3} + 3.10^{-4}.$$

XI. On verra par la suite quel parti on a su tirer des exposans négatifs, et combien ils ont contribué aux progrès de l'algèbre. Pour le moment, nous ne pouvons que faire ressortir l'avantage qu'ils offrent de nous dispenser entièrement d'opérer sur des fractions; par leur moyen, tout dénominateur disparaît et vient se placer à côté du numérateur. En effet, soit la fraction $\frac{a}{b} = a.\frac{1}{b} = a.b^{-1} = ab^{-1}$; de même $\frac{a}{b^m} = a.\frac{1}{b^m} = a.b^{-m} = ab^{-m}$; $\frac{a}{b^2 c^3 d^4} = ab^{-2}c^{-3}d^{-4}$. Si le dénominateur est polynome, il faut le considérer comme s'il ne formait qu'un seul terme ; ainsi $\frac{1}{a+b}=\frac{1}{(a+b)^1}=(a+b)^{-1}$; $\frac{m}{(a+b)^2}=m\,(a+b)^{-2}$.

On se tromperait beaucoup si on écrivait $\frac{1}{a+b}=a^{-1}+b^{-1}$; car $a^{-1}+b^{-1}=\frac{1}{a}+\frac{1}{b}=\frac{a+b}{ab}$; et $\frac{a+b}{ab}$ est toujours plus grand que $\frac{1}{a+b}$; car $(a+b)^2$ est plus grand que $2\,ab$, et à plus forte raison que ab; donc, etc.

Exemples des transformations des fractions en exposans négatifs, et réciproquement.

$$\frac{a}{bc}=ab^{-1}c^{-1};\quad \frac{a}{b^m c^n d^p}=ab^{-m}c^{-n}d^{-p}$$

$$\frac{a}{(m+n)^p(a+b)^q(r+s)}=$$
$$a(m+n)^{-p}(a+b)^{-q}(r+s)^{-1}$$

$$\frac{ab+cd}{de+gh}=(ab+cd)(de+gh)^{-1}$$

$$\frac{a^3d-kf}{5og^3m}=5o^{-1}g^{-3}m^{-1}(a^3d-kf)$$

$$\frac{a+bx}{a+bx+cd^2+dx^3}=$$

$$(a+bx)(a+bx+cx^2+dx^3)^{-1}$$

$$3a^{-7}+10a^{-7}-5a^{-7}+a^2b=8a^{-7}+a^2b=$$

$$\frac{8}{a^7}+a^2b$$

$$5a^{-3}b^2+7ab^2c-3a^mb^{-5}-12ab^2c+6a^{-3}b^2-$$
$$9a^3b^3+b^{-x}-8a^mb^{-5}-3b^{-x}=11a^{-3}b^2-$$
$$-5ab^2c-11a^mb^{-5}-9a^3b^3-2b^{-x}=\frac{11b^2}{a^3}-$$

$$5ab^2c-\frac{11a^m}{b^5}-9a^3b^3-\frac{2}{b^x}.$$

Addition.

$$5a^mb^p+3a^{-3}b^{m-1}-3a^{3}-x^p$$
$$-3ca^mb^p+4g^2a^{-3}b^{m-1}-a+10a^3x^{-p}$$
$$a^mb^p+a+3a^2b^2-2g^2a^{-3}b^{m-1}$$

$$(6-3c)a^mb^p+(2g^2+3)a^{-3}b^{m-1}+7a^3x^{-p}+3a^2b^2$$

Soustraction.

$$5a^4-7a^3b^2-3c^{-1}d^2+7d$$
$$3a^4+15a^3b^2-7c^{-1}d^2+3a^2$$

$$2a^4+8a^3b^2+4c^{-1}d^2-3a^2+7d.$$

Multiplication et division.

$$11\,a^{-2}.2\,a^{-5}.4\,a^{6}.9\,a^{7}=792\,a^{6}$$

$$-a^{-5}b.-a^{-7}d.10\,a=10\,a^{-11}d=\frac{10\,d}{a^{11}}$$

$$-\tfrac{5}{2}a^{-2}b^{3}c^{-m}d^{-1}\times\tfrac{2}{3}a^{2}b^{-3}c^{-2}d^{4}=$$
$$-\tfrac{5}{3}c^{-m-2}d^{3}=\frac{-5d^{3}}{3\,c^{m+2}}$$

$$(a+y)^{-3}h^{5}l^{4}(a+y)^{m+3}l^{-4}m\,(a+y)=$$
$$mh^{5}(a+y)^{m+1}$$

$$(13\,a^{-5}b+10\,a^{-2}b^{2}-4\,ab^{3})$$
$$(6\,a^{-3}b^{2}-18\,b^{3}-7\,a^{3}b^{4})=$$
$$78a^{-8}b^{3}-174a^{-5}b^{4}-295a^{-2}b^{5}+2ab^{6}+28a^{4}b^{7}$$

$$\frac{\tfrac{5}{3}a^{-7}b^{3}c}{\tfrac{1}{2}a^{-9}b^{-5}c^{3}f}=\frac{10\,a^{2}b^{8}}{3\,c^{2}f}$$

$$\frac{(a+x)^{2}\;(a+y)^{-3}}{(a+x)^{-4}(a+y)^{-7}}=(a+x)^{6}(a+y)^{4}$$

Les exemples pour la multiplication peuvent, en les vérifiant par la division, servir d'exercice pour cette dernière opération.

HUITIÈME LEÇON.

PERMUTATIONS, COMBINAISONS, AVEC ET SANS RÉPÉTITIONS.

I. Avant de finir le calcul littéral, il est nécessaire de revenir sur plusieurs propositions que nous avons annoncées dans les leçons précédentes, sans en donner la démonstration. Nous allons commencer par exposer les règles des combinaisons dont il est question dans la Ire leçon, n° XIII. Les mêmes règles nous serviront ensuite à developper le binome de Neuton, et à d'autres usages très intéressans.

II. Combiner plusieurs objets entre eux, c'est chercher à les placer de toutes les manières, posés les uns à côté des autres, et suivant une loi unique et constante. Les objets qu'il s'agit de combiner se nomment aussi les élémens de la combinaison. On choisit ordinairement, pour les représenter, ou des lettres ou des chiffres.

III. Une expression composée de plusieurs élémens combinatoires se nomme, en général, un arrangement ou un produit, ou bien encore un terme combinatoire.

IV. La réunion des arrangemens ou produits composés d'un même nombre d'élémens combinatoires forme une classe. La première classe est celle dont chaque produit ne renferme qu'un élément. La seconde classe est celle dont chaque produit ne renferme que deux élémens. La $n^{ème}$ classe est celle dont chaque produit ne renferme que n élémens.

V. Un arrangement est dit ordonné lorsque les élémens se succèdent suivant leur ordre de grandeur; et, lorsque ce sont des lettres que l'on combine, on suppose que ces lettres ont, pour valeur numérique, le rang qu'elles occupent dans l'alphabet; ainsi a vaut 1, b vaut 2, c vaut 3, et ainsi de suite. Les arrangemens ade, bfh sont ordonnés. Dans ce sens, on dit aussi que l'élément e est plus élévé en rang que l'élément d, etc.

VI. On distingue en général deux espèces de lois de combinaisons : 1°. les permutations; 2°. les combinaisons proprement dites. Nous allons en traiter successivement.

1°. LES PERMUTATIONS.

VII. Permuter les élémens d'une combinaison, c'est les écrire de toutes les manières possibles les uns à côté des autres; d'abord un à un, ensuite deux à deux, trois à trois, et ainsi de suite.

VIII. Lorsqu'on permet de répéter le même élément dans le même arrangement, les permutations sont dites faites avec répétition; dans le cas contraire, les permutations sont dites sans répétition.

1°. *Permutations avec répétitions.*

IX. Soient donnés les élémens a, b, c, d; pour avoir la première classe, on écrira les élémens à côté les uns des autres, en les séparant par des virgules; pour former la seconde classe, on écrit successivement, devant tous les arrangemens de la première classe, d'abord l'élément a, ensuite b, puis c, puis d, etc. Pour former la troisième classe, on écrit successivement devant tous les arrangemens de la deuxième classe, la lettre a, ensuite, devant ces mêmes arrangemens, la lettre b, puis c; on continuera de même pour obtenir les classes suivantes. Soient donnés par exemple les quatre élémens *a, b, c, d*, on aura :

1re classe. *a, b, c, d*

2e classe. *aa, ab, ac, ad*
ba, bb, bc, bd
ca, cb, cc, cd
da, db, de, dd

3e classe. *aaa, aab, aac, aad*
aba, abb, abc, abd
aca, acb, acc, acd
ada, adb, adc, add
baa, etc. . . . . . .
. . . .
. . . .
dda, ddb, ddc, ddd

4e classe. *aaaa, aaab, aaac, aaad*
. . . .
. . . .

ou bien les élémens numériques 1, 2, 3, 4, 5, 6,

1re classe. 1 . 2 . 3 . 4 . 5 . 6

2e classe. 11, 12, 13, 14, 15, 16
21, 22, 23, 24, 25, 26
31, 32, 33, 34, 35, 36
41, 42, 43, 44, 45, 46
51, 52, 53, 54, 55, 56

3e classe. 111, 112, 113, 114, 115, 116

. . . .

. . . .

4e classe. . . . .

. . . .

5e cl. . . . .

. . . .

X. Dans la méthode précédente, une classe quelconque se déduit toujours de celle qui la précède immédiatement. Il y a aussi une méthode indépendante qui apprend à former une classe quelconque, indépendamment de toutes celles qui la précèdent. Pour trouver cette méthode, il suffit d'écrire verticalement les arrangemens des différentes classes, avec attention de séparer celles-ci les unes des autres par des crochets :

1re cl.	a	b	c	d	a	b	c	d	a	b	c	d	a	b	c	d	a
2e	a	a	a	a	b	b	b	b	c	c	c	c	d	d	d	d	a
3e	a	a	a	a	a	a	a	a	a	a	a	a	a	a	a	a	b
4e	a	a	a	a	a	a	a	a	a	a	a	a	a	a	a	a	a

D'après ce tableau, qu'on peut prolonger indéfiniment, on voit que pour former la $n^{ème}$

classe indépendamment de celles qui précèdent, il faut :

1°. Pour le premier arrangement, écrire *n* fois de suite la lettre *a*;

2°. On change ensuite le dernier élément de chaque arrangement dans l'élément immédiatement supérieur; ainsi de *aaaa*, on forme immédiatement *aaab, aaac, aaad*;

3°. Si le dernier élément d'un arrangement est l'élément le plus élevé, alors il est évident que le changement indiqué ne peut plus avoir lieu; dans ce cas on va de droite à gauche jusqu'à ce qu'on rencontre un élément qui ne soit pas l'extrême. On change cet élément dans celui qui est immédiatement supérieur; la partie à gauche reste telle qu'elle est, et la partie à droite est remplacée par des *a*; ainsi après *aaad* vient

a a b a
a a b b
a a b c
a a b d
de *a a d d* on forme
a b a a
a b a b
a b a c
a b a d
. . . .
. . . .

4°. Le dernier arrangement de la classe est celui qui n'est qu'une répétition de l'élément extrême, par exemple $dddd$.

Soit proposé de trouver la sixième classe des permutations avec répétition des trois élémens a, b, c, on écrit ainsi, tout de suite, en se servant des exposans pour abréger, et on aura :

a^6	a^3cbb	a^2bbcc	a^2cbbc
a^5b	a^3cbc	a^2bcaa	a^2cbca
a^5c	a^3cca	a^2bcab	a^2cbcb
a^4ba	a^3ccb	a^2bcac	a^2cbcc
a^4bb	a^3ccc	a^2bcba	a^2ccaa
a^4bc	a^2baaa	a^2bcbb	a^2ccab
a^4ca	a^2baab	a^2bcbc	a^2ccac
a^4cb	a^2baac	a^2bccc	a^2ccba
a^4cc	a^2baba	a^2caaa	a^2ccbb
a^3baa	a^2babb	a^2caab	a^2ccbc
a^3bab	a^2babc	a^2caac	a^2ccca
a^3bac	a^2baca	a^2caba	a^2cccb
a^3bba	a^2bacb	a^2cabb	a^2cccc
a^3bbb	a^2bacc	a^2cabc	. . . . .
a^3bbc	a^2bbaa	a^2caca	. . . . .
a^3bca	a^2bbab	a^2cacb	. . . . .
a^3bcb	a^2bbac	a^2cacc	
a^3bcc	a^2bbba	a^2cbaa	
a^3caa	a^2bbbb	a^2cbab	
a^3cab	a^2bbbc	a^2cbac	
a^3cac	a^2bbca	a^2cbba	
a^3cba	a^2bbcb	a^2cbbb	

XI. Dans les permutations avec répétitions, il est évident que le nombre des classes est indéfini, et que pour n élémens,

la 1re classe	renferme		n	arrangemens
2^e	»	»	n^2	»
3^e	»	»	n^3	»
$m^{ème}$	»	»	n^m	»

ainsi la sixième classe des permutations avec répétition des trois élémens $a, b, c,$ renferme 3^6 arrangemens, et $3^6 = 729$.

XII. Les permutations avec répétitions servent à résoudre plusieurs problèmes qu'on peut proposer sur le jeu des dés; dans l'exemple numérique du n° IX, on voit que la première classe représente tous les coups possibles qu'on peut amener avec un dé; la seconde classe les coups possibles qu'on peut amener avec deux dés; la troisième avec trois dés, etc. Avec un dé on peut faire six coups, avec deux $6^2 = 36$ coups, avec trois dés $6^3 = 216$ coups.

XIII. Si on prend pour élémens toutes les lettres de l'alphabet, les différentes classes des arrangemens représentent alors tous les mots qu'on peut former avec ces lettres, en admettant aussi les mots uniquement formés de consonnes.

On forme ainsi tous les mots existans et imaginables dans les langues qui font usage de l'alphabet romain.

XIV. Le plus souvent on fait usage des permutations avec répétition pour combiner entre eux deux ordres d'élémens différens; soient par exemple les trois rangs d'élémens différens qu'il s'agit de combiner entre eux,

$$\begin{matrix} a & b & c & d \\ A & B & C & D \\ \alpha & \beta & \gamma & \delta \end{matrix}$$

on aura, en suivant la marche tracée au n° XI,

1re classe. a, b, c, d

2e classe. Aa, Ab, Ac, Ad
Ba, Bb, Bc, Bd
Ca, Cb, Cc, Cd
Da, Db, Dc, Dd

3e et dern. classe. αAa, αAb, αAc, αAd
αBa, αBb, αBc, αBd
. . . .
. . . .
. . . .
δDa, δDb, δDc, δDd

ou bien

	3ᵉ	2ᵉ	1ʳᵉ cl.
α	α	A	a
α	α	A	b
α	α	A	c
α	α	A	d
α	α	B	a
α	α	B	b
α	α	B	c
α	α	B	d
α	α	.	.
α	α	.	.
α	α	.	.
α	α	D	d
α	β	A	a

etc.

De la disposition en colonne verticale on conclura facilement la méthode indépendante; on voit que le nombre des classes n'est plus indéfini : il est toujours égal à celui des ordres différens d'élémens donnés. On procédera de la même manière si les différens ordres ne renferment le même nombre d'élémens; soit par exemple

$a \quad b \quad c$

A B

$\alpha \quad \beta \quad \gamma$ permutation avec répétition.

1re classe.	a,	b,	c
2e classe.	Aa,	Ab,	Ac
	Ba,	Bb,	Bc
3e classe.	αAa,	αAb,	αAc
	αBa,	αBb,	αBc
	βAa,	βAb,	βAc
	βBa,	βBb,	βBc
	γAa,	γAb,	γAc
	γBa,	γBb,	γBc

XV. Ces exemples peuvent servir à résoudre les problèmes de l'énoncé suivant : un sac contient six boules noires, un second sac huit boules blanches, et le troisième sac dix boules rouges; toutes ces boules sont de diamètres différens; en tirant de chaque sac une boule, combien peut-il se présenter de coups différens? *Réponse:* 480 coups $= 6 \times 8 \times 10$.

2° PERMUTATION SANS RÉPÉTITION.

XVI. Les permutations sont dites sans répétition lorsqu'un même élément n'est pas plusieurs fois dans le même arrangement.

XVII. Pour former les différentes classes de ces permutations, on procède ainsi :

1°. On pose les élémens sur une même ligne horizontale, on aura la première classe;

2°. Devant l'élément *b* et les suivans, on écrit la lettre *a*; on change dans celles-ci *a* en *b* et *b* en *a*, on aura ainsi les arrangemens qui commencent par *b*; dans ces derniers on change *b* en *c*, et *c* en *b*; on aura l'arrangement qui commence par *c*, et ainsi de suite jusqu'à l'élément extrême. La réunion de ces arrangemens forme la deuxième classe.

3°. On pose la lettre *a* devant tous les arrangemens de la deuxième classe qui ne renferment pas déjà la lettre *a*; on aura ainsi les arrangemens de la troisième classe qui commencent par *a*; dans celles-ci on change *a* en *b*, et réciproquement. On a ainsi les arrangemens qui commencent par *b*; on change dans celles-ci *b* en *c*, et *c* en *b*, et ainsi de suite jusqu'à l'élément extrême.

4°. On déduit d'une manière semblable la quatrième classe de la troisième, et il est évident qu'il y aura autant de classes que d'élémens. Par exemple, soient (a, b, c, d) les élémens à permuter, on aura :

1re classe.	$a,\ b,\ c,\ d$
2e classe.	$ab,\ ac,\ ad$
	$ba,\ bc,\ bd$
	$ca,\ cb,\ cd$
	$da,\ db,\ dc$
3e classe.	$abc,\ abd,\ acb,\ acd,\ adb,\ adc$
	$bac,\ bad,\ bca,\ bcd,\ bda,\ bdc$
	$cab,\ cad,\ cba,\ cbd,\ cda,\ cdb$
	$dab,\ dac,\ dba,\ dbc,\ dca,\ dcb$.
4e et dern. classe.	$abcd,\ abdc$, etc. . . . .
	. . . .
	. . . .

Si dans la première classe on efface la lettre a, on aura la première classe des élémens b, c, d; si dans la deuxième classe on efface les permutations qui contiennent a, les arrangemens qui restent forment la deuxième classe des élémens b, c, d; si dans la troisième classe on efface les arrangemens qui renferment a, on aura la troisième classe des élémens b, c, d; en général m étant le nombre des élémens $(a\,b\,c\,d\,e\,f \ldots l)$; qu'on en forme les m classes. Si on efface dans chaque classe les arrangemens qui renferment la lettre a, les arrangemens formeront les classes correspondantes de $m-1$ élémens (b, c, *d, e, f.....l*); cette observation va nous servir à trouver le nombre des arrangemens renfermés dans chaque classe.

XVIII. Soit encore m le nombre des élémens (*a b c d e f.....l*), la première classe renferme évidemment m arrangement, savoir : l'arrangement *a* et le $m-1$ autres élémens.

La seconde classe renferme évidemment $m-1$ arrangemens, qui commencent par la lettre *a*, et $m-1$ arrangemens, qui commencent par la lettre *b*, $m-1$ arrangemens par la lettre *c*, et ainsi de suite : elles renferment donc en tout $m(m-1)$ arrangemens. Si on efface maintenant tous les arrangemens qui renferment *a*, les arrangemens restant forment la deuxième classe de $m-1$ élémens, et le nombre des arrangemens de cette classe sera $=(m-1)(m-2)$.

La troisième classe renferme donc $(m-1)(m-2)$ arrangemens, qui commencent par *a* (XVII. 3°.); autant qui commencent par *b*; autant qui commencent par *c*; le nombre total des arrangemens sera donc égal à $=m(m-1)(m-2)$; si on efface maintenant tout ce qui renferme *a*, les arrangemens restant forment la troisième classe des $(m-1)$ élémens, et le nombre d'arrangemens de cette classe $=(m-1)(m-2)(m-3)$.

La quatrième classe renferme évidemment $(m-1)(m-2)(m-3)$ arrangemens commençant par a, autant commençant par b; si donc le nombre total des arrangemens de cette classe $= m(m-1)(m-2)(m-3)$, en effaçant tout ce qui renferme a, les arrangemens restant forment la quatrième classe de $(m-1)$ élémens, et le nombre des arrangemens de cette classe $=(m-1)(m-2)(m-3)(m-4)$; en continuant de la même manière, on prouvera d'une manière générale que, pour m élément, en faisant la permutation sans répétion,

La première classe, ou les élémens pris un à un, renferme m arrangemens ou produits;

La seconde classe, ou les élémens pris deux à deux, renferme $m(m-1)$ arrangemens ou produits;

La troisième classe, ou les élémens pris trois à trois, renferme $m(m-1)(m-2)$ arrangemens ou produits;

La $n^{ème}$ classe, où les m élémens sont pris (n à n), renferme $m(m-1)(m-2)\ldots\ldots(m-n+2)(m-n+1)$ arrangemens;

La $(n-1)^{ème}$ classe, où les m élémens sont pris $(n-1)$ à $(n-1)$, renferme $m(m-1)(m-2)\ldots\ldots(m+n+1)(m-n)$ arrangemens;

La $(n-2)^{ème}$ classe, ou les m élémens pris $(n-2)$ à $(n-2)$, renferme $m(m-1)(m-2)\ldots\ldots$ $(m-n)(m-n-1)$ arrangemens;

La $(m-2)^{ème}$ classe, ou les m élémens pris $(m-2)$ à $(m-2)$ renferme $m(m-1)(m-2)\ldots\ldots$ 4.3 arrangemens;

La $(m-1)^{ème}$ classe, ou les m élémens pris $(m-1)$ à $(m-1)$, renferme $m(m-1)(m-2)\ldots\ldots$ $4.3.2$ arrangemens;

La $m^{ème}$ et dernière classe, ou les m élémens pris m à m, renferme $m(m-1)(m-2)\ldots\ldots$ $4.3.2.1$ arrangemens.

Par là on voit que la dernière et l'avant-dernière classe renferment le même nombre d'arrangemens.

XIX. Pour trouver la méthode indépendante, il suffit de disposer les classes verticalement, et de les séparer les unes des autres par des crochets; ce qui donne le tableau suivant:

		a
	a	b
	a	c
	a	d
	b	a
a	b	c
a	b	d
a	c	a
a	c	b
a	c	d
a	d	a
a	d	b
a	d	c
b	a	c
b	a	d
b	c	a
b	d	a
b	d	c
c	a	b
c	a	d

etc.

L'inspection de ce tableau fournit la règle suivante, pour former, d'une manière indépendante, la $n^{ème}$ classe des permutations sans répétition de m élémens :

1°. On écrit pour premier arrangement les n premiers élémens, ordonnés suivant leur rang alphabétique.

2°. On change ensuite les derniers élémens de chaque arrangement, dans le premier des élémens suivans qui ne se trouve pas déjà dans l'arrangement dont il s'agit.

3°. Lorsque ce changement sur le dernier élément ne peut plus s'effectuer, on parcourra cet arrangement de droite à gauche, jusqu'à ce qu'on rencontre un élément précédé d'un élément moins élevé; alors on remplace celui-ci par le premier des élémens suivans, qui n'est pas déjà parmi ceux qui sont à sa gauche; on ne change rien à ces derniers; on écrit, à la droite de l'élément changé, les élémens le moins élevés ordonnés.

Soit par exemple les cinq élémens (*a, b, c, d, e*), dont il s'agit de former la troisième classe.

On aura d'abord, d'après le n° I, l'arrangement *abc*; et ensuite, d'après le n° II, on déduira les arrangemens *abd*; l'élément *e* ne peut

abe

plus être changé, ce qui est le cas prévu (n° III). En allant de droite à gauche, on descend de *c* en *b*; on change *b* dans le premier élément plus élevé, qui est *c*; on ne touche pas à l'élément à gauche, et l'on écrit à droite l'élément le moins élevé, qui est ici *b*; car *a* se trouvant déjà, on

ne peut pas l'écrire de nouveau. Ainsi, de l'arrangement *abc*, on tire la suivante : *acb*; de là on tire, d'après le n° II, *acd*, et de *acc* on dé-
ace
duit, d'après le n° III, *acc*, et puis, d'après le
adb
n° II, *adb*, et d'après le n° III, *adc*, et d'après
adc *aeb*
ade
le n° II, *aeb*. On ne peut plus élever *d*, car *e* se
aec
aed
trouve déjà dans l'arrangement.

On est dans le cas du n° III; en allant de droite à gauche, on descend de *e* en *a*, c'est donc *a* qui doit être changé en *b*; on aura ainsi *bac*; car *a*, *c* sont les plus petits élémens qu'on puisse écrire après *b*; il est aisé maintenant de continuer; on trouve les arrangemens suivans :

a c d	*a e d*
a c e	*b a c*
a d b	*b a d*
a d c	*b a e*
a d e	*b c a*
a c b	*b c d*
a e c	etc.

2°. COMBINAISONS PROPREMENT DITES.

XX. Les diverses classes des combinaisons renferment des arrangemens absolument différens les uns des autres, ce qui les distingue des permutations où les arrangemens sont composés des mêmes élémens, seulement différemment placés; on distingue deux espèces de combinaisons proprement dites: 1°. les combinaisons avec répétition; 2°. les combinaisons sans répétition.

1°. *Combinaison avec répétition.*

XXI. Pour former les diverses classes des combinaisons avec répétition, on observe les règles suivantes : 1°. On écrit les élémens sur une ligne horizontale, ce qui donne la première classe.

2°. On met *a* devant tous les élémens de la première classe, ensuite *b* devant les élémens de cette classe, à partir de *b*; puis *c* à partir de *c*, et ainsi de suite.

3°. Pour former la troisième classe, on met *a* devant tous les mêmes arrangemens de la seconde classe; *b* devant les arrangemens à partir de celles qui commencent par *b*; *c* à partir de celles qui commençent par c. On continue de même pour former les classes suivantes ; par exemple, soient les élémens (a, b, c, d), on aura :

1re classe. a, b, c, d

2e classe. aa, ab, ac, ad
bb, bc, bd
cc, cd
dd

3e classe. aaa, aab, aac, aad
abb, abc, abd
acc, acd, add
$bbb, bbc, bbd, bcc, bcd, bdd$
ccc, ccd, ddd

4e classe. $aaaa, aaab, aaac, aaad$
$aabb, aabc, aabd$
$aacc, aacd, aadd$
$abbb$, etc.

On voit que les classes peuvent se prolonger à l'infini. Pour trouver la méthode indépendante, il faut recourir à la disposition verticale que l'on trouve ci-contre.

3^e^	2^e^	1re cl.
a	*a*	*a*
a	*a*	*b*
a	*a*	*c*
a	*a*	*d*
a	*b*	*b*
a	*b*	*c*
a	*b*	*d*
a	*c*	*c*
a	*c*	*d*
a	*d*	*d*
b	*b*	*b*
b	*b*	*c*
b	*b*	*d*
b	*c*	*c*
b	*c*	*d*
b	*d*	*d*

L'inspection de ce tableau suffit pour découvrir le procédé qu'il faut suivre; m étant le nombre des élémens donnés, on aura dans la

1re classe m arrangemens.

2^e^ $\dfrac{m\ (m+1)}{1\quad 2}$ »

3^e^ $\dfrac{m\ (m+1)\ (m+2)}{1\quad 2\quad 3}$ »

4^e^ $\dfrac{m\ (m+1)\ (m+2)\ (m+3)}{1\quad 2\quad 3\quad 4}$ »

$$n^{\text{ème}} \quad \frac{m\,(m+1)\,(m+2)\ldots\ldots(m+n)\,(m+n+1)}{1 \quad 2 \quad 3 \quad\quad n-1.n}$$

La démonstration dépend d'une théorie que nous donnerons ailleurs (1).

2°. *Combinaisons sans répétition.*

Pour former les diverses classes des combinaisons sans répétitions, on observe les règles qui suivent :

1°. On écrit les élémens donnés sur une ligne horizontale, ce qui donne la première classe.

2°. A partir de *b* on écrit *a*; à partir de *c* on écrit *b*; à partir de *d* on écrit *e* devant les arrangemens de la première classe. On obtient ainsi la deuxième classe.

3°. A partir des arrangemens qui commencent par	*c*	on écrit	*a*
id.	*c*	»	*b*
id.	*d*	»	*c*
id.	*e*	»	*d*

devant les arrangemens de la seconde classe, on obtient la troisième classe.

On continue de la même manière pour avoir les classes suivantes; soit par exemple les élémens (a, b, c, d, e), on aura :

---

(1) *Voyez* Note I, à la fin du Manuel.

1re classe. *a, b, c, d, e*

2e classe. *ab, ac, ad, ae*
bc, bd, be
cd, ce
de

3e classe. *abc, abd, abe*
acd, ace, ade, bcd, bce, bde, cde

4e classe. *abcd, abce, abde, acde, bcde*

5e et d. cl. *abcd*, etc.

On voit seulement qu'il y a autant de classes que d'élémens. La diposition verticale fournit le tableau suivant :

				a
			a	*b*
			a	*c*
			a	*d*
			a	*e*
		a	*b*	*c*
		a	*b*	*d*
		a	*b*	*e*
		a	*c*	*d*
		a	*c*	*e*
		a	*d*	*e*
	a	*b*	*c*	*d*
	a	*b*	*d*	*e*
	a	*c*	*d*	*e*
a	*b*	*c*	*d*	*e*

De là on déduit les règles suivantes pour former, d'une manière indépendante, la quatrième classe.

1°. On écrit pour premier arrangement les n premiers élémens ordonnés, suivant l'ordre alphabétique.

2°. De chaque arrangement on déduit le suivant, en changeant le dernier élément dans l'élément voisin le plus élevé dans l'ordre alphabétique.

3°. Lorsque le changement ne peut plus s'effectuer, on procède de droite à gauche jusqu'à ce qu'on trouve deux élémens qui ne soient pas successifs; on change le dernier élément avec l'élément voisin le plus élevé, et on remplit les places à droite par les élémens suivans et bien ordonnés.

D'après ce principe, on trouve pour les élémens (a, b, c, d, e, f).

4e classe des combinaisons

$a\ b\ c\ d$	$a\ c\ e\ f$
$a\ b\ c\ e$	$a\ d\ e\ f$
$a\ b\ c\ f$	$b\ c\ d\ e$
$a\ b\ d\ e$	$b\ c\ d\ f$
$a\ b\ d\ f$	$b\ c\ e\ f$
$a\ b\ e\ f$	$b\ d\ e\ f$
$a\ c\ d\ e$	$c\ d\ e\ f$
$a\ c\ d\ f$	etc.

XXII. Pour trouver le nombre des arrangemens renfermés dans chaque classe des combinaisons sans répétition, m étant le nombre des élémens, il faut observer, 1°. que dans la deuxième classe, chaque arrangement fournit 1.2 permutations (Exemple : *ab*, *ba*); les effectuant, pour chaque arrangement, on obtiendra la deuxième classe de permutations, sans répétition (n° XVII). Par conséquent le nombre d'arrangemens pour la seconde classe des combinaisons n'est que la moitié du nombre d'arrangemens de la même classe des permutations, or ce nombre est égal à $m(m-1)$ (n° XVIII); donc le nombre des arrangemens que fournit la combison 2 à 2 et sans répétition est égal à $m\frac{(m-1)}{1.2}$.

2°. Dans la troisième classe chaque arrangement fournit 3.2.1 permutations (Exemple: *abc*, *acb*, *bac*, *bca*, *cab*, *cba*); en les effectuant on obtiendra la troisième classe des permutations sans répétition (n° XVII); or le nombre des arrangemens de cette classe $= m(m-1)(m-2)$ (n° XVIII); donc la troisième classe des combinaisons sans répétitions renferme $\frac{m}{1}\frac{(m-1)}{2}\frac{(m-2)}{3}$ arrangemens.

3°. Dans la quatrième classe, chaque arrangement fournit 4.3.2.1 permutations; en les effectuant on obtiendra la quatrième classe de permutations sans répétition; or, le nombre des arrangemens de cette classe $= m\,(m-1)\,(m-2)\,(m-3)$, donc la quatrième classe des combinaisons sans répétition renferme $\frac{m\,(m-1)}{1 \quad 2}$ $\frac{(m-2)\,(m-3)}{3 \quad 4}$ arrangemens.

4°. En général, dans la $n^{ème}$ classe, chaque arrangement fournit $1.2.3.4...n.2.n-1.n$ permutations; en les effectuant pour chaque arrangement, on obtiendra la $n^{ème}$ classe de permutations sans répétition; or, le nombre des arrangemens de cette classe $= m\,(m-1)\,(m-2).....(m-n+1)$ (n° XVIII); donc la $n^{ème}$ classe des combinaisons sans répétition renferme $\frac{m\,(m-1)\,(m-2)}{1\;.\;2\;.\;3}$ $\frac{.....(m-n+3)\,(m-n+2)\,(m-n+1)}{4\,.\,5\;.\;.\;.\;.\;.\;.\;.\;n-1\,.\,n}$ arrangemens.

XXIII. La $(m-n)^{ème}$ classe renferme le même nombre d'arrangemens que la $n^{ème}$; en effet, la $n^{ème}$ classe renferme, comme nous venons de voir, $\frac{m\ (m-1)\ (m-2)\ldots\ldots}{1.2.3}$

$$\frac{(m-n+3)\,(m-n+2)\,(m-n+1)}{4.5\ \ldots\ldots\ n-2\,.\,n-1\,.\,n}\text{arrang.}^{\text{ns}}$$

Mettant, dans cette expression, $m-n$ à la place de n, on aura le nombre des arrangemens de la $(m-n)^{\text{ème}}$ classe

$$\frac{m\,(m-1)\,(m-2)\ldots\ldots.(n+3)\,(n+2)\,(n+1).}{1\ .\ 2\ \ .\ 3\qquad m-n+1\,.\,m-n}$$

Réduisant ces fractions au même dénominateur, il vient pour le numérateur de la première fraction $= m\ (m-1)\ (m-2)\ldots.(m-n+3)\ (m-n+2)\ (m-n+1)\ (m-n)\ (m-n-1)\ (m-n-2)\ldots3\,.\,2\,.\,1$. Le numérateur de la deuxième fraction $= m\,(m-1)\ (m-2)\ldots.n+3.n+2.n+1.n.n-1\,.\,n-2\ldots..3\,.\,2\,.\,1$. Les numérateurs étant chacun le produit de tous les nombres naturels compris entre 1 et m sont égaux, donc les fractions sont égales; ainsi en prenant un exemple numérique, soit $m = 6$, on aura nombre d'arrangemens de la $(6-1)^{\text{re}}$, ou cinquième classe, égal à celui de la première classe; on aura nombre d'arrangemens de la $(6-2)^{\text{e}}$, ou quatrième, égal à celui de la deuxième.

En effet, le nombre d'arrangemens de la cinquième classe $= \frac{6.5.4.3.2}{1.2.3.4.5} = 6$, et celui de la première $\frac{6.1}{1} = 6$; le nombre d'arrangemens de la quatrième classe $\frac{6.5.4.3}{1.2.3.4} = 15$; et celui de la deuxième $\frac{6.5}{1.2} = 15$.

XXIV. Le nombre d'arrangemens de chaque classe étant essentiellement un nombre entier, il s'ensuit ce théorème remarquable; m et n étant des nombres entiers, et $m > n$, on a $\frac{m}{1}\,\frac{(m-1)}{2}\,\frac{(m-2)}{3}\ldots\ldots\frac{(m-n+1)}{n} =$ un nombre entier; $\frac{m(m+1)(m+2)(m+3)\ldots\ldots(m+n+1)}{1.2.3\ldots\ldots n} =$ un nombre entier.

NEUVIÈME LEÇON.

QUELQUES PROBLÈMES RELATIFS AUX PERMUTATIONS.

I. En résumant les résultats contenus dans la huitième leçon, on trouvera que, pour m élémens différens, le nombre des arrangemens de la $n^{ème}$ classe,

dans les permutations avec répétition,

$= m^n$;

dans les permutations sans répétition,

$= m(m-1)(m-2)\ldots\ldots(m-n+1)$;

dans les combinaisons avec répétition,

$$= \frac{m\,(m+1)\,(m+2)\ldots\ldots(m+n+1)}{1 \quad 2 \quad 3 \qquad\qquad n};$$

dans les combinaisons sans répétition,

$$= \frac{m\,(m-1)\,(m-2)\,(m-3)\ldots\ldots(m-n+1)}{1 \quad 2 \quad 3 \qquad\qquad n}.$$

IIe Problème. Huit personnes étant à côté les unes des autres, combien de fois peuvent-elles changer leurs places respectives de manière que les arrangemens diffèrent entre eux?

Solution. Dans ce problème $m=8$; $n=8$, et il s'agit de permutations sans répétition; on aura donc, pour le nombre d'arrangemens,

$$8.7.6.5.4.3.2.1 = 40320.$$

IIIe Problème. Combien de fois peut-on permuter entre elles les vingt-quatre lettres de l'alphabet?

Solution. On a $m = 24$ et $n = 24$, il s'agit de permutations sans répétition, le nombre de permutations $= 24.23.22.21.20.....5.4.3.2.1 =$

$$620,448,401,733,239,439,360,000.$$

D'après un calcul approximatif, on estime que tous les hommes de la terre réunis ne suffiraient pas pour écrire, dans dix millions de siècles, toutes les permutations des vingt-quatre lettres de l'alphabet, en supposant que chaque homme écrive par jour quarante pages, contenant quarante permutations chacune.

IVe Problème. Entre toutes les permutations possibles de $abcdefg$, combien y en a-t-il qui commencent par a ou par b?

Solution. Il est évident qu'il y a autant d'arrangemens commençant par a que $bcdefg$

peuvent fournir de permutations sans répétitions; par conséquent 6.5.4.3.2.1 = 720 permutations qui commencent par *a*, autant par *b*, etc.

Ve Problème. Dans le cas précédent, combien y a-t-il de permutations qui commencent par *ab*, par *abc*, et par *abcd*?

Solution.

Par *ab*	autant que *cdefg*	donnent de permutat.	5.4.3.2.1 =	120
abc	» *defg*	»	4.3.2.1 =	24
abcd	» *efg*	»	3.2.1 =	6

VIe Problème. Dans le cas du problème IVe, combien y a-t-il de permutations où la lettre *a* se trouve à la quatrième place? Combien y a-t-il de permutations où se trouvent *ab*? Combien où se trouvent *abc*? Combien où se trouvent *abcd*? Combien où se trouvent *abcde*? Combien où se trouvent *abcdef*?

Solution. Il y a

6.5.4.3.2.1 =	720	permut.	*a*
5.24 =	120	»	*ab*
4. 6 =	24	»	*abc*
3. 2 =	6	»	*abcd*
2. 1 =	2	»	*abcde*
1. 1 =	1	»	*abcdef*

VIIe PROBLÈME. Parmi toutes les permutations de m élémens différens a, b, c, d, e, f, etc., combien y en a-t-il où la lettre a occupe la $n^{ème}$ place? Combien y a-t-il de permutations où se trouvent ab, ou abc, $abcd$, $abcde$, etc.

Solution. Il y a

$(m-1)(m-2).....3.2.1$	permutat.	a
$(m-2)(m-3).....3.2.1$	»	ab
$(m-3)(m-4).....3.2.1$	»	abc
$(m-4)(m-5).....3.2.1$	»	$abcd$

$(m-p+1)(m-n)(m-p-1.....3.2.1$ permutations où se trouvent les p premières lettres bien ordonnées de m élémens a, b, c, d, e, etc.

VIIIe PROBLÈME. Combien peut-on faire de permutations avec m élémens a, b, c, d, e, etc., lorsqu'on a $a = b$, ou bien $a = b = c$, ou $a = b = c = d$, ou $a = b = c = d = e$?

Solution. Lorsque tous les élémens sont différens, le nombre des permutations $= m(m-1)(m-2).....3.2.1$; mais lorsque $a = b$ les permutations qui ne diffèrent entre elles que par la différence de position des lettres a et b deviennent égales; or, a et b ne sont susceptibles que de deux permutations : ainsi deux permutations se réduisent à une seule, et on aura par conséquent, pour le nombre de permutations,

$$\frac{m(m-1)(m-2)\dots\dots 3.2.1.}{1 \quad 2}$$

Soit $a=b=c$; les permutations, qui ne diffèrent entre elles que par la différence de position des trois lettres a, b, c, deviennent égales ; or, trois lettres ne donnent que $3.2.1=6$ permutations : par conséquent six permutations se réduisent à une seule, donc le nombre des permutations $=\frac{n(n-1)\dots\dots 2.1.}{1 \quad 2 \quad 3}$ Soit $a=b=c=d$; les permutations, qui ne diffèrent que par la différence de position des quatre lettres a, b, c, d, deviennent égales : or, a, b, c, d sont susceptibles de $4.3.2.1=24$ permutations; par conséquent vingt-quatre permutations se réduisent à une seule, donc le nombre des permutations $=\frac{m(m-1)(m-2)\dots\dots 2.1}{1.2.3.4}$; et, en général, si parmi les m élémens il y en a n d'égaux, le nombre des permutations $=\frac{m(m-1)\dots\dots 2.1}{1 \quad 2 \quad 3 \quad n}$.

IXe Problème. Quel est le nombre des permutations de $a^m b^n c^q$? (L'exposant est ici pour abréger et remplacer l'élément a écrit m fois, etc.)

Solution. Il y a ici m élémens égaux à a; n égaux à b, et q égaux à c; il se trouve donc en tout $m + p + q$ élémens. En raisonnant comme dans le problème précédent, on verra que le nombre des permutations égale

$$\frac{(m+p+q)\,(m+p+q-1)\,(m+p+q-2)}{(1\;2\;3\ldots\ldots m)\quad.\quad(1\;2\;3\ldots\ldots p)}$$

$$\frac{\ldots\ldots\ldots\;3\,.\,2\,.\,1}{(1\,.\,2\,.\,3\;\ldots\ldots\;q)}$$

Soit par exemple $a^2\;b^2\;c$; on aura, pour le nombre des permutations,

$$=\frac{5\,.\,4\,.\,3\,.\,2\,.\,1}{(1\,.\,2)\,(1\,.\,2)}=5\,.\,3\,.\,2\,.\,1=30.$$

Le développement effectif donne :

a a b b c
a a b c b
a a c b b
a a c b c
a b a b c
a b a c c
a b b c c
a b c a b
a b c b a
etc.

Xe Problème. Parmi les permutations de $a^3 b^5 c^4$, combien s'en trouve-t-il qui commencent par c^3, ou par $a^2 b^2 c$? et combien y en a-t-il où a se trouve, soit à la première ou à la deuxième, troisième, ou $n^{ème}$ place?

Solution. Il y a autant de permutations qui commencent par c^3 que $a^3 b^5 c$ fournit de permutations; savoir : $\frac{9.8.7.6.5.4.3.2.1}{1.2.3.1.2.3.4.5} = 9.8.7 = 504$. Il y a autant de permutations qui commencent par $a^2 b^2 c$ que $a b^3 c^3$ fournit de permutations; savoir : $\frac{7.6.5.4.3.2.1}{1.2.3.1.2.3} = 7.5.4 = 140$. Il y a autant de permutations où a se trouve à la $n^{ème}$ place que $a^2 b^5 c^4$ fournit de permutations; savoir :

$$\frac{11.10.9.8.7.6.5.4.3.2.1}{1.2.1.2.3.4.5.1.2.3.4} = 7.9.10.11 = 90.77 = 6930.$$

XIe Problème. En faisant toutes les permutations de 12234, quelle est la somme de tous les chiffres? et, dans la disposition verticale, quelle est la somme des chiffres de chaque colonne verticale?

Solution. Le nombre des arrangemens égale

$\frac{5.4.3.2}{1.2} = 60$; chaque arrangement $= 1 + 2 + 3 + 4 = 12$, donc la somme de tous les chiffres $= 60.12 = 720$; il y a cinq colonnes verticales, par conséquent chaque colonne vaut $\frac{720}{5} = 144$.

XIIe Problème. Trouver le nombre des arrangemens de la $n^{ème}$ classe des permutations de $a^m\, b^p\, c^q$?

Solution. Nous la donnerons plus bas.

Problèmes relatifs aux combinaisons proprement dites.

XIIIe Problème. Combien y a-t-il d'ambes, ternes, quaternes, quines, dans les quatre-vingt-dix numéros de la loterie?

Solution. Autant qu'il y a d'arrangemens dans les deuxième, troisième, quatrième et cinquième classes des combinaisons sans répétition des quatre-vingt-dix élémens; ainsi, le nombre

d'ambes $= \frac{90.89}{1.2} = 45.89 = 4005$;

ternes $= \frac{90.89.88}{1.2.3} = \frac{45.89.88}{3} = \frac{88.4005}{3} = 117480$;

$$\text{quatern.} = \frac{90.89.88.87}{1.2.3.4} = \frac{117480.87}{4} = 2555190;$$

$$\text{quines.} = \frac{90.89.88.87.86}{1.2.3.4.5} = \frac{2555190.86}{5} = 43949268.$$

XIVe PROBLÈME. De combien de manières est-il possible de partager quarante boules toutes de différens diamètres en deux tas, l'un contenant trente-trois et l'autre sept boules?

Solution. Autant de fois que quarante élémens fournissent d'arrangemens, étant combinés sept à sept, ou trente-trois à trente-trois; ainsi

$$= \frac{40.39.38.37.36.35.34}{1.2.3.4.5.6.7} = 17.19.37.13.120 =$$ 18643560.

XVe PROBLÈME. De combien de manières est-il possible de partager vingt et une boules toutes de diamètres différens en trois tas de trois, sept et onze boules?

Solution. $\frac{21.20.19}{1.2.3} \times \frac{18.17.16.15.14.13.12}{1\ 2\ 3\ 4\ 5\ 6\ 7} =$ $7.10.19.18.17.4.2.13 = 160.7.19.9.17.13 =$ $160.63.19.17.13 = 42325980.$

XVIe PROBLÈME. Au jeu de piquet, composé de trente-deux cartes, on donne à chacun des deux joueurs douze cartes, et huit cartes sont mises à l'écart. On demande le nombre de jeux différens qui peuvent se présenter?

$$\textit{Solut.}\ \frac{32.31.30.29.28.27.26.25.24.23.22.21}{1.2.3.4.5.6.7.8.9.10.11.12}\times$$

$$\frac{20.19.18.17.16.15.14.13}{1.2.3.4.5.6.7.8}=28,443,124,054,800.$$

XVIIe PROBLÈME. Dans un polygone de n côtés, combien peut-on mener de diagonales?

$$\textit{Solution.}\ \frac{n(n-1)}{2}-n=\frac{n}{2}(n-3)\ \text{diagonales.}$$

C'est surtout dans le calcul des probabilités que l'on peut voir les nombreuses et utiles applications de la théorie des combinaisons. Nous donnerons, dans une autre occasion, les principes fondamentaux de ce genre de calcul, qui intéresse également l'économie politique et particulière.

DIXIÈME LEÇON.

USAGE DES COMBINAISONS DANS LA MULTIPLICATION; BINOME DE NEWTON; DÉVELOPPEMENT DES PUISSANCES ENTIÈRES DES POLYNOMES.

I. Étant donnés un nombre quelconque de facteurs polynomes, on peut, à l'aide des procédés combinatoires, écrire sur-le-champ le produit sans avoir besoin d'effectuer la multiplication; par là, outre l'avantage de simplifier les opérations littérales, on peut parvenir à un théorème dont l'importance dans l'analyse peut être comparée à celle de la proposition de Pythagore en géométrie. Nous distinguerons plusieurs cas :

a) Tous les facteurs sont binomes, et ont un terme en commun que nous supposons être le premier;

b) Tous les facteurs sont binomes, et ont les deux termes en commun, ou, ce qui est la même chose, tous les facteurs sont égaux;

c) Tous les facteurs sont binomes, et n'ont aucun terme en commun;

d) Les facteurs sont polynomes, et ont le premier terme en commun;

e) Les facteurs polynomes sont égaux;

f) Les facteurs polynomes sont inégaux.

a) Les facteurs binomes ont un terme en commun.

II. Soient les quatre facteurs binomes $(x+a)$ $(x+b)$ $(x+c)$ $(x+d)$, ayant la lettre x en commun, effectuons successivement la multiplication de 2, 3, 4 facteurs, et ordonnons par rapport à x, il vient :

$$(x+a)(x+b) = \begin{array}{r|l} x^2+a & x+ab; \\ +b & \end{array}$$

$$(x+a)(x+b)(x+c) = \begin{array}{r|r|l} x^3+a & x^2+ab & x+abc; \\ +b & ac & \\ +c & bc & \end{array}$$

$$(x+a)(x+b)(x+c)(x+d) =$$

$$\begin{array}{r|r|r|l} x^4+a & x^3+ab & x^2+abc & x+abcd. \\ +b & ac & abd & \\ +c & ad & bcd & \\ +d & bc & & \\ & bd & & \\ & cd & & \end{array}$$

Nous voyons que dans chacun de ces produits, 1°. le premier terme est x élevé à une puissance marquée par le nombre des facteurs. Ainsi x^4 pour quatre facteurs, x^3 pour trois, etc. 2°. Les puissances vont en décroissant successivement d'une unité jusqu'au dernier terme, qui ne renferme plus que x^0. 3°. Le coefficient du second terme est égal à la première classe de combinaison sans répétition des seconds termes a, b, c, considérés comme élémens; cette classe est $a + b$ pour deux facteurs, $a + b + c$ pour trois, etc. 4°. Le coefficient du troisième terme est égal à la seconde classe de combinaison sans répétition des seconds facteurs a, b, c; cette seconde classe pour deux élémens a, b, se réduit à ab pour trois élémens à $ab + ac + bc$, etc. 5°. Le coefficient du quatrième terme est égal à la troisième classe de combinaison sans répétition des seconds termes a, b, c; cette classe est nulle pour deux élémens, et elle se réduit à abc pour trois élémens, etc. L'inspection de ces quatre produits nous a fait découvrir une loi uniforme et régulière pour la formation des coefficiens et des exposans, en prenant 5, 6 des facteurs; la même loi se reproduit toujours de la même manière; de là on est naturellement porté à étendre cette loi à un nombre quelconque de facteurs. Cependant cette généralité n'est fondée que sur l'analogie, qui peut souvent mener à faux; car, en analyse comme partout, une chose arrivée cent fois peut se trouver en défaut la cent-unième fois, et les inductions ne doivent jamais être admises comme moyens rigoureux de preuve. Dans le cas actuel, pour démontrer rigoureusement la généralité de la loi, nous admettrons hypothétiquement qu'elle soit vraie pour un nombre m de facteurs binomes, et nous verrons ainsi qu'elle existe aussi pour $m+1$ facteurs. En effet, soient $x+a$, $x+b$, $x+c$, $x+d$..... $x+r$, les m facteurs binomes, dont x est le terme commun, et a, b, c, d..... r les seconds termes au nombre de m, soit

$A_1 =$ la 1re classe
$A_2 =$ 2e »
$A_3 =$ 3e »
$A_4 =$ 4e »
des combinaisons sans répétition de m élémens a, b, c, d.

En vertu de la supposition, on aura :

$$(x+a)(x+b)(x+c).....(x+q)(x+r) = x^m + A_1 x^{m-1} + A_2 x^{m-2} + A_3 x^{m-3} + ... A_{n-1} x^{m-n+1} + A_4 x^{m-n} + — + A_{m-1} x + A_m \text{ (L)}.$$

Multiplions les deux membres de cette équation par $(x+s)$, il vient :

$$(x+a)(x+b)(x+c)\ldots\ldots(x+q)(x+r)(x+s)=$$

$$x^{m+1}+\left.\begin{matrix}A_1\\S\end{matrix}\right|x^m+\left.\begin{matrix}A_2\\SA_1\end{matrix}\right|x^{m-1}+\left.\begin{matrix}A_3\\SA_2\end{matrix}\right|x^{m-2}+\left.\begin{matrix}A_4\\SA_3\end{matrix}\right|2^{m-3}, \text{etc.}$$

Soit maintenant

$a_1 =$ la 1re classe
$a_2 =$ 2e »
$a_3 =$ 3e »
$a_4 =$ 4e »

des combinaisons de $m+1$ élémens $a, b, c, d\ldots\ldots q, r, s,$

on aura évidemment (*voyez* page 93) :

$$a_1 = A_1 + S$$
$$a_2 = A_2 + SA_1$$
$$a_3 = A_3 + SA_2$$
$$a_4 = A_4 + SA_3$$
$$\ldots\ldots\ldots\ldots$$
$$\ldots\ldots\ldots\ldots$$
$$\ldots\ldots\ldots\ldots$$
$$a_4 = A_n + SA_{m1}$$

donc

$$(x+a)(x+b)(x+c)\ldots\ldots(n+q)(x+r)(x+s)=$$
$$x^{m+1}+a_1 x^m + a_2 x^{m-1} + \ldots\, a_{n-1} x^{m+n-2} + a_n x^{m-n+1}.$$

Si donc la loi est vraie pour m facteurs, elle

sera nécessairement vraie pour $(m+1)$; or, elle existe pour deux facteurs, elle a donc lieu pour trois : ayant lieu pour trois facteurs, on en déduit que la loi existe pour quatre facteurs, et ainsi de suite; elle a donc lieu, quel que soit le nombre des facteurs. L'existence de l'équation (L) est donc rigoureusement prouvée.

Or, comme nous savons former d'une manière indépendante les différentes classes des combinaisons, nous pouvons donc, sans effectuer la multiplication, écrire un terme quelconque du produit de m facteurs binomes; de cette manière on obtient sur-le-champ :

$$(x+a)\,(x+b)\,(x+c)\,(x+d)\,(x+c) =$$

$$\begin{array}{r|c|c|c|l} x^5+a & x^4+ab & x^3+abc & x^2+abcd & x+abcde \\ b & . & . & . & \\ c & . & . & . & \\ d & . & . & . & \\ e & . & . & . & \\ & de & cde & bcde & \end{array}$$

Lorsque les seconds termes sont de signes différens, chaque arrangement prend alors le signe conforme aux signes des facteurs qui le composent; par exemple :

$$(x+a)\,(x-b)\,(x+c)\,(x+d) =$$

$x^4 + a$	$x^3 - ab$	$x^2 - abc$	$x - abcd$
$- b$	$+ ac$	$- abd$	
$+ c$	$+ ad$	$+ acd$	
$+ d$	$- bc$	$- bcd$	
	$- bd$		
	$+ cd$		

$$(x + a)\ (x - b)\ (x - c)\ (x + d) =$$

$x^2 + a$	$x^3 - ab$	$x^4 + abc$	$x + abcd$
$- b$	$- ac$	$- abd$	
$- c$	$+ ad$	$- acd$	
$+ d$	$+ bc$	$- bcd$	
	$- bd$		
	$- cd$		

Lorsque tous les seconds termes sont négatifs, il est évident que la première classe sera négative, la seconde classe positive, et ainsi de suite. En général, les classes impaires seront négatives, et les classes paires positives; en sorte qu'on aura :

$$(x-a)(x-b)(x-c)\ldots\ldots(x-p)(x-q(x-r) =$$
$$x^m - A_1 x^{m-1} + A_2 n^{m-2} - A_3 n^{m-3}\ldots\ldots +$$
$$A_{2m} x^{m-24} - A_{-}^{m-24-1} \pm A_m (a, b, c, d\ldots.r)$$

Si m est pair, le dernier terme A_m est positif; si m est impair, le dernier terme A_m est négatif.

$$(x-a)(x-b)(x-c) = \begin{array}{r|r|l} x^3 - a & x^2 + ab & x - abc \\ -b & +ac & \\ -c & +bc & \end{array}$$

$$(x-a)(x-b)(x-c)(x-d) =$$

$$\begin{array}{r|r|r|l} x^4 - a & x^3 + ab & x^2 - abc & x + abcd \\ -b & +ac & -abd & \\ -c & +ad & -acd & \\ -d & +bc & -bcd & \\ & +bd & & \\ & +cd & & \end{array}$$

Si le terme commun x est négatif, on le rend positif au moyen de la transformation suivante :

$$-x + a = -1 \,.\, (x-a)$$
$$-x + b = -1 \,.\, (x-b)$$
$$-x + c = -1 \,.\, (x-c)$$

On aura ainsi pour m facteur :

$$(b-x)(c-x) \ldots\ldots (p-x)(q-x)(r-x) =$$
$$(-1)^m (x-a)(x-b)(x-c)(x-d) \ldots\ldots (x-r)$$

pour m pair, $\quad (-1)^m = 1$

pour m impair, $\quad (-1)^m = -1$

Ainsi,

$$(-x-a)(-x+b)(-x-c)(-x+d) =$$
$$-1 \,.\, x+a \,.\, -1 \,.\, x-b \,.\, -1 \,.\, x+c \,.\, -1 \,.\, x-d =$$
$$(-1)^4 (x+a)(x-b)(x-c)(x-d) =$$

$$(x+a)\,(x-b)\,(x+c)\,(x-d)$$

$$(-x-a)\,(-x+d)\,(-x+c)=$$

$$(-1)^3\,(x+a)\,(x-d)\,(x-c)=$$

$$-(x+a)\,(x-d)\,(x-c)$$

Nous proposons pour exercice les cinq exemples suivans :

$$\left(\frac{1}{y}+a\right)\left(\frac{1}{y}+b\right)\left(\frac{1}{y}+c\right)\left(\frac{1}{y}+d\right)$$

$$\left(a-\frac{1}{y}\right)\left(b-\frac{1}{y}\right)\left(c-\frac{1}{y}\right)\left(d-\frac{1}{y}\right)$$

$$\left(1+\frac{x}{a}\right)\left(1+\frac{x}{b}\right)\left(1+\frac{x}{c}\right)\left(1+\frac{x}{d}\right)$$

$$(1+xy)\,(1+x^2y)\,(1+x^3y)\,(1+x^4y)$$

$$(1+x)\,(1+x^2)\,(1+x^3)\,(1+x^4)$$

b) Tous les facteurs sont égaux, ou binome de Newton.

III. Lorsque les m facteurs binomes sont égaux, au lieu du produit $(x+a)\,(x+b)\dots(x+p)\,(x+r)$, on a simplement $(x+a)^m$, c'est-à-dire le binome $(x+a)$ élevé à la puissance m, et le produit développé prend le nom de binome de Newton, du nom de celui qui, le premier, a démontré et fait voir l'importance de ce développement dans l'analyse algébrique.

Pour y parvenir, reprenons le cas traité ci-dessus, où les m facteurs binomes sont inégaux; on a (page 113)

$$(x+a)(x+b)\ldots\ldots(x+p)(x+q)(x+r) = \\ x^m + A_1 x^{m-1} + A_2 x^{m-2} + \ldots A_n x^{m-n} + A_{n-m} \\ x^{m-n3} + A_{m-1} x + A_m.$$

Ce produit étant indépendant de la relation qui peut exister entre les seconds termes a, b, p, q, r, aura encore lieu lorsque les termes deviennent égaux chacun à la lettre a. Dans cette supposition, tous les termes de la première

classe ou de	A	sont égaux chacun à	a
ceux de la classe	A_2	sont égaux chacun à	a^2
id.	A_3		a^3
id.	A_n		a^n
id.	A_{n+1}		a^{n+1}

mais A_1 composé de m arrangemens,

$$\text{donne } A_1 = ma;$$

A_2 composé de $\frac{m(m-1)}{1\ \ 2}$ arrangemens,

$$\text{donne } A_2 = \frac{m.(m-1)a^2}{1\ \ 2};$$

A_3 composé de $\frac{m(m-1)(m-2)}{1\ \ 2\ \ 3}$ arrangemens,

$$\text{donne } A_3 = \frac{m(m-1)(m-2)a^3}{1 \quad 2 \quad 3};$$

A_n composé de

$$\frac{m(m-1)(m-2)\ldots\ldots(m+2-n)(m-n+1)}{1 \quad 2 \quad 3\ldots\ldots \quad n-1.n} ar^s,$$

$$\text{donne } A_n = \frac{m\ldots\ldots(m+2-n)(m-n+1)}{1 \quad 2 \quad 3\ldots\ldots n} a^n,$$

A_{n+1} composé de

$$\frac{m(m-1)(m-2)\ldots.(m-n)(m-n+1)(m-n+2}{1 \quad 2 \quad 3 \quad n-1.n(n+1)} ar^s,$$

$$\text{donne } An+1 =, \text{ etc.}$$

Substituant ces valeurs dans l'équation, il vient :

$$(x+a)^m = x^m + m.ax^{m-1} + \frac{m.(m-1)}{1 \quad 2} a^2 x^{m-2} +$$

$$\frac{m.(m-1)(m-2)\, a^3 x^{m-3}}{1 \quad 2 \quad 3}$$

$$\frac{m.m-1\ldots\ldots(m-n+2)(m-n+1)}{1.2.3\ldots\ldots n-1.n} a^n x^{m-n}$$

le terme

$$A_n x^{m-n} = \frac{m.m-1\ldots\ldots m-n+1}{1.2.3\ldots\ldots n} a^n x^{m-n}$$

se nomme le terme général, parce qu'il peut servir à trouver tous les termes des binomes.

En effet, en donnant à n toutes les valeurs comprises entre 1 et m, a formera le deuxième, troisième, quatrième et dernier terme du binome.

Occupons-nous maintenant de trouver les propriétés principales de ce développement.

1°. Il est évidemment composé de $m+1$ termes, car la puissance de x diminuant successivement d'une unité, il y a $m+1$ termes depuis x^m jusqu'à x^0, qui est ce dernier terme.

2°. Dans chaque terme la somme des exposans $= m$.

3°. Les termes placés à égale distance des deux termes extrêmes ont le même coefficient combinatoire ; en effet, le terme $A_n x^{m-n}$ est le $n+1^{ème}$ à partir du premier terme, et le terme $A_{m-n}\, x^{m-n}$ est le $n+1^{ème}$ à partir du dernier terme.

Or le nombre des arrangemens de la classe A_{m-n} est égal à celui des arrangemens de la classe A_n (n° XXIII) ; donc les coefficiens, qui ne sont autres que ces nombres, sont aussi égaux. On peut d'ailleurs s'en convaincre encore par cette autre considération. Le développement est évidemment le même si on prend a pour premier terme, et il vient $(a+x)^m$

$$= a^m + m a^{m-1} x + m . \frac{m-1}{2} . a^{m-2} x^2, \text{ etc.}$$

Comparant les deux termes résultats, on voit que le premier terme du second résultat est le dernier du premier, le second du second résultat est l'avant-dernier du premier, et ainsi des autres. Lorsque m est pair le nombre des termes est impair, et après le $\frac{m+2}{2}$ terme, les mêmes coefficiens se présentent dans un ordre inverse; et pour m impair, les m coefficiens reviennent après le $\frac{m+1}{2}^{\text{ème}}$ terme.

IV. Pour avoir un terme quelconque, il faut multiplier le terme précédent par l'exposant de x dans ce terme, diviser par le nombre qui indique le quantième de ce terme, et augmenter ensuite l'exposant de a, et diminuer celui de x, chacun d'une unité. En effet, le

$$(n+1)^{\text{ème}} \text{ terme} = A_n x^{m-n} =$$
$$\frac{m\ \overline{m-1} \ldots\ldots \overline{m-n+2})\ (m-n+1)}{1.2.3\ldots\ldots \overline{n-1}.n} a^n x^{m-n},$$

et le

$$(n+2)^{\text{ème}} \text{ terme} = A_{n+1}\, x^{m-n-1} =$$

$$\frac{m.m-1\ldots\ldots m-n+2.m-n+1.m-n}{1.2.3\ldots\ldots n-1.n.n+1}$$
$$a^{n+1}\,x^{m-n-1};$$

donc $A_{n+1} = A_n \dfrac{(m-n)}{n+1}\dfrac{a}{x}$. La règle énoncée est visiblement la traduction de cette équation, qui a lieu quel que soit n. L'opération enseignée par cette règle se nomme *dérivation divisée*, parce qu'en effet elle apprend à faire dériver un terme quelconque de binome du précédent. Il est aisé aussi de trouver la manière de dériver un terme quelconque du terme voisin suivant.

V. Si l'on fait $x=a=1$, on aura

$$2^m=(1+1)^m=1+m+m\frac{(m-1)}{2}+m\frac{(m-1)}{2}\,\frac{m-2}{3}+\ldots\ldots 1;$$

ainsi la somme de tous les coefficiens dans le binome $(a+x)^m$ est donc égale à 2^m, etc. Dans $(x+a)^3=x^3+3\,a\,x^2+3\,a^2\,x+a^3$, on a $1+3+3+1=8=2^3$.

VI. L'on a évidemment, d'après ce qui a été dit (page 116),

$$(x-a)^m = x^m - m a x^{m-1} + \frac{m.m-1}{2} a^2 x^{m-2} - \frac{m.m-1.m-2}{1.2.3} a^3 x^{m-3}, \text{ etc.}$$

$$(-x+a)^m = \pm x^m \mp m.\frac{m-1}{2} a x^{m-1} \pm \ldots\ldots$$

$$(-x-a)^m = \pm x^m \pm m.\frac{m-1}{2} a x^{m-1} \pm.$$

Dans les deux dernières formules on prend les signes supérieurs lorsque m est pair, et les signes inférieurs pour m impair; en faisant dans la première formule $x = a = 1$, elle donne

$$(1-1)^m = 0 = 1 - m + \frac{m.m-1}{2} - \frac{m.m-1.m-2}{1.2.3} +, \text{ etc.}$$

$$\text{or } 2^m = 1 + m + \frac{m.m-1}{2} +, \text{ etc.}$$

donc, en ajoutant

$$2^m = 2\left(1 + \frac{m.m-1}{2} +, \text{etc.}\right)$$

$$2^{m-1} = 1 + \frac{m.m-1}{2} + \ldots\ldots$$

Il est aisé de prouver la justesse de ces résultats.

VII. Ce qui précède suffit pour effectuer le développement d'un binome quelconque ; les détails suivans sont seulement pour indiquer la marche la plus simple à suivre dans cette opération.

1°. *Méthode indépendante.*

VIII. La méthode indépendante consiste à former tous les termes du binome au moyen du terme général, en donnant à n toutes les valeurs comprises entre 1 et $\frac{m}{2}$ ou $\frac{m+1}{2}$, selon que m est pair ou impair, soit par exemple $(x+a)$, on aura pour terme général =

$$A_7\, x^{7-n} = \frac{7\,.\,6\,.\,5\ldots\ldots(8-n)}{1\,.\,2\,.\,3\ldots\ldots n}\, a^n\, x^{7-n}\,;$$

faisant successivement $n=1$; $n=2$; $n=3$, etc. ; il vient

$$(x+a)^7 = x^7 + 7\,a\,x^6 + \frac{7.6}{1.2}\,a^2\,x^5 + \frac{7.6.5}{1.2.3}\,a^3x^4 + \frac{7.6.5.}{1.2.3.}\,a^4x^3 + \frac{7.6}{1.2}\,a^5\,x^2 + 7\,a^6x + a^7$$

$$= x^7 + 7\,a\,x^6 + 21\,a^2x^5 + 35\,a^3\,x^4 + 35\,a^4x^3 + 21\,a^5\,x^2 + 7\,a^6\,x + a^7.$$

IX. On ne se sert de cette méthode que

lorsqu'on a besoin de connaître un certain terme du binome; soit, par exemple, qu'on demande le sixième terme de $(x+a)^{10}$, on a pour terme général

$$\frac{10.9.8.....11-n}{1\ 2\ 3\ \ \ \ n}a^n x^{10-n};$$

faisant $n=5$, on obtient le sixième terme $=$

$$\frac{10.9.8.7.6}{1.2.3.4.5}a^5x^5=\frac{10.9.8.7}{4.5}=\frac{10.9.2.7}{5}=$$

$$2.9.2.7=252\,a^5x^5.$$

Méthode dépendante, ou Méthode de dérivation.

X. D'après le procédé indiqué, on dérive le deuxième terme du premier, et de la même manière le troisième du deuxième, et ainsi de suite jusqu'au dernier, l'on obtiendra

$$(x+a)^8=x^8+8\,ax^7+28\,a^2x^6+\frac{6.28}{3}a^3x^5+$$
$$\frac{56.5}{4}a^4x^4+56a^5x^3+28a^6x^2+8a^7x+a^8.$$

XI. On a donné à la méthode de dérivation la forme suivante, que nous adopterons toujours, et qu'il est très important de se rendre très familière à cause des grands avantages qu'elle présente, et qui seront seulement sentis par la suite. Voici sur quoi cette forme est fondée; on a

$$x+a=x\left(1+\frac{a}{x}\right),$$

puis

$$(x+a)^m=x^m\left(1+\frac{a}{x}\right)^m=x^m\left(1+\frac{ma}{x}+\right.$$
$$\left.\frac{m.\overline{m-1}}{2.}\frac{a^2}{x^2}+\frac{m.\overline{m-1}.\overline{m-2}}{1.2.3}\frac{a^3}{x^3}+, \text{etc.}\right)$$
$$\left(1+\frac{m}{x}+\frac{m.\overline{m-1}}{2}\frac{a^2}{x^2}+, \text{etc.}\right)$$

De là découle le procédé suivant :

Pour élever $(x+a)$ à la puissance m, on écrit sur une ligne horizontale la suite des nombres, m, $\frac{m-1}{2}$, $\frac{m-2}{3}$, $\frac{m-3}{4}$ ..... m, jusqu'à $\frac{1}{m}$, en les séparant les uns des autres par une virgule; ensuite on forme une seconde ligne horizontale, à laquelle on donne 1 pour premier terme; on multiplie ce premier terme 1 par le premier terme m de la première suite, et encore par le quotient du second terme a divisé par le premier x, ce qui donne $m\frac{a}{x}$ pour le second terme de la deuxième suite; on multiplie de nouveau ce second terme par le second terme $\frac{m-1}{2}$ de la première suite, et encore par $\frac{a}{x}$; ce qui donne $m\,\frac{m-1}{2}\,\frac{a^2}{x^2}$ pour le troisième terme de la deuxième suite, et on continuera de la même manière jusqu'au dernier terme; on multiplie ensuite tous les termes de la deuxième suite par le premier terme du binome élevé à la puissance m; le produit sera égal évidemment à $(x+a)^m$. Soit $(x+a)^7$; on aura pour première suite

$$7, \frac{6}{2}, \frac{5}{3}. \frac{4}{4}. \frac{3}{5}. \frac{2}{6}. \frac{1}{7},$$

et pour deuxième suite

$$\left(1+7\frac{a}{x}+\frac{7.6}{2}\frac{a^2}{x^2}+\frac{7.6.5}{1.2.3}\frac{a^3}{x^3}+\frac{7.6.5.4}{1.2.3.4}\frac{a^4}{x^4}+\frac{7.6.5.4.3}{1.2.3.4.5}\frac{a^5}{x^5}+\frac{7.6.5.4.3.2}{1.2.3.4.5.6}\frac{a^6}{x^6}+\frac{7\ldots\ldots1}{1\ldots\ldots7}\frac{a^7}{x^7}\right);$$

multipliant le tout par x^7, et faisant les réductions, on obtient le résultat comme il est donné ci-dessus (page 125).

Si l'on avait à élever $3x^6 - 2a^4$ à la cinquième puissance, on aura

$$3x^6 - 2a^4 = 3x^6\left(- 1\,\frac{2a^4}{3x^6}\right),$$

$$\text{et } (3x^6 - 2a^4)^5 = (3x^6)^5\left(1 - \frac{2a^4}{3x^6}\right)^5;$$

Première suite :

$$5,\ \frac{4}{2},\ \frac{3}{3},\ \frac{2}{4};\ \frac{1}{5};$$

deuxième suite :

$$1 - 5.\,\frac{2a^4}{3x^6} + \frac{5.4.}{2}\left(\frac{2a^4}{3x^6}\right)^2 - \frac{5.4.3}{1.2.3}\left(\frac{2a^4}{3x^6}\right)^3 +$$
$$\frac{5.4.3.2}{1.2.3.4}\left(\frac{2a^4}{3x^6}\right)^4 - \frac{5.4.3.2.1}{1.2.3.4.5}\left(\frac{2a^4}{3x^6}\right)^5.$$

Il faut faire attention, dans cet exemple, que le quotient du second terme divisé par le premier est égal à $-\frac{2a^4}{3x^6}$.

Multipliant la seconde suite par $(3x^6)^5$, et faisant les réductions, il vient

$$(3x^6 - 2a^4)^5 = (3x^6)^5 - 5.2a^4.(3x^6)^4 + 10.(2a^4)^2.$$
$$(3x^6)^3 - 10.(2a^4)^3(3x^6)^2 + 5.(2a^4)^4.3x^6 - (2a^4)^5,$$
$$= 243x^{30} - 810a^4x^{24} + 1080a^8x^{18} - 720a^{12}x^{12}$$
$$+ 240a^{16}x^6 - 32a^{20}.$$

Produits de facteurs binomes ayant des seconds termes égaux et inégaux.

XII. Dans ce qui précède, nous avons supposé les m seconds termes $a, b, c, d \ldots\ldots l$, égaux entre eux; supposons maintenant que parmi ces termes il y en ait p égaux à a, et les autres inégaux; soit par exemple à développer

$$(x+a)^p (x+b) (x+c) \ldots\ldots (x+l) =$$
$$x^m + A_1 x^{m-1} + A_2 x^{m-2} + \ldots\ldots A_3 x^{m-3} \ldots\ldots A_m.$$

Il est évident que dans A_1, a est répété p fois; donc

$$A_1 = pa + b + c + d \ldots\ldots + l.$$

A_2 renferme en général $\frac{m(m-1)}{2}$ arrangemens. Dans le cas actuel, plusieurs de ces arrangemens sont égaux. Ainsi A_2 comprend

$\frac{p(p-1)}{2}$ arrangemens $= a^2$;

p *id.* $= a\,b$;

p *id.* $= a\,c$, et ainsi de suite. Donc

$$A_2 = \frac{p(p-1)}{2} a^2 + pa(b+c+d+\ldots\ldots l) +$$
$$bc + bd + \ldots\ldots bl \ldots\ldots cl \ldots\ldots$$

A_3 est composé de $\frac{m(m-1)(m-2)}{2 \quad 3}$ arrangemens; p élémens étant égaux, il est évident que les arrangemens résultant des combinaisons de ces élémens entre eux sont égaux chacun à a^3; en prenant ces élémens égaux 2 à 2, et les combinant avec un élément différent, les arrangemens résultant sont chacun égaux à ab ou à ac, ad, ae, selon qu'on les aura combinés avec b, c, d, e, etc. De là il s'en suit que

$$A_3 = \frac{p.p-1.p-2}{1.2.3} a^3 + \frac{p.p-1}{1.2} a^2 (b+c+d+\ldots\ldots l)$$
$$+ pa\,(bc+bd+\ldots\ldots)$$
$$+ bcd + bce, \text{ etc.}$$

En raisonnant de la même manière, on trouvera que

$$A_4 = \frac{p.p-1.p-2.p-3}{1.2.3.4} a^4 +$$
$$+ \frac{p.p-1.2}{1.2.3} a^3 (b+c+d+\ldots\ldots)$$
$$+ \frac{p.p-1}{2} a^2 (bc+bde\ldots\ldots)$$
$$+ pa\,(bed+bde\ldots\ldots)$$
$$+ bcde+bdef\ldots\ldots$$

Soit encore proposé de développer

$$(x+a)^p\ (x+b)^q\ (x+c)\ldots\ldots x+l.$$

Représentons par

B_1 la 1re classe, B_2 la 2e », B_3 la 3e » des combinaisons des élémens b, c, d, e;

et soit

$$(x+a)^p\ (x+b)^q\ (x+c)\ldots\ldots x+l = x^m + A_1\, x^{m-1} + A_2\, x^{m-2} +, \text{etc.}$$

m désigne toujours le nombre des facteurs; on a évidemment

$$A_1 = pa + qb + c + d\ldots\ldots$$

Dans A_2 il y a $\frac{p(p-1)}{2}$ arrangemens égaux à a^2; $\frac{q(q-1)}{2}$ arrangemens égaux à b^2. En prenant l'élément a, et les continuant avec les q élémens, on aura q arrangemens égaux à ab. Comme on peut faire cette opération p fois, on aura donc pq arrangemens égaux à ab. Donc $A_2 = \frac{p(p-1)}{2}a^2 + pqab + \frac{q(q-1)}{2}b^2 + B_2 + paB_1 + qbB_1$. Séparant de même, dans A_3, les arrangemens qui ne renferment que les lettres a et b, et examinons les arrangemens a^3, a^2b, ab^2, b^3, il est évident que a^3 sera répété $\frac{p(p-1)(p-2)}{2 \quad 3}$ fois, et b^3 le sera $\frac{q(q-1)(q-2)}{1 \quad 2 \quad 3}$ fois. Pour savoir combien de fois a^2b sera répété, il faut considérer que les p élémens peuvent fournir $\frac{p(p-1)}{2}$ fois a^2, et les q élémens q fois b; donc a^2b est produit un nombre de fois exprimé par $\frac{p(p-1)}{2}q$.

On aura ainsi

$$A_3 = \frac{p.p-1.p-2}{1.2.3}a^3 + \frac{p.p-1}{1.2}qa^2b +$$

$$\frac{q.q-1}{1.2}pab^2 + \frac{q.q-1.q-2}{1.2.3}b^3 + \frac{p.p-1}{1.2}a^2B_1 +$$

$$pqabB_1 + \frac{q.q-1}{1.2}b^2B_1 + paB_2 + qbB_2 + B_3,$$

et ainsi de suite.

Soit en général à développer $(x+a)^p(x+b)^q(x+c)^r(x+d)^s \ldots\ldots (x+c) \ldots\ldots$, etc.; désignons les classes des combinaisons sans répétition des élémens inégaux par B_1, B_2, B_3, etc.

Et soit $La^n b^{n'} c^{n''} d^{n'''} ef\dots\dots$ un terme quelconque de développement.

$$\text{Soit} \quad \lambda = \frac{p.p-1\dots\dots p-n+1}{1.2.3\dots\dots n};$$

$$\lambda' = \frac{p.p-1\dots\dots p-n'+1}{1.2.3\dots\dots n'};$$

$$\lambda'' = \frac{p.p-1\dots\dots p-n''+1}{1.2.3\dots\dots p-n''},$$

on aura $\quad L = \lambda\lambda'\lambda''\lambda'''\dots\dots$

Ainsi, dans le développement proposé pour trouver A_4, on formera la quatrième classe des combinaisons des élémens égaux a^p, b^q c^r d^s, etc., et à chaque arrangement on joindra le coefficient correspondant; on formera ensuite la troisième classe, et on la multiplie par B_1; ensuite la seconde classe, qu'on multiplie par B_2, et multipliée par B_3, et le tout sera terminé par B_4.

Soit, par exemple, à développer

$$(x+a)^3 (x+b)^2 (x+c)^2 (x+d) (x+e) =$$
$$x^9 + A_1 x^8 + A_2 x^7 + A_3 x^6 + A_4 x^5 + A_5 x^4 +$$
$$A_6 x^3 + A_7 x^2 + A_8 x + A_9.$$

Dans cet exemple :

$$B_1 = d + e,$$

$$B_2 = de,$$
$$B_3 = o.$$

Il en est de même des classes supérieures à la troisième. On aura

$$A_1 = 3a + 2b + 2c + d + e,$$

$$A_2 = \frac{3.2}{1.2}a^2 + 3.2.\,ab + 3.2.\,ac + \frac{2.1}{2}b^2 +$$
$$2.2bc + \frac{2.1}{1.2}c^2 + B_1\,(3a + 2b + 2c),$$

$$A_3 = \frac{3.2.1}{1.2.3}a^3 + \frac{3.2}{1.2}.2\,(a^2b + a^2c) +$$
$$\frac{3.2.1}{1.2}a\,(b^2 + c^2) + 3.2.2\,abc + \text{, etc.}$$

c) Produits de facteurs binomes entièrement inégaux.

XIII. Soit proposé de développer le produit

$$(a+b)\,(c+d)\,(e+f)\,(g+h),$$

or
$$a + b = a\left(1 + \frac{b}{a}\right),$$
$$c + d = c\left(1 + \frac{d}{c}\right),$$
$$e + f = e\left(1' + \frac{f}{e}\right),$$

$$g+h=g\left(1+\frac{h}{g}\right),$$

il vient

$$(a+b)(c+d)(e+f)(g+h)=$$
$$aceg\left(1+\frac{b}{a}\right)\left(1+\frac{d}{c}\right)\left(1+\frac{f}{e}\right)\left(1+\frac{h}{g}\right)=\mathrm{M}.$$

Regardant les fractions $\frac{b}{a}, \frac{d}{c}, \frac{f}{e}, \frac{h}{g}$ comme les seconds termes des facteurs binomes, et faisant

$$\frac{b}{a}=m,$$
$$\frac{d}{c}=m',$$
$$\frac{f}{e}=m'',$$
$$\frac{h}{g}=m''',$$

on aura

$$\begin{aligned}\mathrm{M}=(aceg)(1+m\ &+mm'+mm'm''+mm'm''')\\ m'\ &+mm''+mm'm'''\\ m''\ &+mm'''+,\text{ etc.}\\ m'''\ &+,\text{ etc.}\end{aligned}$$

Substituant à la place des m, m', m'', m''' les

valeurs, et effectuant la multiplication, on aura
$M = aceg + bceg + adeg + acfg + aceh +$, etc.

e) Facteurs polynomes égaux.

Supposons qu'il s'agisse de multiplier le quadrinome $a+b+c+d$ par le quadrinome $A+B+C+D$, il est évident que ceci rentre dans le cas du n° XIV, huitième Leçon des permutations avec répétition, dont il faut former la deuxième classe; on aura ainsi

$$(a+b+c+d)\,(A+B+C+D) =$$
$$\begin{array}{l} Aa + Ab + Ac + Ad \\ Ba + Bb + Bc + Bd \\ Ca + Cb + Cc + Cd \\ Da + Db + Dc + Dd \end{array}$$

Mais si l'on fait

$$\begin{array}{l} a = A \\ b = B \\ c = C \\ d = D, \end{array}$$

le produit proposé sera

$$= (a+b+c+d)^2;$$

et le développement se change en celui de la deuxième classe des combinaisons avec répétition des élémens a, b, c, d (hy. n° XXI, huitième Leçon); cette classe étant développée par la méthode indépendante, on aura

a^2	$b\,c$
$a\,b$	$b\,d$
$a\,c$	c^2
$a\,d$	$c\,d$
b^2	d^2

Les carrés a^2, b^2, c^2, ne se trouvent qu'une fois; les doubles produits $a\,b$, $a\,c$, etc., se trouvent deux fois : par exemple, Ab et Ba deviennent chacun ab. On aura donc

$$(a+b+c+d) = a^2+2\,ab+2\,ac+2\,ad+b^2+ 2\,bc+2\,bd+c^2+2cd+d^2, \text{ etc.}$$

Le raisonnement est le même pour un quadrinome, quintinome ou un polynome quelconque à élever au carré; si m est le nombre des termes du polynome, son carré renferme autant de termes que la deuxième classe des combinaisons avec répétition de m élémens, savoir, $\frac{m\,(m+1)}{1\ \ 2}$, ainsi que le quadrinome au carré renferme $\frac{4.5}{1\ 2}$ $=$ 10 termes.

Passons au produit de trois quadrinomes $(a+b+c+d)$ $(A+B+C+D)$ $(\alpha+\beta+\varkappa+\delta)$; ce développement est la troisième classe de permutations avec répétition des trois ordres d'élémens

$$a,\ b,\ c,\ d$$
$$\mathrm{A},\ \mathrm{B},\ \mathrm{C},\ \mathrm{D}$$
$$\alpha,\ \beta,\ \gamma,\ \delta.$$ (*Voyez* page 79.)

Il est aisé de former cette classe :

$$\alpha\ \mathrm{A}\ a$$
$$\alpha\ \mathrm{A}\ b$$
$$\alpha\ \mathrm{A}\ b$$
. . . .
. . . .
$$a+b+c+d$$
$$a+b+c+d$$
$$a+b+c+d$$

Faisons maintenant $\alpha = \mathrm{A} = a$; le produit devient $(a+b+c+d)^3$, et son développement est celui de la troisième classe des combinaisons avec répétition des élémens a, b, c, d. Formons cette classe. Il vient :

a^3	acd	bcd
$a^2 b$	$a d^2$	$b d^2$
$a^2 c$	b^3	c^3
$a^2 d$	$b^2 c$	$c^2 d$
$a b^2$	$b^2 d$	$c d^2$
abc	$b c^2$	d^3
abd		
$a c^2$		

a^3 ne provient que de la seule combinaison α A a; aussi ne se trouve-t-il qu'une seule fois, ainsi que b^3, c^3, d^3; $a^2 b$ sera répété autant de fois que aab fournissent de permutations, savoir, $\frac{3.2}{1.2} = 3$; abc sera répété autant de fois que a, b, c donnent de permutations, savoir, 3.2.1.

$$\text{donc } (a+b+c+d)^3 = \begin{array}{lll} a^3 & + 3a^2 b & + 6abc \\ b^3 & + 3a^2 c & + 6abd \\ c^3 & + 3a^2 d & + 6acb \\ d^3 & 3a\ c^2 & \\ & 3a\ b^2 & \\ & 3a\ d^2 & \\ & 3b^2\ c & \\ & 3b^2\ d & \\ & 3b\ c^2 & \\ & 3b\ d^2 & \\ & 3c^2\ d & \\ & 3c\ d^2 & \end{array}$$

Il en serait de même si on avait un polynome quelconque à élever à la troisième puissance. Soit maintenant $(a+b+c+d)^4$; on aura à former la quatrième classe des combinaisons avec répétition des élémens

$$\begin{array}{c} a+b+c+d \\ a+b+c+d \\ a+b+c+d \\ a+b+c+d \end{array}$$

soit $a^2 b^2$ un terme quelconque de cette classe; il suffit de la seule inspection pour comprendre que ce terme sera répété autant de fois que $aabb$ donnent de permutations; savoir, $\frac{4.3.2.1}{1\ 2\ 1\ 2} = 6$; de même $a^3 b$ sera répété autant de fois que $aaab$ donnent de permutations, et ainsi des autres termes. On aura donc

$$(a+b+c+d)^4$$
$$= a^4 + 4a^3 b + 6a^2 b^2 + 12a^2 c d + 24abcd$$
$$+ b^4 + 4a^3 c + 6a^2 c^2 + 12ab^2 c$$
$$+ c^4 + \text{etc.} + \text{etc.} + \text{etc.}$$
$$+ d^4 \ldots\ldots\ldots\ldots\ldots\ldots$$
$$\ldots\ldots\ldots\ldots\ldots\ldots\ldots$$
$$\ldots\ldots\ldots\ldots\ldots\ldots\ldots$$
$$+ d^4 + 4cd^3 + 6c^2 d^2 + 12bcd^2.$$

Si l'on a, en général, à développer $(a+b+c+d.....)^m$, il est évident que ceci revient à former la $m^{ème}$ classe des combinaisons avec répétition des élémens

$$a + b + c + d, \text{ etc.}$$

$$a + b + c + d, \text{ etc.}$$

Soit $a^p \, b^{p'} \, c^{p''} \, d^{p'''}$ un terme quelconque de cette classe, on aura évidemment

$$p + p^{\prime} + p' + p'' = m,$$

et ce terme est répété autant de fois que $a^p \, b^{p'} \, c^{p''} \, d^{p'''}$ fournissent de permutations. Ce nombre est égal (*Voyez* page 105.)

$$\frac{m\,(m - 1)\,(m - 2) \ldots\ldots 1}{1.2.3\ldots p \times 1.2.3\ldots p' \times 1.2.3\ldots p'' \times 1.2.3\ldots p'''}.$$

En supposant donc que le polynome est composé de n termes, on commence par former la $n^{ème}$ classe des combinaisons avec répétition, et devant chaque terme on écrit le coefficient correspondant. On voit ainsi que le nombre de termes est le même que celui des arrangemens de la $n^{ème}$ classe des combinaisons avec répétition. Nous avons vu (page 100) que ce nombre est exprimé par

$$\frac{n\,(n + 1)\,(n + 2)\,(n + 3) \ldots\ldots (n + m - 1)}{1\,.\,2\,.\,3 \ldots\ldots\ldots\ldots m}$$

ainsi le développement de $(a+b+c+d+e+f)^{10}$ renferme

$$\frac{6.7.8.9.10.11.12.13.14.15}{1.2.3.4.\ 5.\ 6.\ 7.\ 8.\ 9.10} = 3003 \text{ termes.}$$

Nous allons donner, pour s'exercer, quelques termes de ce développement.

Soit $\lambda = 1.2.3.4.5.6.7.8.9.10$,

on aura

$$(a+b+c+d+e+f)^{10} = \begin{array}{l|l} a^{10} + \dfrac{\lambda}{1.2.3.....9} & a^9b + \\ \quad b^{10}\ldots\ldots\ldots\ldots & a^9c \\ \quad \ldots\ldots\ldots\ldots\ldots & \ldots\ldots \\ \quad \ldots\ldots\ldots\ldots\ldots & \ldots\ldots \\ \quad + f^{10} & e^9f \end{array}$$

$$\begin{array}{l|l|l|l} \dfrac{\lambda}{1....8 \times 1.2} & a^8b^2 + \dfrac{\lambda}{1....8} & a^8bc + \dfrac{\lambda}{1....7 \times 1.2} & a^7b^2c \\ \ldots\ldots\ldots & a^8c^2\ldots\ldots & \ldots\ldots\ldots\ldots\ldots & \ldots\ldots \\ \ldots\ldots\ldots & \ldots\ldots\ldots & \ldots\ldots\ldots\ldots\ldots & \ldots\ldots \\ \ldots\ldots\ldots & \ldots\ldots\ldots & \ldots\ldots\ldots\ldots\ldots & \ldots\ldots \\ & e^8f^2 & def^8 & d^7e^2f \end{array}$$

Le coefficient de $a^3b^2c^2d^3$ sera

$$\frac{\lambda}{1.2.3 \times 1.2 \times 1.2 \times 1.2.3},$$

et ainsi des autres; et réduisant, on trouve

$$\frac{\lambda}{1.2.....9} = 10,$$

$$\frac{\lambda}{1\ldots\ldots 8 \times 1.2} = 45,$$

$$\frac{\lambda}{1.2\ldots\ldots 8} = 90.$$

Ce serait ici le lieu de donner le développement de $(a + bx + cx^2 + dx^3 + \ldots\ldots)^m$, ce développement étant ordonné suivant les puissances de x; mais nous attendrons jusqu'à ce que nous ayons exposé les principes du calcul de dérivation; genre de calcul qui s'occupe spécialement de la théorie des développemens en général. (1).

Avant de finir ce qui regarde la multiplication, nous allons donner la démonstration de la proposition énoncée (n° VIII, 2e Leçon), savoir, qu'un produit ne change pas de valeur dans quelque ordre qu'on exécute la multiplication. Supposons que la proposition énoncée soit vraie pour 2, 3, 4, 5, jusqu'à $m-1$ facteurs inclusivement, je dis qu'elle sera aussi vraie pour m facteurs; en effet, de quelque manière qu'on s'y prenne, on en viendra finalement à un produit de deux facteurs. Soit n le

(1) *Voyez* la note 2 à la fin du Manuel.

nombre de facteurs qui entrent dans le multiplicateur extrême, et désignons-le par P_n; $m-n$ étant le nombre de facteurs simples du multiplicande, désignons-le par $Pm-n$; le produit cherché est donc $= Pn \times Pm-n$; soient Pn' et $Pm-n'$ des facteurs obtenus par un ordre de multiplication différent du premier; le produit résultant sera $= Pn' \times Pm-n'$; il faut démontrer que $Pn \times Pm-n = Pn' \times Pm-n'$, quelque soit d'ailleurs n et n'; il est d'abord évident que l'on a

$$\begin{aligned} n &< m \\ n' &< m \\ m-n &< m \\ m-n' &< m \end{aligned}$$

ainsi en vertu de l'hypothèse, de quelque manière qu'on multiplie entre eux les facteurs simples qui entrent respectivement dans Pn, $Pm-n$, Pn', $Pm-n'$, on aura toujours même résultat; Pn aura nécessairement quelques facteurs en commun avec Pn' ou avec $Pm-n'$. Admettons le premier cas, et soit Q le produit de tous les facteurs communs, on aura donc

$$\begin{aligned} Pn &= QR, \\ Pn' &= QR'; \end{aligned}$$

R et R' sont les produits des facteurs qui ne sont pas en même temps dans les deux produits P_n et $P_{n'}$; de là on aura

$$Pn \times Pm-n = QR\ Pm-n,$$
$$Pn' \times Pm-n' = QR'\ Pm-n'.$$

Les produits $R\,P_{m-n}$ et $R'\,P_{m-n'}$ renferment évidemment les mêmes facteurs simples chacun un nombre de fois moindre que *m*; donc, en vertu de l'hypothèse, $R\,P_{m-n} = R'\,P_{m-n'}$, et par conséquent $P_n\,P_{m-n} = Pn'\,P_{m-n'}$. On fera les mêmes raisonnemens, en supposant que P_n et $P_{m-n'}$ ont des facteurs en commun; par conséquent, en admettant l'hypothèse, la proposition serait donc vraie pour *m* facteurs; or, nous l'avons démontrée pour deux facteurs; elle sera donc vraie pour trois facteurs, et de là on conclut qu'elle est vraie pour quatre facteurs, et en continuant ainsi, pour un nombre quelconque de facteurs.

ONZIÈME LEÇON.

RECHERCHE DU PLUS GRAND COMMUN DIVISEUR.

I. Dans l'arithmétique on enseigne la manière de trouver les communs diviseurs, et le plus grand commun diviseur de deux nombres. On a aussi souvent besoin, dans le calcul littéral, de chercher le plus grand facteur littéral qui divise exactement deux polynomes donnés. Avant de procéder à cette recherche, nous allons exposer quelques propriétés de nombres dont nous ferons souvent usage.

II. Si le nombre a divise sans reste le nombre b et c, il divise aussi sans reste $b+c$ et $b-c$; car soit $\frac{b}{a}=q$; $\frac{c}{a}=q^1$; q et q^1 étant des nombres entiers, on aura

$$b=aq; \quad \text{donc } b+c=aq+aq^1=a(q+q^1)$$
$$c=aq^1; \quad b-c=aq-aq^1=a(q-q^1)$$

$$\text{d'où } \frac{b+c}{a}=q+q^1$$
$$\frac{b-c}{a}=q-q^1.$$

III. Si a divise sans reste b, il divise aussi sans reste mb, m étant un nombre entier quelconque; en effet, soit $\frac{b}{a} = q$, d'où $b = aq$, $bm = maq$, et ainsi $\frac{bm}{a} = mq$; c. q. f. d.

IV. Si a divise sans reste b et c, il divise aussi sans reste le reste de leur division. Soit q le quotient, et r le reste de la division de b par c, on aura donc $b = cq + r$, ou $b - cq = r$; or a divise c, donc aussi cq (n° III) et a divise b, donc aussi (n° II) $b - cq$ ou r. c. q. f. d.

V. Si a a un facteur commun avec b et c, il en aura aussi un avec $b + c$ et $b - c$. Soit d ce facteur commun, on aura donc

$$b = dl \text{ et } b + c = d(l + m),$$
$$c = dm \quad b - c = d(l - m). \text{ c. q. f. d.}$$

VI. Si a a un facteur commun avec b, il en aura un avec bm. Cette proposition et la suivante se démontrent comme ci-dessus, n°s III et II.

VII. Si a a un facteur commun avec b et c, il en aura un avec le reste de leur division.

VIII. Les réciproques des propositions 2, 3, 4, 5, 6, 7, n'ont pas lieu.

IX. Si le nombre c est premier à l'égard de a et de b, il sera aussi premier à l'égard de ab. On démontre en arithmétique qu'en cherchant le plus grand commun diviseur des deux nombres a, c, premiers entre eux, on arrive nécessairement à un reste égal à l'unité. Supposons que cela ait lieu au bout de la quatrième opération, et soit q, q', q'', q''', les quotiens successifs, et r, r', r'', r''', les restes correspondans, on aura donc

$$\begin{aligned} a &= qc + r \\ c &= q'r + r'. \\ r &= q''r' + r'' \\ r' &= q'''r'' + 1 \end{aligned}$$

Ces équations étant multipliées chacune par b, on a

$$\begin{aligned} ab &= bcq + br \\ bc &= bq'r + br' \\ br &= bq''r' + br'' \\ br' &= bq'''r'' + b. \end{aligned}$$

Si c n'est pas premier à l'égard de ab, il aura un facteur commun avec ce produit; d'où l'on conclut qu'il a aussi un facteur commun (n° VI) avec bqc; il en aura donc aussi un avec $ab—bqc$ (n° V) ou avec br; il a donc aussi un facteur commun avec brq' et aussi avec bc : ce facteur commun existe dans $bc — bq'r$. Continuant de la même manière, on serait forcé d'admettre un facteur commun entre b et c, ce qui est contraire à la supposition; donc c est premier à l'égard de ab. Nous avons supposé a plus grand que c; la démonstration serait la même si l'on avait c plus grand que a.

X. Si le produit ab a un facteur commun avec c, il faut au moins qu'un des facteurs a ou b ait un facteur commun avec c.

XI. Si ab est divisible sans reste par c, et que a soit premier à l'égard de c, il faut que b soit divisible sans reste par c. La démonstration est semblable à celle du n° IX.

XII. Si a et b sont premiers à l'égard de c, il est évident (n° IX) que c ne pourra pas diviser ab.

XIII. c étant le plus grand commun diviseur de a et de b, les quotiens de a et de b divisés respectivement par c sont premiers entre eux. En effet, soient q, q' les quotiens, on aura $\frac{a}{c} = q$ et $\frac{b}{c} = q'$, d'où $a = cq$ et $b = cq'$. Si q et q' ne sont pas premiers entre eux, soit d leur facteur commun; on aura $q = dl$ $q' = dl'$, donc $a = cdl$ et $b = cdl'$; a et b auraient ainsi le facteur commun cb; conséquemment c n'est pas le plus grand commun diviseur, ce qui est contraire à la supposition; donc, etc.

XIV. c étant le commun diviseur, et non le plus grand entre a et b, les quotiens $\frac{a}{c}$ et $\frac{b}{c}$ ne sont pas premiers entre eux.

XV. Le plus grand commun diviseur de deux nombres a et b reste le même en multipliant l'un d'eux, a par exemple, par un nombre quelconque m, premier à l'égard de b. Soit c le plus grand commun diviseur, on aura $a=cq$; $b=cq'$; $ma=mcq$; m étant premier à l'égard de b, doit l'être avec q' (n° VI); q est premier avec q' (n° XIII), donc mq est premier avec q' (n° IX), donc cq' et cmq n'ont pas de plus grand commun diviseur que c.

XVI. Le plus grand commun diviseur de deux nombres n'est pas changé en divisant l'un d'eux par un nombre premier à l'égard de l'autre; même démonstration que pour le n° XV.

XVII. En multipliant l'un des deux nombres par un facteur premier à l'égard du plus grand diviseur commun, celui-ci n'est pas changé.

XVIII. En divisant l'un des deux facteurs

a et b par un nombre m, premier à l'égard du plus grand commun diviseur, celui-ci reste encore le même.

XIX. Si a et b premiers entre eux divisent exactement c, c sera divisible par le produit ab; $\frac{c}{a} = q$, d'où $c = aq$; aq sera donc divisible par b; mais a étant premier à l'égard de b, q doit être divisible exactement par b (n° XI), donc $q = bq'$; de là $c = abq'$; donc, etc.

XX. Un nombre est toujours divisible par le produit de ses facteurs simples pris 2 à 2, 3 à 3, 4 à 4, etc. (n° XIX.)

XXI. Un nombre quelconque n, s'il n'est pas premier, peut être représenté par le produit de plusieurs nombres premiers α β γ, etc. élevés chacun à une certaine puissance, de sorte qu'on peut toujours supposer $N = \alpha^m \beta^n \gamma^p$, etc. En effet, pour opérer cette décomposition, il faut essayer la division du nombre N par chacun des nombres premiers 2, 5, 7, 11, jusqu'à ce qu'on parvienne à un nombre premier a, qui rende la division possible. Soit donc $N = a N'$; N' ne peut pas être divisible par un nombre premier plus petit que a (n° III). Si N' est encore divisible par a, on aura $N' = a N''$, et par conséquent $N = \alpha^2 N''$. Supposons qu'on puisse répéter cette opération m fois de suite, on aura évidemment $N = a^m P$; le nombre P ne pouvant plus être divisible par a, il est inutile d'essayer la division par un nombre premier moindre que a; car si D était divisible par θ moindre que a, il est clair que N (n° III) serait aussi divisible par θ, ce qui est contraire à la supposition. On ne doit essayer de diviser P que par les nombres premiers plus grands que a; on trouvera ainsi successivement $P = \beta^m Q$; $Q = \gamma^p R$, donc $N = \alpha^m \beta^n \gamma^p$, etc.

XXII. Un nombre donné N étant réduit à la forme $\alpha^m \beta^n \gamma^p \ldots\ldots$ il est clair qu'il aura pour diviseur tous les termes des produits développés

$$(1 + \alpha + \alpha^2 + \alpha^7 \ldots\ldots \alpha^m)\ (1 + \beta + \beta^2 + \ldots\ldots \beta^n)$$
$$(1 + \gamma + \gamma^2 + \alpha\ \ldots\ldots \gamma^p) \qquad \text{etc.}$$

donc les nombres de tous ces diviseurs $=$ $(m+1)\ (n+1)\ (p+1)$, etc.

XXIII. Passons maintenant aux expressions littérales. Soit L, M, N, trois polynomes quelconques; si L et M sont chacun divisibles sans reste par N, alors $L \pm M$; LM et le reste de la division de L par M, seront divisibles sans reste par N. On peut appliquer ici les raisonnemens des n°s II, III, IV, etc.

XXIV. De là on déduit une méthode pour rechercher le plus grand commun diviseur de deux polynomes, analogue à celle qu'on suit en arithmétique. On ordonne les deux polynomes par rapport à la même lettre, on divise le polynome dans lequel cette lettre a le plus haut exposant par l'autre polynome. Si la division s'effectue sans reste, le polynome diviseur est le plus grand commun diviseur cherché; si la division ne peut se faire sans reste, on divise le premier diviseur par le premier reste; si la division s'effectue sans reste, ce premier reste est le plus grand commun diviseur, sinon on continue jusqu'à ce qu'on parvienne à une division exacte, et le dernier diviseur employé sera le plus grand commun diviseur cherché. Si l'on parvient à un reste qui ne renferme plus la lettre principale, l'opération ne peut plus se continuer, et on en conclut que le plus grand commun diviseur, s'il y a lieu, ne doit pas renfermer la lettre principale. Soit a cette lettre principale, il est clair qu'on peut mettre le polynome L et P sous cette forme.

$$M = Aa^m + Ba^{m-1} + Ca^{m-2} + \ldots\ldots Ta^2 + Ua + V$$

$$L = A'a^l + B'a^{l-1} + C'a^{l-2} + \ldots\ldots T'a^2 + U'a + V'$$

Désignons par C le plus grand commun diviseur indépendant de a, on aura $M = CQ'$ et $L = CQ$; puisque C ne renferme pas a, il faut que cette lettre soit élevée à la puissance m dans Q, et à la puissance l dans Q'; donc on aura aussi

$$Q = \alpha\ a^m + \beta\ a^{m-1} +, \text{etc.}$$
$$Q' = \alpha'\ a^l + \beta' a^{l-1} +, \text{etc.}$$

donc $M = C\alpha\ a^m + C\beta' a^{m-1} + \ldots\ldots$

$$L = C\alpha' a^l + C\beta' a^{l-1} +, \text{etc.}$$

ainsi $A = C\alpha,\ B = C\beta \ldots\ldots$

$$A' = C\alpha', B' = C\beta'.$$

On voit que tous les coefficiens des polynomes L et M renferment la quantité C. Ainsi il suffit de chercher le plus grand commun diviseur entre deux quelconques de ces coefficiens; il faudra ensuite que ce diviseur divise exactement tous les coefficiens des polynomes.

Lorsque ces conditions n'ont pas lieu, on en conclut que les deux polynomes n'ont aucun commun diviseur.

XXV. Deux polynomes L et M étant premiers à l'égard du polynome C (1), le produit

(1) Un polynome L est premier à l'égard du poly-

L M est aussi premier avec C. Supposons que les trois polynomes renferment les lettres a, b, c, etc.; ordonnons-les par rapport à la même lettre a; L et C étant premiers, en cherchant leur plus grand commun diviseur, on viendra à un reste indépendant de a. Voici le figuré de la première opération

$$\begin{aligned} L &= q\ C + r \\ C &= q'\ r + r' \\ r &= q''\ r' + r'' \end{aligned}$$

r'' étant le reste indépendant de a.

En multipliant ces équations par M, on démontrera, comme au n° IX, que si M L n'est pas premier à l'égard de C, M r'' ne le sera pas; M et C étant premiers entre eux, on aura

$$\begin{aligned} M &= \gamma\ C + R \\ C &= \gamma'\ R + R' \\ R &= \gamma''\ R' + R'' \end{aligned}$$

et soit après la troisième opération le reste R'' indépendant de a; multipliant ces équations par r'', on prouvera (n° IX) que si M r'' a un

---

nome C, lorsqu'ils n'ont aucun facteur littéral en commun.

facteur commun avec C, r'' R″ aura le même facteur en commun avec C ; mais le produit r'' R″ ne renferme plus la lettre *a*; donc le facteur commun entre M r'' et C est aussi celui entre L M et C, ne renferme pas *a*. On démontrera de la même manière, en ordonnant les trois polynomes, par rapport à *b*, que le facteur commun entre L M et C ne devra pas renfermer *b*, et ainsi de suite; donc il n'y a aucun facteur commun entre L M et C.

XXVI. De cette proposition, on déduit les conséquences analogues à celles qui existent pour les nombres (n° X, etc.) ; la plus importante par son usage est celle-ci. Le plus grand diviseur de deux polynomes n'est pas altéré en multipliant ou divisant l'un quelconque d'entre eux par un polynome premier à l'égard de l'autre.

XXVII. On se sert avantageusement de cette propriété pour se débarrasser des fractions du plus grand commun diviseur. Lorsque le coefficient du premier terme du dividende n'est pas divisible par le coefficient du premier terme du diviseur ; on multiplie le dividende par le coefficient du diviseur. Si toutefois ce coefficient n'était pas premier à l'égard du diviseur, alors on divise le diviseur par le facteur commun.

Lorsque le dividende et le diviseur ont un facteur commun, après l'avoir ôté on continue l'opération, et ensuite on multiplie le commun diviseur trouvé par le facteur commun. Passons aux exemples.

Trouver le plus grand commun diviseur entre les polynomes A et B.

Premier exemple.

$$A = x^3 - 4x^2 + 5x - 2, \text{ et } B = 3x^2 - 8x + 5.$$

Les deux polynomes étant ordonnés, je divise le premier polynome qui est du troisième degré par le second polynome qui est du second degré; mais x^3 divisé par $3x^2$, donnerait au quotient la fraction $\frac{1}{3}$. Pour éviter cet embarras, je remarque que le coefficient 3 ne divise aucun des deux polynomes. Je multiplie donc le premier polynome par 3, ce qui ne change pas le plus grand commun diviseur (nº XV); j'aurai alors pour polynome dividende $3x^3 - 12x^2 + 15x - 6$; faisant la division, j'obtiens pour quotient x, et pour reste le polynome $-4x^2 + 10x - 6$, qui est divisible par -2, nombre qui ne divise pas le polynome B; je puis donc diviser par -2 (n° XVI), il vient $2x^2-5x+3$. Continuons l'opération : $2x^2$ divisé par $3x^2$, donne un quotient fractionnaire. Je multiplie derechef le dividende par 3, et obtiens $6x^2-15x+9$ pour nouveau dividende; le quotient est $+2$, et le reste est $x-1$; je prends ce reste pour diviseur, et le polynome B pour dividende; on obtient pour quotient $3x+4$, et un reste nul; donc $x-1$ est le plus grand commun diviseur cherché. Voici le type de l'opération :

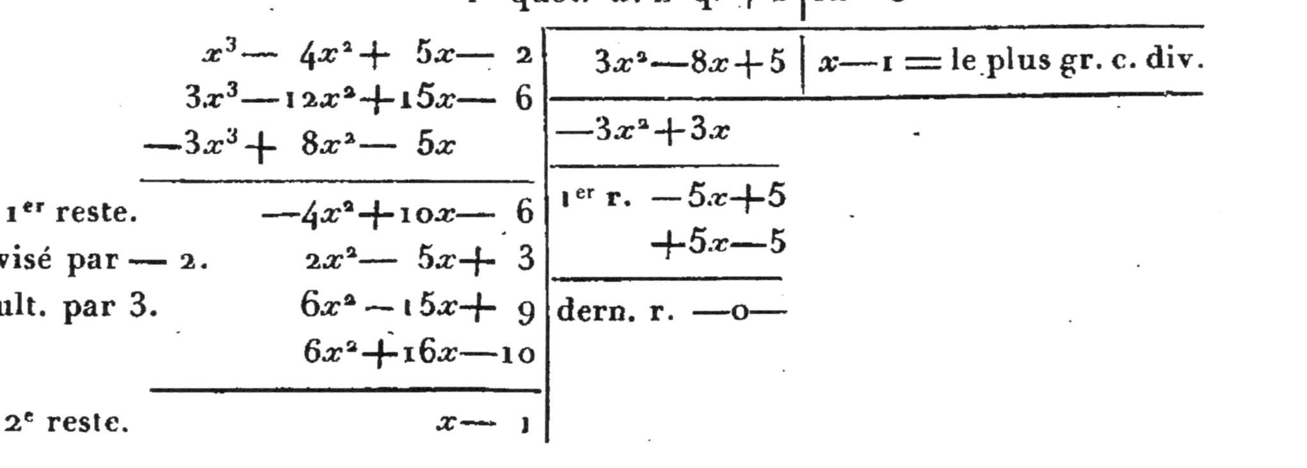

		1er quot. x. 2e q. $+2$	$3x-5$
	x^3-4x^2+5x-2	$3x^2-8x+5$	$x-1=$ le plus gr. c. div.
	$3x^3-12x^2+15x-6$	$-3x^2+3x$	
	$-3x^3+8x^2-5x$		
1er reste.	$-4x^2+10x-6$	1er r. $-5x+5$	
divisé par -2.	$2x^2-5x+3$	$+5x-5$	
mult. par 3.	$6x^2-15x+9$	dern. r. $-0-$	
	$6x^2+16x-10$		
2e reste.	$x-1$		

Deuxième exemple.

$A = x^3 - 5x^2 - 5ax - 5b + ax^2 + bx = x^3 + x^2(a-5) + x(b-5a) - 5b$, pol. ord.

$B = x^3 + ax^2 + bx - 3x^2 - 3ax - 3b = x^3 + x^2(a-3) + x(b-3a) - 3b$, *id.*

Type de l'opération.

	1er quot. $+1$	1er q. x. 2e q. $+1$	
$x^3+(a-5)x^2+x(b-5a)-5b$	$x^3+x^2(a-3)+x(b-3a)-3b$	x^2+ax+b	$=$ le plus gr. c. div.
1er reste. $\quad -2x^2-2ax-2b$	1er reste. $\quad -3x^2-3ax-3b$		
divisé par -2. $\quad x^2+ax+b$	div. par -3. $\quad x^2+ax+b$		
	2e reste. $\quad =0$		

Troisième exemple.

$$A = 5x^8 + 5x^4 + 5$$
$$B = 5x^6 + 5.$$

Le plus grand commun diviseur

$$= 5x^4 - 5x^2 + 5.$$

Il faut observer que 5 divisant A et B, on divise par 5 ; on cherche le plus grand commun diviseur entre les quotiens ; on trouve qu'il est $x^4 - x^2 + 1$, et on multiplie par 5.

Quatrième exemple.

Soient $A = 5(a^2 - b^2)x^3 + b(a^3 - b^3)x^2 + b(a^4 - b^4)x + a^5 - b^5$

$$B = 3(a - b)x^2 + 2(a^2 - b^2)x + a^2ab + b^2,$$

on a $3A = 15(a^2 - b^2)x^3 + 18(x^3 - b^3)x^2 + 18(a^4 - b^4)x + 3(a^5 - b^5)$.

Divisant 3A par B, on obtient pour quotient $5(a + b)x$, et pour premier reste $x^2(13a^3 + 5ab^2 - 5a^2b - 13b^3) + x(ba^4 - 5a^3 + 5a^2b + 5ab^2 - 5b - bb^4) + 3(a^5 - b^5)$. En continuant l'opération, on trouve que le plus grand commun diviseur est indépendant de la lettre principale x. En effet, il est facile de voir que le binome $a - b$ divise tous les coefficiens des polynomes A et B, et que ce binome est le plus grand commun diviseur cherché.

XXVII. Nous terminerons ici la première Partie de l'Algèbre, renfermant tous les principes nécessaires pour exécuter les opérations de l'arithmétique sur des expressions littérales. Pour rendre cette Partie complète, ce serait ici le lieu de parler du calcul des radicaux et des exposans fractionnaires; mais nous croyons que, pour faciliter l'intelligence de la matière, ce genre d'opération doit être rejeté à la fin de la seconde Partie de l'Algèbre, dont nous allons nous occuper.

ALGÈBRE PROPREMENT DITE,

OU CALCUL PAR ÉQUATIONS.

PREMIÈRE LEÇON.

1. L'ALGÈBRE proprement dite est une science qui enseigne à trouver les valeurs ou les propriétés de quantités inconnues, lorsqu'on connaît les relations qui existent entre ces quantités inconnues et des quantités connues; telle est la définition donnée par l'illustre Lagrange. « Ce qui la distingue essentiellement de l'arith- « métique et de la géométrie consiste en ce que « son objet n'est pas de trouver les valeurs « mêmes des quantités cherchées, mais le sys- « tème d'opérations à faire sur les quantités « données pour en déduire les quantités qu'on « cherche, d'après les conditions du problème. « Le tableau de ces opérations est ce qu'on « nomme en algèbre une *formule;* et lorsqu'une « quantité dépend d'autres quantités, de ma- « nière qu'elle peut être exprimée par une for-

« mule qui contient ces quantités, on dit alors « qu'elle est une *fonction* de ces mêmes quan- « tités; de sorte qu'on peut définir l'algèbre, « l'art de déterminer les inconnues par des fonc- « tions de quantités connues, ou qu'on regarde « comme connues. »

II. Dans toute question on a pour but de découvrir une ou plusieurs choses qu'on ne connaît pas; il faut donc nécessairement, pour qu'on puisse espérer d'y parvenir, il faut qu'il y ait quelques relations éloignées ou prochaines, entre les objets à découvrir et ceux dont nous avons la connaissance. Pour qu'une question soit du ressort de l'algèbre, il faut encore que ces relations soient des relations de grandeur ou de quantité, et non des relations de sentimens ou de métaphysique; par exemple, on sait qu'une musique harmonieuse nous procure une sensation d'autant plus agréable que l'harmonie est plus parfaite : il existe donc une relation quelconque médiate ou immédiate entre cette harmonie et le plaisir qu'elle nous fait éprouver; mais la nature de ces relations tient du sentiment, et ne saurait être exprimée quantitativement; ainsi les questions qui s'y rapportent sont étrangères à l'algèbre, et ne peuvent être résolues par les mêmes moyens dont cette science fait usage.

III. Les relations de grandeur, en dernière analyse, se réduisent à une suite d'opérations arithmétiques (addition et soustraction, multiplication et division, ou, etc.) à faire sur les quantités connues ou inconnues. Cette suite d'opérations doit mener à un résultat connu, ou bien donner le même résultat qu'on aurait obtenu en faisant, sur les données de la question, une série d'opérations différentes de la première.

IV. Deux systèmes essentiellement différens d'opérations à faire sur des quantités connues, et qui mènent au même résultat, ou bien un seul système d'opération qui mène à un résultat connu, se nomme en algèbre, une équation, et chacun de ces systèmes se nomme *membre de l'équation ;* par exemple, dans cette question, trouver un nombre dont la moitié étant augmenté de 10, soit égal au tiers de ce nombre diminué de 13; il y a deux systèmes différens d'opération : le premier, composé de deux opérations, et le second, aussi de deux opérations. L'égalité de résultat à laquelle on doit parvenir par ces procédés différens, se nomme une *équa-*

tion, et chaque procédé se nomme *membre de l'équation*.

V. D'après ce qui précède, on concevra facilement que toutes les questions du ressort de l'algèbre aboutissent finalement à des *équations*, et qu'on peut nommer l'algèbre un calcul par *équations*.

VI. Afin de ne pas trop multiplier les difficultés, nous ne nous occuperons d'abord que de questions purement numériques ; ce sont celles où il s'agit de trouver un nombre inconnu au moyen de relations qu'on lui connaît avec des nombres donnés.

Première question. Trouver un nombre tel que, si à son double on ajoute 10, la somme soit égale à 16.

Solution. Nous avons ici deux opérations qui doivent mener à un résultat connu. Représentons le nombre par la lettre x ; la première opération consiste à le doubler, ainsi le résultat est $2x$; la deuxième opération consiste à augmenter ce double de 10, ainsi elle donne pour résultat $2x+10$, qui doit être égal à 16 ; donc $2x+10=16$: $2x+10$ est le premier membre, et 16 le second membre ; ôtant du premier et du second membre le nombre 10, il est évident que les restes sont encore égaux; donc $2x = 6$. Divisant chaque membre de cette nouvelle équation par 2, on aura des quotiens égaux; donc $x = 3$: ainsi le nombre cherché est 3. En effet, l'on a $2.3 + 10 = 16$.

Observation. La valeur 3 que nous venons de trouver dépend évidemment des nombres 2, 10, 16, qui entrent dans la question. En prenant d'autres nombres, on trouve une autre valeur. Pour trouver une solution générale applicable à tous les cas, il faut que les données de la question puissent signifier tous les nombres possibles; on est donc naturellement conduit à les représenter par des signes généraux, dont les plus simples sont les lettres de l'alphabet. La question ainsi généralisée est l'objet du deuxième problème.

IIe PROBLÈME. Trouver un nombre tel que, si on le multiplie par la quantité connue a, et qu'au produit l'on ajoute la quantité connue b, la somme soit égale à la quantité connue c.

Solution. Soit x le nombre cherché; multiplié par x, le nombre devient ax. Ce produit, augmenté de b, donne la somme $ax + b$, qui doit être égal à c; ainsi $ax + b = c$. Les opérations semblables, faites sur des quantités égales, donnent même résultat. Otons de chaque membre de l'équation le nombre b, on aura $ax+b-b=c-b$; faisant la réduction, il vient $ax=c-b$. Divisons chaque membre par a, on aura $\frac{ax}{a}=\frac{c-b}{a}$, ou bien $x=\frac{c-b}{a}$; telle est la valeur générale de l'inconnue. En effet, il est aisé de voir qu'elle satisfait à la question. En multipliant $\frac{c-b}{a}$ par a, on a pour produit $c-b$; ajoutant b à $c-b$, on a pour somme c, ainsi que l'exige la question.

Observation. 1°. La valeur générale $\frac{c-b}{a}$ est ce qu'on nomme *une formule algébrique* (n° I); elle indique les opérations à faire sur les quantités inconnues pour arriver à celles qu'on cherche. Cette formule, traduite dans le langage ordinaire, revient à ceci : Pour avoir le nombre qui remplisse la condition proposée, il faut de la somme retrancher le nombre ajouté, et diviser le reste par le facteur donné. Si on en fait $c=16$, $a=2$ et $b=10$, on trouve tout de suite $x=\frac{16-10}{2}=3$, comme dans la première question ; si on fait $c = 10$, $b = 16$ et $a = 2$, on aura $x = \frac{10 - 16}{2} = \frac{-6}{2} = -3$, et l'on a $2 . -3 + 16 = 10$.

VII. Résoudre une équation, c'est faire sur cette équation des opérations qui mènent à une suite d'autres équations, dont la dernière se compose de l'inconnue seule dans un membre, et des quantités connues dans l'autre membre ; ainsi, dans le dernier exemple, l'équation était $ax + b = c$, d'où nous avons déduit par la soustraction, une autre équation de la sorte $ax = c - b$, et de celle-ci par la division une équation finale $x = \frac{c - b}{a}$. Ces différentes opérations constituent la résolution de l'équation $ax + b = c$.

VIII. La question que nous venons de résoudre étant très simple, a mené à une équation dont la résolution n'a offert aucune difficulté. On conçoit qu'il n'en est pas de même dans des problèmes plus compliqués. Nous allons en donner un exemple.

IIIe PROBLÈME. Trouver un nombre tel qu'en le multipliant par 6 et divisant le produit par 5, multipliant derechef le nombre par 5 et divisant le produit par 7, si de la somme des deux quotiens on retranche $2\frac{1}{3}$, on obtienne même résultat qu'en multipliant le nombre par 2 et divisant le produit par 3.

Solution. Soit x le nombre cherché, on aura, en exécutant les opérations indiquées dans les questions, l'équation suivante :

$$\frac{6x}{5}+\frac{5x}{7}-2\frac{1}{3}=\frac{2x}{3}.$$

Réduisons toutes les fractions au même dénominateur, il vient

$$+\frac{126x}{105}+\frac{75x}{105}-\frac{245}{105}=\frac{70x}{105},$$

ou bien, multipliant chaque membre par 105, il vient

$$126x+75x-245=70x.$$

Ajoutant à chaque membre 245, on a

$$126x+75x-245+245=70x+245;$$

réduisant $\quad 201x=70x+245,$

ôtant de chaque membre $70x$, on obtient

$$201x-70x=70x+245-70x;$$

réduisant, il vient $131x=245$; et divisant les deux membres par 131, on a $x=\frac{245}{131}$, équation finale qui donne la valeur de l'inconnue.

IVe Problème. Trouver un nombre tel que, si on le multiplie d'abord par $\frac{a}{b}$, et ensuite par $\frac{c}{d}$, et que de la somme des deux produits on retranche $\frac{e}{f}$, on obtienne même résultat qu'en multipliant le nombre par $\frac{g}{h}$.

Solution. Soit x le nombre; en exécutant les opérations indiquées, il vient l'équation

$$\frac{a}{b}x + \frac{cx}{d} - \frac{e}{f} = \frac{gx}{h};$$

réduisant au même dénominateur, il vient

$$\frac{adfhx + cbfhx - ebdh}{bdfh} = \frac{gbdfx}{bdfh};$$

multipliant chaque membre par le dénominateur, ce qu'on obtient en le supprimant, on a

$$adfhx + cbfhx - ebdh = gbdfx;$$

ajoutant à chaque membre $ebdh$, et réduisant

$$adfhx + cbfhx = gbdfx + ebdh;$$

ôtant de part et d'autre $gbdfx$,

$$adfhx + cbfhx - gbdfx = ebdh,$$

ou bien

$$x(adfh + cbfh - gbdf) = ebdh;$$

divisant par le facteur de

$$x = \frac{ebdh}{adfh + cbfh - gbdf}.$$

VIII. Toute question sur les nombres amène à une équation, et réciproquement : étant donnée, une équation, il est toujours possible d'imaginer la question numérique qui y a donné lieu. Soient, par exemple, les deux équations où x représente l'inconnue :

$$x^2 - 7x + \frac{3}{2} = 4x^3 - 5x + 7,$$

$$\frac{3}{4}x - 5 = \frac{7}{3}x + 12.$$

La première équation a pu être donnée par cette question : Trouver un nombre tel que si, de son carré, on retranche 7 fois ce nombre, et qu'on augmente de $\frac{3}{2}$ le reste, on obtienne même résultat qu'en prenant 4 fois le cube du nombre, et soustrayant 5 fois le nombre, et augmentant le reste de 7, il est aisé d'imaginer la question numérique qui a pu donner lieu à la deuxième équation.

De la résolution des équations du premier degré à une inconnue.

IX. On est convenu de représenter les quantités inconnues par les dernières lettres de l'alphabet, tel que x, y, z, etc., et les quantités connues, considérées d'une manière générale, par les premières lettres de l'alphabet.

X. Une équation est à une inconnue et du premier degré, quand elle ne renferme qu'une seule inconnue non élevée à une puissance, ou, ce qui revient au même, élevée seulement à la première puissance; ainsi la deuxième équation du n° VIII ci-dessus, est à une inconnue. Il est vrai que les deux termes $\frac{3x}{4}$ et $\frac{7x}{3}$ sont inconnus, mais leur valeur ne dépend que de la seule inconnue x. La première équation est aussi à une inconnue, mais cette inconnue est élevée au cube; alors elle est du troisième degré. Pour le moment nous ne nous occuperons que des équations du premier degré à une seule inconnue.

XI. *Règle.* 1°. Pour faire passer un terme d'une équation d'un membre dans un autre, il faut l'effacer dans le membre où il se trouve, et l'écrire dans l'autre avec un signe contraire à celui qu'il avait.

Le terme dont il s'agit est positif ou négatif; dans le premier cas, en l'effaçant, on diminue le membre où il se trouve; il faut donc, pour conserver l'égalité, diminuer le second membre de la même quantité, ce qui revient à écrire le terme avec le signe négatif dans l'autre membre. Lorsque le terme effacé est négatif, on augmente le membre; or il faut donc augmenter d'autant l'autre membre; donc, etc.

XII. Par la seule transposition des termes, on peut donc donner à la même équation plusieurs formes différentes, qui seront satisfaites par la même valeur de l'inconnue. Ainsi la deuxième équation du n° VIII peut prendre, par la transposition de ses termes, les formes suivantes :

$$\frac{3}{4}x - 5 = \frac{7}{3}x + 12;$$

$$\frac{3}{4}x - \frac{7}{3}x = 12 + 5;$$

$$-5 - \frac{7}{3}x = -\frac{3}{4}x + 12, \text{ etc.}$$

L'équation subsiste encore en changeant les signes de tous ses termes; car cette opération est le résultat de la multiplication des deux membres par — 1, ou bien on obtient ce résultat en transposant tous les termes du premier dans le deuxième membre, et réciproquement.

XIII. *Deuxième règle.* 1°. Pour faire disparaître les dénominateurs d'une équation, on réduit tous les termes au même dénominateur, et l'on efface ce dénominateur. En effet, en effaçant le dénominateur commun du premier et du deuxième membre, on multiplie toute l'équation par le même nombre : l'égalité est donc toujours conservée ; donc, etc.

Ainsi, dans la deuxième équation du n° VIII, on aura

$$3.7.x - 5.3.4 = 7.4x + 12.3.4,$$
$$21x - 60 = 28x + 144.$$

XIV. *Troisième règle.* Pour résoudre une équation à une inconnue du premier degré, il faut, 1°. faire disparaître les dénominateurs s'il y a lieu, et faire ensuite les réductions ; 2°. faire passer les quantités connues dans un membre, et les quantités inconnues dans l'autre, et faire les réductions ; 3°. écrire le membre dans lequel se trouvent les termes inconnus sous la forme de produit ayant l'inconnu pour un de ses facteurs, et la somme des coefficiens pris avec leur signe pour l'autre facteur; 4°. diviser le membre connu par le facteur de l'inconnu : le quotient sera la valeur de l'inconnue.

XV. Passons aux exemples.

1°. $x+9=16$

$x=7$

2°. $x+a=b$

$x=b-a$

3°. $x-a=b$

$x=a+b$

4°. $x-8a=20-6a$

$x=20+2a$

5°. $ax=b$

$x=\frac{b}{a}$

6°. $\frac{x}{a}=b$

$x=ab$

7°. $x+ax=b$

$x=\frac{b}{a+1}$

8°. $\frac{x}{a-1}-1=a$

$x=a^2-1$

9°. $\frac{1}{2}-\frac{1}{3}x=\frac{1}{3}-\frac{1}{4}x$

$x=2$

10°. $ax-bx+cx=d$

$x=\frac{d}{a-b+c}$

11°. $\frac{m}{a+x}-n=\frac{l}{r}$

$x=\frac{rm-nar-la}{l+rn}$

12°. $ax-b^2x=3-x$

$x=\frac{3}{a-b^2+1}$

DEUXIÈME LEÇON.

SOLUTION DE QUELQUES QUESTIONS RELATIVES A LA LEÇON PRÉCÉDENTE.

Première question. Partager sept en deux parties, telles que la plus grande surpasse de trois la plus petite. Si on cherchait à deviner la plus petite partie, voici comment on pourrait s'y prendre : soit 1 la plus petite partie, alors la plus grande sera évidemment $7-1=6$; mais la différence entre 6 et 1 est 5, et non 3 comme l'exige la question; donc 1 doit être rejeté. Essayons 2 : la plus petite partie, $7-2=5$, sera la plus grande partie, et la différence entre 5 et 2 est 3, donc 2 et 5 sont en effet les deux parties. Pour éviter ces essais, qui peuvent devenir longs et pénibles dans des questions plus compliquées que celle qui nous occupe, désignons par x la plus petite partie, et traitons cet x comme nous avons fait dans les différens essais, la grande valeur sera $7-x$; la différence entre ces deux sera $=7-x-x=$

$7-2x$; or, ce $7-2x$, par la nature de la question doit $=3$, donc $7-2x=3$; de là

$$2x=7-3=4$$
$$x=2;$$

la plus grande partie $=5$,
la plus petite $=2$.

Généralisons maintenant cette question.

Seconde question. On propose de partager a en deux parties, de façon que la plus grande surpasse de b la plus petite.

Soit la plus grande partie $=x$, l'autre sera $a-x$; ainsi $x=a-x+b$, et de là

$$x=\frac{a+b}{2}=\text{grande partie};$$

$$a-\frac{a+b}{2}=\frac{a-b}{2}=\text{petite partie}.$$

En effet,

$$\frac{a+b}{2}+\frac{a-b}{2}=a$$

$$\frac{a+b}{2}-\frac{a-b}{2}=b.$$

Troisième question. Un père laisse 1600 fr. à ses trois fils; le testament porte que l'aîné aura 200 fr. de plus que le puîné, et que celui-ci aura 100 fr. de plus que le cadet; on demande quelle sera la portion de chacun?

Cherchons à deviner la portion d'un des fils; de l'aîné par exemple : supposons qu'il reçoit 500 fr., le puîné reçoit donc $300-200=100$, et le cadet $300-100=200$; les trois parts sont donc 500, 300 et 200, qui, pris ensemble, font moins que 1600, donc la part du premier a été mal fixée. Posons donc en général que sa part soit x; la part du second sera $x-200$; celle du troisième $x-200-100=x-300$; les trois parts ensemble, $x+x-200+x-300=1600$; de là

$$x=700\text{, part de l'aîné;}$$
$$700-200=500\text{, part du puîné;}$$
$$500-100=400\text{, part du cadet.}$$
$$\overline{1600}$$

Quatrième question. Un père laisse 8600 fr. à ses quatre fils; suivant le testament, la part de l'aîné doit être double de celle du second, moins 100 fr.; le second doit recevoir trois fois autant que le troisième, moins 200 fr., et le troisième doit recevoir quatre fois autant que le quatrième, moins 300 fr. On demande quelles sont les portions de ces quatre fils?

Solution. Nommons x la portion du cadet; celle du troisième fils sera $=4x-300$; celle du second fils $=12x-1100$, et celle de l'aîné $=24x-2300$. La somme de ces quatre parts doit faire 8600; donc on a l'équation $41x-3700=8600$, d'où l'on tire $x=300$.

Cinquième question. Un homme laisse 11000 écus à partager entre sa veuve, deux fils et trois filles. Il veut que la mère reçoive deux fois la portion d'un fils, et qu'un fils reçoive deux fois autant qu'une fille. On demande combien il revient à ces personnes séparément?

Réponse. Une fille reçoit 1000 écus, un fils 2000, et la mère 4000.

Sixième question. Un père veut, par son testament, que ses trois fils partagent son bien de la manière suivante: l'aîné reçoit 1000 écus de moins que la moitié de tout l'héritage, le second reçoit 800 écus de moins que le tiers de tout le bien, et le troisième reçoit 600 écus de moins que le quart du bien. On demande à quelle somme se monte l'héritage entier, et quelle est la part de chaque héritier?

Solution. Exprimons l'héritage par x:

la part du premier fils est $\frac{1}{2}x-1000$,

celle du second......... $\frac{1}{3}x - 800$,

celle du troisième....... $\frac{1}{4}x - 600$.

Ainsi les trois fils ensemble reçoivent $\frac{1}{2}x + \frac{1}{3}x + \frac{1}{4}x - 2400$, et cette somme est égale à x; on a donc l'équation $\frac{13}{12}x - 2400 = x$; l'on en tire $x = 28800$.

Septième question. Un père laisse quatre fils qui partagent son bien de la manière suivante : le premier prend la moitié de l'héritage moins 3000 fr., le second prend le tiers moins 1000 fr., le troisième prend exactement le quart du bien, le quatrième prend 600 fr. et la cinquième partie du bien. De combien était l'héritage, et combien chaque fils a-t-il reçu?

Réponse. L'héritage est de... 12000 fr.
le premier fils reçoit 3000
le second......... 3000
le troisième....... 3000
le quatrième...... 3000

Dans les questions suivantes, nous placerons

les solutions générales à côté des solutions particulières.

Huitième question. Trouver un nombre (x), tel que si on y ajoute la moitié $\left(\frac{x}{m}\right)$, la somme surpasse 60 (a), d'autant que le nombre lui-même est au-dessus de 65 (b).

Solution. Soit ce nombre x; il faut

$$x+\frac{1}{2}x-60=65-x;\quad x+\frac{x}{m}-a=b-x;$$

$$x=50;\quad x=\frac{m(b+a)}{2m+1}.$$

Observation. Dans la formule générale $x=\frac{m(b+a)}{2m+1}$, on peut donner aux lettres a, b, m des valeurs quelconques. Nous ne répétérons plus cette observation.

Neuvième question. Partager 32 (a) en deux parties, telle que si je divise la moindre par 6 (m), et la plus grande par 5 (n), les deux quotiens pris ensemble fassent 6 (6).

Solution.

La plus petite..... $x=12$;
la plus grande $32-x=20$; $\quad \frac{x}{m}+\frac{a-x}{n}=b$;

$$x=\frac{m(nb-a)}{n-m};\ a-x=\frac{n(a-mb)}{n-m}.$$

Dixième question. Trouver un nombre tel que si je le multiplie par 5 (n) le produit soit autant au-dessous de 40 (a) que le nombre lui-même est au-dessous de 12 (b)?

Solution. Soit le nombre exprimé par x; on aura

$$x = 7; \left\{ x = \frac{a - b}{n - 1}. \right.$$

Onzième question. Partager 25 (a) en deux parties, telles que la plus grande contienne 49 (m) fois la plus petite?

Solution.

$$\begin{array}{ll} \text{La plus petite} \quad x = \frac{1}{2}; & \left\{ \begin{array}{l} x = \dfrac{a}{m + 1}; \\ a - x = \dfrac{am}{m + 1}. \end{array} \right. \\ \text{la plus grande} = 24\,\frac{1}{2}; & \end{array}$$

Douzième question. J'ai acheté quelques mètres de drap à raison de 7 (m) francs pour 5 (n) mètres; j'ai revendu de ce drap à raison de 11 (m') pour 7 (n') mètres, et j'ai gagné 100 (p) francs sur le tout: on demande combien il y avait de drap?

Solution. Il y avait $583\,\frac{1}{3}$ mètres.

$$n : x :: m : \frac{mx}{n} \quad \text{prix de l'achat};$$

$$n' : x :: m' : \frac{m'x}{n'} \quad \text{prix de la vente} ;$$

$$\frac{m'x}{n'} - \frac{mx}{n} = p, \text{ d'où } x = \frac{nn'p}{nm' - mn'}.$$

Treizième question. Quelqu'un achète 12 (m) pièces de drap pour 140 (a) francs ; 2 (m') pièces sont blanches, 3 (m'') sont noires, et 7 (m''') sont bleues ; une pièce de drap noir coûte 2 (p) francs de plus qu'une pièce de drap blanc, et une pièce de drap bleu coûte 3 (p') francs de plus qu'une noire ; on demande le prix de chaque sorte ?

Solut. Une pièce de drap blanc coûte $x = 8\frac{1}{4}$ fr.
noir $10\frac{1}{4}$
bleu $13\frac{1}{4}$

$$x = \frac{a - m''p - m'''(p+p')}{m' + m'' + m'''} = \frac{a - m''p - m'''(p+p')}{m}.$$

Quatorzième question. Un homme qui a acheté des noix muscades dit que 3 (m) noix lui coûtent autant au-delà de 4 (p) centimes que 4 (m') lui coûtent au-delà de 1 (p') décime. On demande le prix de ces noix ?

Solution. Chaque noix coûte 6 centimes ;

$$x = \frac{p - p'}{m - m'}.$$

Quinzième question. Quelqu'un a deux gobelets d'argent avec un seul couvercle pour les deux ; le premier gobelet pèse 12 (p) kilogrammes, et si on y met le couvercle, il pèse 2 (m) fois plus que l'autre gobelet ; mais si l'on couvre l'autre gobelet, celui-ci pèse 3 (m') fois plus que le premier : il s'agit de trouver le poids du second gobelet et celui du couvercle ?

Solution. Le poids du couvercle $x=20$ kilog. $x=\frac{p(m'+1)}{m+1}$; celui du 2e gobelet $x=16$ kilog.

Seizième question. Un banquier a deux espèces de monnaie ; il faut a pièces de la première pour faire un écu, il faut b pièces de la seconde pour faire la même somme : quelqu'un vient, et demande c pièces pour faire un écu, combien le banquier lui donnera-t-il de pièces de chaque espèce de monnaie ?

Solution. Si le banquier donne x pièces de la première espèce, il est clair qu'il en donnera $c-x$ de la seconde espèce ; les x pièces de la première valent $\frac{x}{a}$ écu, les $c-n$ de la seconde valent $\frac{c-x}{b}$ écu ; il faut donc que $\frac{n}{a}+\frac{c-n}{b}=1$, d'où l'on tire $x=\frac{a(b-c)}{b-a}$ et $c-n=\frac{b(c-a)}{b-a}$.

TROISIÈME LEÇON.

DE LA RÉSOLUTION DE DEUX ET DE PLUSIEURS ÉQUATIONS DU PREMIER DEGRÉ.

I. Dans les questions que nous venons de résoudre, il n'y avait qu'une seule quantité inconnue; nous allons maintenant passer aux questions qui renferment plusieurs quantités inconnues. La question suivante est dans ce cas. Trouver deux nombres tels qu'en multipliant le premier par 5 et le second par 7 la somme égale 13. En exprimant le premier nombre par x, et le second nombre par y, on aura l'équation $5x+7y=13$. Si on prend dans cette équation la valeur de x, on obtient $x=\frac{13-7y}{5}$; en mettant cette valeur de x dans l'équation, elle devient $\frac{5.13-7y}{5}+7y=13$, ou bien $13-7y+7y=13$; $13=13$. Comme y disparaît dans l'équation, il s'ensuit qu'on est le maître de donner à y une valeur quelconque, et on en conclura ensuite celle de x. Par exemple, faisant $y=5$, on aura $x=\frac{13-7.5}{5}=\frac{-22}{5}$. Faisant $y=-6$, il vient $x=11$.

II. La question précédente est de nature indéterminée, parce que, comme nous avons vu, il y a une infinité de nombres qui y satisfont; la raison en est qu'on n'a fourni qu'une donnée pour caractériser les deux nombres cherchés; mais si, outre la donnée précédente, on ajoute encore celle-ci, 4 fois le premier nombre plus 6 fois le second égale 23, alors la question est déterminée. En effet, en vertu de la première donnée, on obtient l'équation $5x+7y=13$,

et en vertu de la seconde, $4x+by=23$.

De la première équation on tire $x=\frac{13-7y}{5}$.

En substituant cette valeur dans la première equation, nous venons de voir que y disparaît; mais en substituant cette valeur dans la deuxième équation, y reste; elle devient $4\times\frac{13-7y}{5}+6y=23$. En effectuant les opérations, et chassant le dénominateur, l'équation devient $42+2y=115$; d'où

$$y=\frac{73}{2},\ \text{et}\ x=\frac{13-7.\frac{13}{2}}{2}=\frac{26-511}{4}=\frac{-485}{4}.$$

Ainsi les deux valeurs cherchées sont $\frac{73}{2}$ et $-\frac{485}{4}$.

III. En généralisant les raisonnemens des numéros I et II, on voit que lorsqu'on cherche deux inconnues, il faut deux données distinctes. Nous disons distinctes, car souvent les données ne diffèrent qu'en apparence; nous en verrons des exemples plus bas.

Ajoutons donc encore une condition à la question proposée dans le n° I. Par exemple, que 12 fois le premier nombre moins 8 fois le second soit égal à 25; en traduisant cette seconde condition en langage algébrique, elle fournit l'équation $12x-8y=25$; la valeur de $x=\frac{13-7y}{5}$, tirée de la première équation, étant substituée dans cette même équation, la rend identiquement nulle, comme nous avons vu dans le numéro précédent.

Substituons cette valeur dans la seconde équation, elle devient $\frac{12.13-7y}{5}-8y=25$, ou bien, en chassant le dénominateur et opérant la réduction $156 - 84y - 40y = 125$; $156 - 124y = 125$; $-124y = -31$; $124y = 31$; $y = \frac{31}{124} = \frac{1}{4}$. Par conséquent, la deuxième équation n'est satisfaite qu'en attribuant à y la valeur $\frac{1}{4}$; et comme y doit être le même dans les deux équations, on a par conséquent une valeur de

$$x = \frac{13 - \frac{7}{4}}{5} = \frac{45}{20} = \frac{9}{4},$$

qui est propre à satisfaire aux deux équations à la fois.

IV. D'après ce qui précède et le contenu du n° VIII (1re Leçon), il est toujours aisé d'imaginer les questions numériques qui répondent à deux équations à deux inconnues. Ainsi, faisant abstraction de l'énoncé de la question même, nous allons nous occuper de la manière de résoudre deux équations à deux inconnues. Je dis d'abord que ces deux équations ont toujours, ou peuvent recevoir la forme suivante :

$$ax + by = c$$
$$a'x + b'y = c',$$

dans lesquels (a, b, c, a', b', c') sont des nombres entiers positifs ou négatifs. En effet, s'il y a des dénominateurs, on peut les faire disparaître (n° XIII, 1re Leçon). Passant ensuite les quantités connues dans un membre, et les quantités inconnues dans un autre; réunissant tout ce qui multiplie x, et désignant ce multiplicateur par a dans la première équation, et par a' dans la seconde, et faisant la même opération pour y, il est évident qu'on aura donné aux équations la forme indiquée. Par exemple, soient les équations

$$\frac{2}{3}-\frac{x}{4}+\frac{y}{5}=\frac{7}{2}-\frac{5x}{2}$$

$$\frac{2}{5}-\frac{x}{3}+\left(\frac{20}{21}y\right)=3y-4\,;$$

la première devient, en chassant les dénominateurs,

$$40-15x+12y=210-150x\,;$$

passant dans les membres les quantités connues et inconnues,

$$-15x+150x+12y=210-40\,;$$

réduisant, $135x+12y=170.$

Ainsi

$$a = 135,\ a' = +15;$$
$$b = 12,\ b' = +215;$$
$$c = 170,\ c' = +462.$$

Opérant de même sur la seconde équation, on obtiendra les valeurs de a', b', c'; la seconde équation est de la forme

$$+15x + 215y = 462.$$

V. Ainsi, pour résoudre deux équations à deux inconnues, il suffit de savoir résoudre les équations

$$ax + by = c \quad (1)$$
$$a'x + b'y = c. \quad (2).$$

A cet effet, prenez dans la première équation la valeur de l'une des inconnues; celle de x, par exemple, et substituez-la dans la deuxième équation, vous aurez alors une équation à une inconnue (9), que l'on sait résoudre (1.14); ayant la valeur de y, on la substitue dans la valeur de x précédemment trouvée; ainsi de la première équation on tire $x = \frac{c - by}{a}$; substituant dans l'équation (2), elle devient

$$a'\left(\frac{c - by}{a}\right) + b'y = c';$$

et de là $$y = \frac{ac' - a'c}{ab' - a'b}$$

et conséquemment

$$x = \frac{c - \frac{b\,(ac' - a'c)}{(ab' - a'b)}}{a}$$

$$= \frac{a\,(cb' - bc')}{a\,(ab' - a'b)}$$

$$= \frac{cb' - bc'}{ab' - a'b}.$$

VI. On peut varier le procédé du n° V de quatre manières différentes : 1°. prendre, comme nous avons fait, la valeur de x dans la première équation ; 2°. prendre la valeur de x dans la deuxième équation ; 3°. prendre la valeur de y dans la première équation ; 4°. prendre la valeur de y dans la deuxième équation. Ces quatre manières donnent généralement parlant les mêmes valeurs pour les inconnues x et y. En effet, soient x' et y' les valeurs de x et de y données par une de ces manières, et, s'il est possible, x'', y'' des valeurs données par une manière différente, on aura donc

$$ax' + by' = c$$
$$ax'' + by'' = c;$$

et de même $a'x' + b'y' = c'$

$$a'x'' + b'y'' = c'.$$

Par la soustraction, on obtient

$$a(x'-x'') + b(y'-y'') = 0$$

et $a'(x'-x'') + b'(y'-y'') = 0;$

donc $$\frac{y'-y''}{x'-x''} = -\frac{a}{b} = -\frac{a'}{b'}.$$

Mais dans la résolution des équations littérales (1) et (2), on ne suppose aucune relation entre les lettres a, b, a', b'; par conséquent la proportion $\frac{a}{b} = \frac{a'}{b'}$ ne saurait être admise dans le cas général; donc aussi la supposition de deux systèmes de valeurs (x', y') et (x'', y''), pour x, y, n'est pas admissible. Ainsi les expressions littérales de x et y trouvées dans le n° V sont donc les seules qu'on obtient, de quelque manière qu'on s'y prenne; ce raisonnement cesse d'être juste, lorsqu'on donne à a, b, a', b' des valeurs numériques telles que l'on ait $\frac{a}{b} = \frac{a'}{b'}$. C'est un cas particulier que nous examinerons plus loin.

VII. L'application de la méthode de substitution, expliquée au n° V, est rendue plus expéditive à l'aide des procédés suivans :

Soient les équations $ax+by=c$

$$a'x+b'y=c'.$$

Multipliant la première équation par a' (coefficient de x dans la deuxième), et la deuxième équation par a (coefficient de x dans la première), on aura

$$aa'x+a'by=a'c \quad (1)$$
$$aa'x+ab'y=ac' \quad (2).$$

Maintenant, au lieu de prendre la valeur de x dans la première, ce qui amenerait le dénominateur aa', je prends la valeur de $aa'x$, et je la substitue dans l'équation (2), et il vient

$$a'c-a'by+ab'y=ac';$$

d'où, comme précédemment,

$$y=\frac{a'c-a'c}{ab'-a'b}.$$

On pourrait substituer cette valeur de y dans l'une des deux équations (1), (2), mais cela entraîne à calculer des fractions; pour éviter cet inconvénient, on répète pour x ce qu'on a fait pour y. Ainsi je multiplie l'équation (1) par b', et l'équation (2) par b; il vient

$$ab'x+b'by=b'c$$
$$a'bx+b'by=bc';$$

retranchant la première de la seconde, on aura

$$a'bx + b'c - ab'x = bc';$$

d'où $$x = \frac{bc' - b'c}{a'b - ab'} = \frac{b'c - bc'}{ab' - a'b}.$$

Ce procédé est décrit dans cet énoncé : pour avoir la valeur de y, on multiplie la première équation par le coefficient de x dans la deuxième, et on multiplie la deuxième équation par le coefficient de x dans la première; on a ainsi deux nouvelles équations; qu'on retranche l'une de l'autre, l'équation restante ne renfermerait plus que l'une de ces inconnues. On opère de même pour trouver la valeur de x. En effet, la substitution de $aa'x$ donne le même résultat que la soustraction des deux équations l'une de l'autre; ainsi une de ces opérations peut être remplacée par l'autre.

VIII. Passons aux équations du premier degré à trois inconnues. Les raisonnemens des §. I, II, III (3ᵉ Leçon), sont aussi applicables à ce cas-ci; l'on en conclut facilement qu'une question à trois inconnues doit fournir, pour être déterminée, trois données distinctes, et que par conséquent il faut avoir trois équations. On peut donner à ces équations les formes suivantes :

$$ax + by + cz = d \quad (1)$$
$$a'x + b'y + c'z = d' \quad (2)$$
$$a''x + b''y + c''z = d'' \quad (3)$$

$(a, b, c, d \quad a', b', c', d' \quad a'', b'', c'', d'')$

sont des nombres connus. (*Voyez* n° IV.)

Pour résoudre ces équations on prend la valeur de x dans la première, on la substitue dans les deux autres, on obtient deux nouvelles équations ne renfermant que deux inconnues, qu'on sait résoudre par les méthodes exposées ; y et z étant connues, on substitue leurs valeurs dans celle des équations (1,) (2,) (3,) qui présente le plus de facilité, et on aura la valeur de x. Pour connaître le résultat de la substitution dans (2) de la valeur de x tirée de (1), je fais usage du procédé n° VII.

Voici la marche des calculs :

$$aa'x + a'by + a'cz = a'd$$
$$aa'x + ab'y + ac'z = ad'$$

$$y(a'b - ab') + z(a'c - ac') = a'd - ad' \quad (4).$$

La combinaison des équations (1) et (3) donne

$$y(ba'' - ab'') + z(ca'' - ac'') = a''d - ad'' \quad (5).$$

Combinant les équations (4) et (5), et traitant

les coefficiens binomes de y et de z comme des monomes, on aura, après la soustraction opérée,

$$z\left((a'c-ac')(ab''-ba'')-(ca''-ac'')(a'b-ab')\right)$$
$$=(a'd-ad')(ba''-a'b)-(a''d-ad'')(a'b-ba').$$

faisant les multiplications indiquées; réduisant et divisant haut et bas par a, il vient

$$z=\frac{ab'd''-ad'b''+da'b''-ba'd''+bd'a''-db'a''}{ab'c''-ac'b''+ca'b''-ba'c''+bc'a''-cb'a''}$$

Des opérations analogues donneraient les valeurs de x et de y; mais on peut conclure aisément ces valeurs de celles déjà trouvées pour z. Si dans les trois équations données on met y à la place de z, et c à la place de b,

$$c' \ldots\ldots\ldots b',$$
$$c'' \ldots\ldots\ldots b'',$$

elles deviennent

$$\begin{aligned} ax+cz+by&=d\\ a'x+c'z+b'y&=d'\\ a''x+c''z+b''y&=d'' \end{aligned}$$

Or, l'on voit que y tient la place qu'occupait z dans les premières équations, par conséquent les opérations que nous avons faites pour trouver z peuvent servir à trouver y, en changeant

seulement par tout. . . . . b en c
et *vice versa*. . . . . b' en c'
. . . . b'' en c''

donc on aura

$$y=\frac{ac'd''-ad'c''+da'c''-ca'd''+cd'a''-dc'a''}{ac'b''-ab'c''+ba'c''-ca'b''+cb'a''-bc'a''}$$

Pour avoir x il suffit de changer, dans la valeur de z, a en c, et réciproquement
a' en c',
a'' en c'',

ou bien de changer, dans la valeur de y,

b en a, et réciproquement
b' en a',
b'' en a'',

on obtient

$$x=\frac{bc'd''-bd'c''+db'c''-db''c'+cd'b''-cd''b'}{bc'a''-ba'c''+ab'c''-cb'd''+cd'b''-dc'b''}$$

En changeant, haut et bas, les signes des termes dans y, on obtient le même dénominateur qui se trouve dans x et z; ainsi, ce changement effectué, on peut donner aux trois valeurs une forme symétrique.

$$x=\frac{db'c''-dc'b''+cd'b''-bd'c''+bc'd''-cb'd''}{ab'c''-ac'b''+ca'b''-ba'c''+bc'a''-cb'a''}$$

Les accens se succédant régulièrement, o, ′, ″, dans chaque terme; nous nous dispenserons d'écrire les valeurs de y et de z.

IX. C'est en substituant la valeur de x tirée de (1) dans les équations (2) et (3), que nous nous sommes procurés deux équations en y et z seulement, mais on pouvait aussi prendre la valeur de x dans (2), et la substituer dans les deux équations restantes; ce qui donne en tout trois équations en y, z; car il est aisé de voir que la valeur de x tirée de (1) et substituée dans (2), donne la même équation que la valeur de x tirée de (2) et substituée dans (1). Deux quelconque de ces trois équations suffisent pour déterminer z; ainsi il y a $\frac{3.2}{1.2} = 3$ manières différentes d'obtenir z, et dans le cas général chacune de ces manières donne la même expression pour z. En effet soit, s'il est possible, x', y', z', et x'', y'', z'', deux systèmes différens de valeurs, on aura

$$ax' + by' + cz' = d;\quad a'x' + b'y' + c'z' = d';$$
$$ax'' + by'' + cz'' = d;\quad a'x'' + b'y'' + c'z'' = d';$$
$$a''x' + b''y' + c''z' = d'';$$
$$a''x'' + b'y'' + c''z'' = d'';$$

soustrayant et divisant par $z' - z''$

$$a.\frac{(x' - x'')}{z' - z''} + b\,\frac{(y' - y'')}{z' - z''} = -c \quad (1)$$

$$a'\left(\frac{x' - x''}{z' - z''}\right) + b'\left(\frac{y' - y''}{z' - z''}\right) = -c' \quad (2)$$

$$a''\left(\frac{x' - x''}{z' - z''}\right) + b''\,\frac{(y' - y'')}{z' - z''} = -c'' \quad (3)$$

faisons,
$$\frac{x' - x''}{z' - z''} = u$$

$$\frac{y' - y''}{z' - z''} = v$$

on obtient
$$au + bv = -c$$
$$a'u + b'v = -c'$$
$$a''u + b''v = -c''.$$

Deux de ces équations suffisant pour déterminer les valeurs de u, v, substituant ces valeurs dans la troisième, on obtient une équation qui ne renfermera que les quantités a, b, a', b', a'', b'', c, d, etc., ce qui est impossible, vu que ces lettres n'ont aucune valeur particulière; ainsi, dans le cas général, x, y, z, n'admettent qu'une valeur. Ce raisonnement n'est pas exact lorsque les valeurs *numériques* des coefficiens des inconnues sont telles, qu'elles satisfont à l'équation de condition ; c'est un cas que nous discuterons plus bas.

X. Soient maintenant les équations à quatre inconnues :

$$\begin{array}{lr} ax + by + cz + du = e & (1) \\ a'x + b'y + c'z + d'u = e' & (2) \\ a''x + b''y + c''z + d''u = e'' & (3) \\ a'''x + b'''y + c'''z + d'''u = e''' & (4). \end{array}$$

On prend la valeur de (x) dans l'équation (1), et on la substitue dans les équations (2), (3) et (4) ; on se procure ainsi trois nouvelles équations, ne renfermant plus que trois inconnues, y, z, u. On traite ces équations comme il a été dit plus haut, et l'une quelconque des valeurs obtenues, on en conclura facilement celle de x ; par exemple, en changeant partout a en d et d en a dans les valeurs de u, on aura celle de x. On démontre, comme dans le numéro précédent, que toutes les manières d'obtenir les inconnues, donnent toujours les mêmes expressions littérales.

XI. Soit en général m équations à m inconnues ; on prend la valeur d'une inconnue dans une des équations, et on la substitue d'après le procédé décrit dans les $m-1$, autres équations, ce qui donne $m-1$, équations renfermant $m-1$ inconnues, parce que l'une des inconnues est éliminée; de celles-ci on conclura $m-2$, équations ne renfermant que $m-2$ inconnues, et ainsi de suite, jusqu'à ce qu'on parvienne à une équation à une seule inconnue; on prendra la valeur de cette inconnue, et par un changement convenable entre les coefficiens, on en déduira les valeurs respectives des autres inconnues (n° VIII).

XII. Il est indifférent par quelle inconnue on commence l'élimination, mais il est plus commode de commencer par éliminer l'inconnue qui a le plus petit coefficient, car l'élimination nécessite une multiplication (n° VII) qu'on exécute plus commodément avec de petits facteurs; c'est aussi dans la vue de faciliter la multiplication qu'on préfère commencer l'élimination par les inconnues dont les coefficiens ont des facteurs communs. Par exemple, soit l'équation

$$12x - 15y = 13$$
$$7x - 5y = 20,$$

en éliminant d'abord x, il faut multiplier la première équation par 7, la deuxième par 12, et retrancher; au lieu qu'en éliminant y, il suffit de multiplier la deuxième par 3, et de retrancher ensuite, ce qui est plus simple, on obtient

$$-12x+21x=60-13$$
$$+9x=47$$
$$x=+\frac{47}{9}=+5\frac{2}{9}$$

Soient encore

$$3x-7y+12z=10\ (1)$$
$$5x-8y+4z=5\ (2)$$
$$4x-2y+10z=20\ (3)$$

Les coefficiens de z, 12, 4, 10, ayant des facteurs communs, il est avantageux de commencer par éliminer z. Multiplions (2) par 3, et retranchons-en (1), il vient $12x+13y=5$ (a).

Il est maintenant plus commode d'éliminer z entre (2) et (3) qu'entre (1) et (3); multiplions (2) par 5 et (3) par 2, et retranchons, il vient $17x-36y=-15$ (b).

Il est convenable d'éliminer x entre les équations (a) et (b), parce que cette inconnue a les plus petits coëfficiens.

XIII. Lorsqu'une ou plusieurs inconnues manquent dans quelques équations, il est avantageux de commencer l'élimination par ces inconnues; par exemple, soient les équations

$$5x - 7y = 12 \quad (1)$$
$$2x - 2y + 5z = 13 \quad (2)$$
$$x + y - z = 2 \quad (3)$$

z manque dans l'équation (1); on élimine z entre (2) et (3). A cet effet on ajoute $5 \times (3)$ à (2); il vient $7x + 3y = 23$. Cette équation, combinée avec l'équation (1), donne les valeurs de x et y, qu'on substitue dans (3) pour avoir z.

XIV. On rencontre souvent des équations à coefficiens numériques, qui se résolvent par des procédés particuliers plus expéditifs que la méthode générale. Par exemple, soient les équations

$$7x - 5y + 7z = 13 \quad (1)$$
$$4x - 6y + 12z = 12 \quad (2)$$
$$6x + 11y - 6z = 15.$$

En additionnant les trois équations, on élimine sur-le-champ y. En effet, on obtient alors

$$17x - 13z = 40 \quad (\alpha)$$

éliminer y entre (1) et (2), il vient

$$22x - 18z = 18 \quad (\beta)$$

Au moyen des équations (α) et (β), on est en

état de connaître x et z, dont on substitue les valeurs dans (1), afin d'avoir y.

Deuxième exemple.

$$\begin{aligned} 3x - 3y + 5z &= 12 \\ 5x + 2y - 5z &= 13 \\ -8x + y + 6z &= 1 \end{aligned}$$

Ajoutant les trois équations, on obtient sur-le-champ $6z = 26$ et $z = \frac{13}{3}$; x et y s'en vont, parce que la somme de leurs coefficiens respectifs est nulle. Nous exposerons dans la première Leçon les moyens de transformer un système quelconque d'équations du premier degré, en d'autres équations qui jouissent de cette propriété.

QUATRIÈME LEÇON.

DISCUSSION DES ÉQUATIONS DU PREMIER DEGRÉ, MÉTHODE DES FACTEURS INDÉTERMINÉS, FORMULES GÉNÉRALES, RÉCURRENTES ET INDÉPENDANTES.

I. *Définition.* Discuter les équations, c'est chercher ce que deviennent les valeurs générales des inconnues, en attribuant aux quantités connues toutes les valeurs particulières possibles.

Remarque. Nous supposons, dans ce qui suit, que l'on connaisse seulement la résolution de l'équation à une inconnue; quant à la résolution des équations à plusieurs inconnues, nous exposerons une méthode qui, à l'avantage de la généralité, joint celui de jeter un grand jour sur la discussion des équations.

1°. *Discussion de l'équation à une inconnue.*

II. La forme générale de cette équation est $ax = b$; la valeur de x est $x = \left(\frac{b}{a}\right)$. Tous les cas possibles sont renfermés dans le tableau suivant :

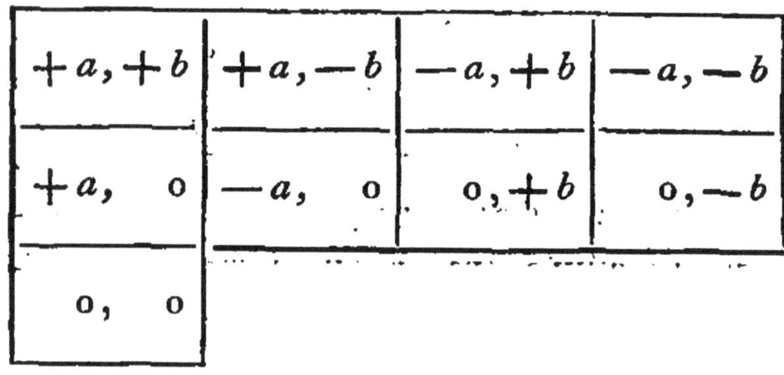

$+a, +b$	$+a, -b$	$-a, +b$	$-a, -b$
$+a$, o	$-a$, o	o, $+b$	o, $-b$
o, o			

Premier cas, $+ a$, $+ b$; ou bien, a positif et b positif; on a évidemment x positif.

Deuxième cas, $+ a$, $- b$; c'est avec a positif et b négatif, on a x négatif; en effet, l'équation est de la forme $ax = - b$; et $x = - \frac{b}{a}$.

Troisième cas, $- a$, $+ b$, est le même que le deuxième cas.

Quatrième cas, $- a$, $- b$, comme le premier cas.

Cinquième cas, $+ a$, o; x positif et $b = 0$, ou $+ x = \frac{0}{a} = 0$; en effet, $ax = 0$. Il faut donc un nombre x, lequel étant multiplié par a, donne un produit nul : le nombre cherché doit être zéro lui-même.

Sixième cas, $-a$, o, comme le cinquième cas.

Septième cas, o, b, ou bien $a=0$, et b positif, ou $x=\frac{b}{0}$, ou bien en remontant à l'équation $0x=b$; d'où $0=\frac{b}{x}$; il faut donc chercher un nombre x qui soit contenu dans b, o fois. Il est évident qu'aucun nombre, soit entier, soit fractionnaire, n'est propre à remplir cette condition; cette équation renferme donc une impossibilité; toutefois la fraction $\frac{b}{x}$ sera d'autant plus près de zéro que son dénominateur sera très grand; ainsi on s'écarte d'autant moins de la vérité en attribuant à x des valeurs de plus en plus considérables; c'est ce qu'on exprime en disant que x est infiniment grand ou infini. Il ne faut pas attacher à ce mot l'idée d'un nombre absolu, c'est seulement une manière abrégée de parler qui renferme ces deux propositions : 1°. Aucun nombre possible ne remplit la condition proposée; 2°. un nombre quelconque remplit mieux les conditions que ceux qui sont plus petits que lui. On représente l'infini par le signe ∞; ainsi, dans le cas actuel, on aura $x = \infty$; c'est un exemple de l'écriture hiéroglyphique, car le symbole ∞ renferme une phrase composée de deux propositions.

Huitième cas, o, — *b*. Comme dans le cas précédent, $x = -\infty$; les raisonnemens faits dans le cas précédent pour des nombres positifs ont lieu ici pour les nombres négatifs.

Neuvième cas, o, *a*, ou bien $a = 0$, $b = 0$. La valeur de x devient $x = \frac{0}{0}$, et en remontant à l'équation $0 \times x = 0$. Il faut donc chercher un nombre tel, qu'étant multiplié par zéro, il donne un produit nul; or, il est de l'essence de tout nombre, indépendamment de sa grandeur, de donner un produit nul lorsqu'on le multiplie par zéro. Par conséquent, on peut mettre à la place de x un nombre quelconque; c'est ce qu'on exprime en disant que la valeur de x est indéterminée. Ainsi

$$0 \,.\, 7 = 0$$
$$0 \,.\, 8 = 0$$
$$0 \,.\, 1000 = 0$$

On a successivement 7, 8, 1000, etc. pour la valeur de x.

III. *Observation*. L'équation $0.x = b$ renferme

ce qu'on nomme en logique une *antilogie*. En effet, on a le syllogisme suivant :

majeure, $o . x = o$
mineure, $o < b$
conclusion, $o . x < b$;

mais on a l'équation $ox = b$. Il y a donc contradiction. L'équation $o . x = o$ renferme une tautologie; car le deuxième nombre n'apprend rien qu'on ne sache déjà par le premier.

IV. Étant données les deux équations

$$a x = b$$
$$a' x = b',$$

trouver les relations qui doivent exister entre les quatre a, b, a', b' pour que x ait la même valeur dans les deux équations.

Solution. Soit $\frac{a'}{a} = \lambda$, d'où $a' = \lambda a$. La deuxième équation devient $\lambda a x = b'$, et par conséquent $b' = \lambda b$. Ainsi, en donnant à λ une valeur quelconque, et prenant

$$a' = \lambda a$$
$$b' = \lambda b,$$

les deux équations $a x = b$
$a' b = b'$

donnent la même valeur pour x; ce qu'il est

aisé de vérifier : car la première équation donne

$$x = \frac{a}{b}\text{ ; la deuxième } \frac{a'}{b'} = \frac{\lambda a}{b} = \frac{a}{b}.$$

Il est évident qu'on a aussi

$$a' = \lambda' b'$$
$$a = \lambda' b.$$

2°. *Résolution et discussion des équations à deux inconnues.*

V. La forme générale de ces équations est

$$a x + b y = c \quad (1)$$
$$a' x + b' y = c' \quad (2).$$

Si l'on avait $b' = b$, il est évident qu'il suffirait, comme dans le deuxième exemple du n° XIV (3e Leçon), de retrancher les deux équations l'une de l'autre pour en tirer la valeur de x; ceci n'a plus lieu lorsque $b' - b$ n'est pas zéro ; mais l'équation (1) ne changeant pas en multipliant les deux nombres par un nombre quelconque, on pourra choisir un nombre tel que l'on ait $+nb - b' = 0$; et y sera éliminé par l'addition des équations (1) et (2), et il vient alors

$$n a x + n b y = nc \ldots\ldots (1)$$
$$a' x + b' y = c' \quad (2).$$

Prenons n de manière que l'on ait $nb=b'$ (3); retranchons (2) de n(1), on aura $x(na-a')=nc-c'$, d'où l'on tire $x=\frac{nc-c'}{na-a'}$. Substituant dans la valeur de x, celle de $n=\frac{b'}{b}$, tirée de l'équation (3), on obtient

$$x=\frac{\frac{b'}{b}c-c'}{\frac{b'}{b}a-a'}=\frac{b'c-bc'}{b'a-a'b}.$$

On peut déduire la valeur de y de celle déjà trouvée pour x, en changeant partout a en b et b en a.

On trouve aussi y directement, en éliminant x, au moyen du facteur indéterminé (n'), et on aura

$$y=\frac{n'c-c'}{n'b-b'}, \text{ et } n'a=a' \text{ (2)};$$

prenant la valeur de n', et substituant dans celle de y, on trouve

$$y=\frac{\frac{ca'}{a}-c'}{\frac{ba'}{a}-b'}=\frac{ca'-c'a}{ba'-b'a};$$

de sorte que la valeur de x dépend du système des équations

$$nb = b' \quad (1)$$

$$x = \frac{nc - c'}{na - a'},$$

et la valeur de y dépend du système des équations

$$n'a = a' \quad (2)$$

$$y = \frac{n'c - c'}{n'b - b'}.$$

Lorsque les valeurs des six quantités connues des équations (1) et (2) seront telles que les deux termes de la fraction x, les deux termes de la fraction y et les quantités n, n' ne deviennent ni zéro, ou $\frac{0}{0}$, ou ∞, les valeurs de x et y ne présentent rien de remarquable. Cherchons donc quelles sont les relations entre les six quantités qui donnent un cas remarquable, et commençons, 1°. par chercher celles qui rendent seulement le numérateur de x égal à zéro, de manière qu'on ait $cn - c' = 0$; comme cette valeur de n doit s'accorder avec celle tirée de (2), il s'ensuit (n° IV) que l'on doit avoir

$$c' = \lambda c$$

$$b' = \lambda b,$$

λ étant quelconque, et réciproquement, en établissant cette relation, on aura $x = 0$.

2°. En raisonnant de la même manière, on trouvera que, par suite de la relation

$$c' = \lambda c$$
$$a' = \lambda a,$$

la valeur de y sera nulle.

3°. Pour que $x = \frac{0}{0}$, il faut que l'on ait

$$nc - c' = 0$$
$$na - a' = 0$$
$$nb - b' = 0.$$

n étant la même dans les trois équations, il s'ensuit que l'on aura

$$a' = \lambda a$$
$$b' = \lambda b$$
$$c' = \lambda c.$$

Ces mêmes relations rendent aussi $y = \frac{0}{0}$. Or, les deux équations sont alors de la forme

$$ax + by = c \quad (1)$$
$$\lambda ax + \lambda by = \lambda c \; (2).$$

Or, la deuxième équation est une suite de la première, et ne présente qu'une tautologie, et la première équation peut être satisfaite d'une infinité de manières. (*Voyez* 3e Leçon.)

4°. Pour que $x = \infty$, il faut que l'on ait seulement $\lambda a - a' = 0$; donc

$$a' = \lambda a$$
$$b' = \lambda b.$$

Cette même relation donne aussi $y = \infty$. En effet, les équations données deviennent

$$ax + by = c$$
$$\lambda ax + \lambda by = c'.$$

Or, comme c' n'est pas égal à λc, ces équations renferment une antilogie. La première donne

$$1 = \frac{c}{ax + by},$$

et la deuxième $1 = \dfrac{c'}{\lambda(ax + by)}$;

donc $$\frac{c}{ax + by} = \frac{c'}{\lambda(ax + by)},$$

équation impossible ; mais à mesure que x et y deviennent considérables, les deux membres se rapprochent de zéro, et par conséquent aussi d'être égaux entre eux. Donc $x = y = \infty$.

5°. Pour qu'on ait $x = 0$
et $y = 0$,

il faut avoir

$$nc - c' = 0 \qquad n'c - c' = 0$$
$$nb - b' = 0 \ (1) \quad n'a - a' = 0 \ (2);$$

donc

$$c' = \lambda c$$
$$b' = \lambda b$$
$$a' = \lambda a;$$

mais ces relations donnent

$$x = \frac{0}{0}$$

$$y = \frac{0}{0}.$$

On doit donc chercher à satisfaire aux équations

$$n'c - c' = 0$$
$$nc - c' = 0,$$

indépendamment des équations (1), (2); c'est ce qu'on obtient en faisant $c = c' = 0$. Ainsi le résultat $c = c' = 0$ donne $x = y = 0$. En effet dans ces cas

$$ax + by = 0$$
$$a'x + b'y = 0.$$

Or, $x = y = 0$ sont évidemment les valeurs qui satisfont à l'équation; mais il faut observer que si l'on avait en même temps

$$c' = c = 0$$
$$b' = \lambda b$$
$$a' = \lambda c,$$

on retomberait dans le troisième cas, et les valeurs x, y seraient $\frac{0}{0}$, et non o.

6°. Pour que $x = \frac{0}{0}$

$$y = \infty,$$

simultanément il faut poser

$$nc - c' = 0$$
$$na - a' = 0$$
$$n'b - b' = 0.$$

Celles-ci, jointes aux équations (1) et (2), donnent

$$a' = \lambda a$$
$$b' = \lambda b$$
$$c' = \lambda c;$$

mais alors $y = \frac{0}{0}$, ce qui n'est pas la condition voulue. Il faut donc chercher à satisfaire aux relations

$$nc - c' = 0$$
$$na - c' = 0$$
$$n'b - b' = 0,$$

indépendamment d'aucune valeur de n et de n'. Or

la dernière équation donne $b = b' = 0$, et dans ce cas $n' = \frac{0}{0}$, et n sera aussi $\frac{0}{0}$. En effet, les équations donnent

$$\begin{aligned} ax + 0y &= c \\ a'x + 0y &= c'. \end{aligned}$$

De la 1re on tire $0 = \frac{c - ax}{y}$,

de la 2e...... $0 = \frac{c' - a'x}{y}$.

Plus y sera grand, et plus les deuxièmes nombres approchent d'être zéro, quelle que soit d'ailleurs la valeur de x, et réciproquement.

V. En récapitulant les résultats de la discussion précédente, on trouve :

	relations.	valeurs singulières des inconnues.
1°.	$\left\{ \begin{array}{l} b' = \lambda b \\ c' = \lambda c \end{array} \right\}$	.... $x = 0$
2°.	$\left\{ \begin{array}{l} a' = \lambda a \\ c' = \lambda c \end{array} \right\}$	.... $y = 0$
3°.	$\left\{ \begin{array}{l} a' = \lambda a \\ b' = \lambda b \\ c' = \lambda c \end{array} \right\}$	.... $x = \frac{0}{0}, y = \frac{0}{0}$
4°.	$\left\{ \begin{array}{l} a' = \lambda a \\ b' = \lambda b \end{array} \right\}$	.... $x = \infty, y = \infty$

5°. $c' = c = 0$.......... $x = 0,\ y = 0$

6°. $b' = b = 0$.......... $x = \frac{0}{0},\ y = \infty$

7°. $a' = a = 0$.......... $x = \infty,\ y = 0$

VI. Exercices sur les valeurs singulières des inconnues.

$$\left.\begin{array}{l} 4x - 5y = 7 \\ \frac{8}{3}x - \frac{10}{3}y = \frac{14}{3} \end{array}\right\}$$ rentre dans la 1re relat. $\lambda = \frac{2}{3},\ x = \frac{0}{0}$

$$\left.\begin{array}{l} 4x - 5y = 7 \\ \frac{7}{3}x - \frac{10}{3}y = \frac{14}{3} \end{array}\right\}$$ dans la 2e relation $x = 0$

$$\left.\begin{array}{l} 4x - 5y = 7 \\ \frac{8}{3}x - \frac{10}{3}y = \frac{13}{3} \end{array}\right\}$$ dans la 4e relation $x = y = \infty$

VII. — Problème. Étant données les trois équations

$$a\,x + b\,y = c$$
$$a'x + b'y = c'$$
$$a''x + b''y = c''$$

trouver la relation qui doit exister entre les quantités a, b, c, a', b', c', a'', b'', c''. Pour qu'on trouve les mêmes valeurs de x et y en les tirant de deux quelconques de ces équations, faisons

$$a'' = \lambda a + \lambda' a'$$
$$b'' = \lambda b + \lambda' b'$$

Cette supposition est toujours permise; car en regardant λ et λ' comme deux inconnues, on aura deux équations pour les déterminer.

La troisième équation prend la forme

$$\lambda ax + \lambda' ax + \lambda by + \lambda' b' y = c'' = \lambda (ax + b'y) + \lambda' (a'x + b'y) = \lambda c + \lambda' c'$$

car, par hypothèse, les valeurs de x, y doivent rester les mêmes dans les trois équations. Ainsi les relations demandées sont

$$a'' = \lambda a + \lambda' a'$$
$$b'' = \lambda b + \lambda' b'$$
$$c'' = \lambda c + \lambda' c'$$

ou bien on obtient, par un raisonnement semblable,

$$a'' = \lambda b'' + \lambda' c''$$
$$a' = \lambda b' + \lambda' c'$$
$$a = \lambda b + \lambda' c$$

λ et λ' étant des quantités quelconques.

Problème et discussion des équations à trois inconnues.

VIII. Soient les équations

$$a x + b y + c z = d \quad (1)$$
$$a' x + b' y + c' z = d' \quad (2)$$
$$a'' x + b'' y + c'' z = d'' \quad (3)$$

pour éliminer y et z de ces équations par voie d'addition, transformons les équations (1) et (2) en d'autres où la somme des coefficiens des inconnues y, z dans les trois équations soient nulles; à cet effet, multiplions l'équation (1) par le facteur indéterminé $-m$, et l'équation (2) par le facteur $-n$, il vient

$$-max - mby - mcz = -md$$
$$-na'x - nb'y - nc'z = -nd'$$
$$a''x + b''y + c''z = d''$$

Ajoutons ces équations, et posons

$$mb + nb' = b'' \quad (4)$$
$$mc + nc' = c''$$

il vient

$$x = \frac{d'' - md - n'd'}{a'' - ma - na'} = \frac{md + n'd' - d''}{ma + na' - a''}$$

Il faut maintenant tirer les valeurs de m et de n de (4), et les substituer dans x. On opère d'une manière analogue pour avoir y et z; ainsi la valeur de x dépend du système des trois équations (4). Il en est de même de y et de z; a et d n'entrant pas dans les équations (4), ne peuvent point se trouver dans les valeurs de m et de n. Soit

$$m = \frac{N}{D}$$

$$n = \frac{N}{D}$$

les valeurs de m, n tirées de (4) (car ces deux valeurs ont même dénominateur, *voyez* ci-dessus), on aura

$$x = \frac{Nd + N'd' - Dd''}{Na + N'a' - Da''}$$

On déduit le numérateur de cette fraction de son dénominateur, en changeant partout a en d. Il suffit de calculer ce dénominateur, qu'on peut déduire de la quantité D. En effet, D étant le dénominateur commun des deux inconnues m, n des équations (4), on en déduit N, en changeant partout b en b', et c en c''; et le numérateur n', en changeant b' en b'', et c' en c''. (Dans la théorie des équations à deux inconnues, on a omis cette observation, à laquelle on peut aisément suppléer.)

Pour avoir D, on peut se servir des formules calculées ci-dessus pour deux équations à deux inconnues; il faut mettre m au lieu de x, et n à la place de y; on aura

$$D = b\,c' - b'\,c$$
$$N = b''c' - b'\,c''$$
$$N' = b\,c'' - b''c$$

De là on tire

$$x = \frac{d(b''c' - b'c'') + d'(bc'' - b''c) - d''(bc' - b'c)}{a(b''c' - b'c'') + a'(bc'' - b''c) - a''(bc' - b'c)}$$

On obtiendra de même y et z; et, en effectuant ces opérations, on voit que x, y et z ont même dénominateur, et que le numérateur s'obtient en changeant dans le dénominateur le coefficient de l'inconnue dont il s'agit dans la quantité toute connue; dans celui pour x, par exemple, on change partout a en d.

IX. Passons à la discussion des trois valeurs. Tant qu'aucun des six termes des fractions x, y, z ne devient zéro, les valeurs équivalent à des nombres positifs ou négatifs, et ne présentent aucune difficulté. Cherchons donc en quel cas un ou plusieurs de ces termes mentionnés deviennent zéro; commençons à chercher dans quel cas les trois valeurs x, y, z deviennent $\frac{0}{0}$.

On doit avoir

$$ma + na' = a''$$
$$mb + nb' = b''$$
$$mc + nc' = c''$$
$$md + nd' = d''$$

et de même quatre équations en m', n', et quatre autres en m'' et n''; en tout douze relations.

En vertu du problème (n° VII), les quatre premières équations donnent

$$a'' = \lambda a + \lambda' a'$$
$$b'' = \lambda b + \lambda' b'$$
$$c'' = \lambda c + \lambda' c'$$
$$d'' = \lambda d + \lambda' d'$$

et ces quatre relations existent aussi pour les huit équations restantes; et réciproquement l'existence de ces quatre relations donnent

$$x = \frac{0}{0};\ y = \frac{0}{0};\ z = \frac{0}{0}.$$

X. En raisonnant d'une manière analogue, on se rendra facilement compte des résultats consignés dans ce tableau :

	relations.	valeurs singulières des inconnues.
1°.	$\left\{\begin{array}{l} a'' = \lambda a + \lambda' a' \\ b'' = \lambda b + \lambda' b' \\ c'' = \lambda c + \lambda' c' \\ d'' = \lambda d + \lambda' d' \end{array}\right\}$	$x,\ y,\ z$ $\frac{0}{0},\ \frac{0}{0},\ \frac{0}{0}$

2°. les mêmes, excepté la dernière. ∞, ∞, ∞
3°. les mêmes, excepté la première. o, o, o
4°. $d' = d'' = d''' =$ o.......... o, o, o
5°. $a' = a'' = a''' =$ o.......... $\infty, \frac{o}{o}, \frac{o}{o}$

Nous avons omis certaines relations qui ne sont que des répétitions.

CINQUIÈME LEÇON.

FORMULES GÉNÉRALES POUR LA RÉSOLUTION DES ÉQUATIONS DU PREMIER DEGRÉ A PLUSIEURS INCONNUES.

I. Étant donnés m équations du premier degré à m inconnues, il s'agit de trouver sans aucun calcul la valeur de chacune des inconnues en fonction des quantités connues (coefficiens) qui entrent dans les équations; tel est le but qu'on se propose dans la recherche des formules générales.

II. Nous ne prendrons que les équations à quatre inconnues, et les raisonnemens employés pourront servir ensuite à autant d'équations qu'on voudra. Soient donc

$$a\,x + b\,y + c\,z + d\,u = e$$
$$a'\,x + b'\,y + c'\,z + d'\,u = e'$$
$$a''\,x + b''\,y + c''\,z + d''\,u = e''$$
$$a'''x + b'''y + c'''z + d'''u = e'''$$

les quatre équations données.

Je suppose qu'on demande à trouver sans calcul la valeur de x en fonction de vingt quantités connues qui entrent dans les quatre équations.

III. Multiplions la première équation par le facteur indéterminé $-m$, la deuxième par le facteur $-n$, et la troisième par le facteur $-p$, et ajoutons-les ainsi multipliées à la quatrième équation, il vient

$$x(-ma-na'-pa''+a''')+y(-mb-nb'-pb''+b''')+z(-mc-nc'-pc''+c''')+u(-md-nd'-pd''+d''')=-mc-nc'-pc''+c'''$$

Égalant à cette dernière équation le coefficient de a, z, u à zéro, la valeur de x sera déterminée, au moyen des quatre équations

$$mb+nb'+pb''=b''' \quad (1)$$
$$mc+nc'+pc''=c''' \quad (2)$$
$$md+nd'+pd''=d''' \quad (3)$$
$$x=\frac{me+ue'+pe''-e'''}{ma+na'+pa''-a'''}$$

Il s'agit maintenant de prendre la valeur de m, n, p dans les trois premières équations, et de les substituer dans la valeur de x.

IV. Dans le calcul que nous avons fait ci-dessus pour résoudre trois équations à trois inconnues, nous avons reconnu, 1°. que les trois inconnues ont le même dénominateur; 2°. que ce dénominateur, abstraction faite des signes, était le résultat de la permutation des accens qu'on trouve sur les lettres a, b, c de l'arrangement a, b', c''. En effet, ce dénominateur est sans égard aux signes

$$\begin{array}{l} a\ b'\ c'' \\ a\ b''\ c' \\ a'\ b\ c'' \\ a'\ b''\ c \\ a''\ b\ c' \\ a''\ b'\ c \end{array}$$

Nous désignons ce résultat par le symbole $P(ab'c'')$. Le numérateur d'une inconnue s'obtient en remplaçant, dans ce dénominateur, le coefficient de l'inconnue dont il s'agit, par la quantité toute connue. Ainsi le numérateur pour x, d'après ce symbole adopté, sera $P(db'd''')$, et la valeur x est

$$x = \frac{P.(db'c'')}{P.(ab'c'')}$$

V. Appliquant cette notation aux équations (1), (2), (3), on aura évidemment

$$m = \frac{P(b'''c'd'')}{P.(bc'd'')};\ n = \frac{P(bc'''d'')}{P.(bc'd'')};\ p = \frac{P(bc'd''')}{P(bc'd''')}$$

Substituant ces valeurs dans celles de n, il vient

$$n = \frac{eP(b'''c'd'') + e'P(bc'''d'') + e''P.(bc'd''') - e'''P(bc'd'')}{aP.(b'''c'd'') + a'P(bc'''d'') + a''P(bc'd'') - a'''P(bc'd'')}$$

VI. Si nous désignons par P $(ab'c''d''')$, l'assemblage des arrangemens qu'on obtient en permutant les accens o, ', '', ''', la seule inspection fait voir que le dénominateur de x est égal, aux signes près, à P $(ab'c''d''')$, et le numérateur P $(cb'c''d''')$; en sorte qu'on a, sans égard aux signes,

$$x = \frac{P(eb'c''d''')}{P.(ab'c'd''')}$$

VII. Il nous reste à déterminer les signes des divers arrangemens de P $(ab'c''d''')$; c'est à quoi nous allons parvenir, au moyen des considérations suivantes. Si dans les équations du n° II on fait

$$a = a'$$
$$b = b'$$

$$c = c'$$
$$d = d'$$
$$e = e'$$

les quatre équations se réduisent à trois renfermant quatre inconnues. Faisant les mêmes suppositions dans le dénominateur de la valeur de x, il faut que ce dénominateur devienne zéro ; car autrement la valeur de x serait déterminée; ce qui est impossible, vu qu'on a plus d'inconnues que d'équations. Ainsi en mettant dans P $(ab'c''d''')$ partout l'accent $'$ au lieu de zéro, on doit le réduire à zéro ; on prouve de là même qu'en changeant un accent quelconque dans un autre, le tout doit se réduire à zéro. Développons maintenant P $(ab'c''d''')$; permutons o, $'$, $''$, $'''$ d'après les règles connues. Comme les lettres a, b, c, d ne changent pas de place, nous pouvons les omettre; et désignant les accens par 0, 1, 2, 3, on obtient

+ 0123	− 1023	+ 2013
− 0132	+ 1032	......
− 0213	+ 1203	......
+ 0231	− 1230	......
+ 0312	− 1302	......
− 0321	+ 1320	......

On peut toujours donner au premier terme 0123 le signe positif. En changeant 2 en 3, le premier arrangement devient 0133, et le second devient 0133; comme ils doivent se détruire, il s'ensuit que le second arrangement doit être négatif. En changeant 1 en 2, le premier devient 0223, et le troisième 0223; donc ce troisième doit être négatif. En changeant 3 en 1, le troisième arrangement devient 0233, et le quatrième 0233; or, le troisième est négatif, donc le quatrième est positif. En changeant 2 en 3, le troisième et le cinquième deviennent égaux; or, le troisième a le signe —, donc le cinquième aura le signe +. On déterminera de même le signe de tous les arrangemens qui commencent par 0; on change ensuite les signes des termes qui commencent par 0, et on les écrit dans le même ordre devant ceux qui commencent par 1. En effet, lorsqu'on remplace 0 par 1, les termes qui commencent par 0 deviennent égaux à ceux qui commencent par 1; ainsi 0123 devient 1123, et 1023 devient aussi 1123; donc 1023 a le signe contraire à celui de 0123, et ainsi de suite. Ceux qui commencent par 2 sont opposés à ceux qui commencent par 1, et ceux qui commencent par 3 ont les signes opposés à ceux qui commcent par 1; ainsi le dénominateur de x est

$$\begin{array}{ll}
+ab'c''d''' & +a''bc'd''' \\
-ab'c'''d'' & -a''bc'''d' \\
-ab''c'd''' & -a''b'cd''' \\
+ab''c'''d' & +a''b'c'''d \\
+ab'''c'd'' & +a''b'''cd' \\
-ab'''c''d' & -a''b'''c'd \\
-a'bc''d''' & -a'''bc'd'' \\
+a'bc'''d'' & +a'''bc''d' \\
+a'b''cd''' & +a'''b'cd'' \\
-a'b''c'''d & -a'''b'c''d \\
-a'b'''cd'' & -a'''b''cd' \\
+a'b'''c''d & +a'''b''c'd
\end{array}$$

Pour avoir le numérateur, on change partout a en e.

Pour la valeur de y, le dénominateur est évidemment le même que pour x; mais on obtient le numérateur en changeant partout b en e dans ce dénominateur.

VIII. Il est aisé maintenant d'appliquer la même méthode à nombre quelconque d'équations; ainsi pour cinq équations on a cinq équations à cinq inconnues. Soient a, b, c, d, e, les coefficiens de x, y, z, u, v, dans la première équation, et f la quantité connue; soient ces mêmes lettres, convenablement accentuées, les coefficiens des inconnues dans les quatre autres équations. On prouvera, comme ci-dessus, que l'on a

$$x = \frac{P.(ab'c''d'''e'''')}{P.(ab'c''d'''e'''')}$$

On fera les cent vingt permutations dont est susceptible le produit 01234; il suffit ensuite de connaître les signes des vingt-quatre arrangemens qui commencent par 0; ils se succèdent évidemment dans le même ordre que pour le dénominateur à quatre inconnues, et on les obtient de la même manière. Les signes d'arrangemens qui commencent par 1 suivent le même ordre que ceux qui commencent par 0, mais en changeant chaque signe dans son opposé, et ainsi de suite.

IX. On se tromperait fort, si on croyait que l'ordre des signes est toujours $+--+$; car déjà, pour cinq inconnues, les termes

$$-a\,b''''c'''d'\,e'',$$
$$+a\,b''''c'''d''\,e'$$
$$-a'b\,\,c''\,d'''e''$$

se succèdent dans l'ordre $-+-$. (1)

(1) *Voyez* la note 3 à la fin du Manuel.

SIXIÈME LEÇON.

SUR LES QUANTITÉS ABSTRAITES ET CONCRÈTES; INTERPRÉTATION DES SOLUTIONS NÉGATIVES.

I. Nous allons commencer par établir quelques principes dont nous aurons besoin pour interpréter les solutions négatives.

Si P, Q, R, etc. représentent des polynomes composés d'une manière quelconque des lettres a, b, c, d; soit S le résultat des permutations qu'on a faites sur ces polynomes, en les combinant entre eux (addition, soustraction, multiplication ou division, etc., élévation de puissance); si on change maintenant le signe d'une des lettres, de a, par exemple, partout où elle se trouve, et qu'on fasse sur les polynomes ainsi changés les mêmes opérations qu'on a faites auparavant, alors on parviendra à un résultat S', qui ne diffère de S qu'en ce que le signe de a sera changé partout où cette lettre se trouve.

Démonstration. En effet, toutes les opérations possibles se réduisent, en dernière analyse, à une suite d'additions ou de soustractions, où, dans l'addition, le changement de signe d'une lettre dans les sommes partielles, entraîne le même changement dans la somme totale. Il en est de même dans la soustraction, etc. (p. 59.)

II. Lorsqu'on tire les valeurs des inconnues de plusieurs équations données; si on change ensuite le signe d'une des quantités, de a, par exemple, partout où elle se trouve, et qu'on tire de nouveau la valeur des inconnues des équations ainsi changées, ces nouvelles valeurs ne diffèrent des précédentes qu'en ce que le signe de la lettre a se trouve changé. Or, les valeurs d'une inconnue n'est autre chose que le résultat d'opérations faites sur des polynomes donnés. Donc, etc., etc.

III. Lorsqu'après avoir tiré les valeurs des inconnues de plusieurs équations données, on change le signe de la même inconnue, de x, par exemple, partout où elle se trouve, et qu'on résout de nouveau les équations ainsi changées, la nouvelle valeur de l'inconnue changée sera égale à la précédente, aux signes près (si la première valeur est positive, la deuxième sera négative, et réciproquement). Les autres inconnues ne changent pas de valeur. Supposons qu'on ait d'abord trouvé $x=m$; en changeant partout les signes de x, il faut aussi les changer dans le résultat. Donc on aura $-x=m$ ou $x=-m$.

Exemples dans les équations, d'où l'on tire

$$ax+by=c$$
$$a'x+b'y=c'$$
$$x=\frac{cb'-c'b}{ab'-a'b};\ y=\frac{ac'-a'c}{ab'-a'b}$$

Si l'on change le signe de c, on obtient les équations

$$ax+by=-c$$
$$a'x+b'y=c'$$

Alors, sans recommencer le calcul, on conclut tout de suite

$$x=\frac{-cb'-c'b}{ab'-a'b}$$
$$y=\frac{ac'+a'c}{ab'-a'b}$$

Si on change le signe de x, on obtient

$$-ax+by=c$$
$$-a'x+b'y=c'$$

d'où l'on conclut

$$x=\frac{c'b-cb'}{ab'-a'b};\ y=\frac{ac'-a'c}{ab'-a'b}$$

IV. On peut considérer une grandeur sous le rapport de la quantité, ou sous le rapport de la qualité; considérée sous le premier rapport, la grandeur est quantité abstraite; et sous le second rapport, elle est concrète. La quantité abstraite est commensurable ou incommensurable; la quantité commensurable est celle qui a un rapport avec l'unité ou avec des parties d'unité. Dans le premier cas, la quantité commensurable se nomme nombre entier, et dans le second, nombre fractionnaire. La quantité commensurable est celle dont le rapport avec l'unité ne peut être assigné exactement.

La quantité est concrète, lorsqu'on a égard à la nature de l'unité, qui sert de terme de comparaison, ou bien à la qualité de cette unité. Cette qualité peut n'être qu'une pure dénomination, un nom donné à l'unité de mesure ou à l'individu; alors il ne saurait exister de qualité opposée : par exemple, 7 mètres, ou le nom de l'unité de longueur est exprimé par le mot mètre; ou bien cette qualité a son opposé; par exemple, 7 degrés de chaleur et 7 degrés de froid; 7 mètres de vitesse dans une certaine direction et 7 mètres de vitesse dans la direction opposée; 7 francs d'avoir et 7 francs de dettes ; chaleur et froid, avoir et dettes, direction dans un sens et dans le sens opposé, sont de qualités qui s'entre-détruisent lorsqu'ils existent simultanément.

V. Dans une question où il entre des qualités concrètes de nature opposée, on peut toujours réduire les données à une même nature d'unité. En effet, toutes les opérations possibles se réduisent à l'addition et à la soustraction. Or ajouter l'unité d'une espèce, c'est comme si l'on retranchait l'unité d'une nature opposée; et retrancher l'unité d'une espèce, c'est ajouter l'unité de nature opposée.

VI. Une valeur négative de l'inconnue peut donc s'interpréter de deux manières différentes.

1°. Elle annonce qu'il faut changer la qualité de l'inconnue dans la qualité opposée; alors il n'y a aucun changement à faire dans le signe de l'équation; toutes les opérations se font comme elles sont énoncées dans la question; car le changement de nature dans l'unité équivaut à un changement de signe.

2°. On ne change rien à la qualité de l'unité, mais on change partout le signe de l'inconnue, et on rend l'énoncé de la question conforme à ce changement.

3°. Lorsque la nature de la question ne permet, ni le changement de qualité dans l'unité de l'inconnue, ni le changement dans l'énoncé de la question, alors la solution est impossible; et lors même que la solution est positive, en ayant égard à la nature de la question, elle peut être impraticable; par exemple, lorsque l'inconnue, désignant un nombre d'hommes, prend une valeur positive fractionnaire.

VII. Toute question de nature concrète, lorsqu'elle est écrite en langage algébrique, devient une question purement abstraite; car les équations se rapportent essentiellement à des nombres abstraits; de sorte que les solutions négatives résolvent toujours la question dans le sens abstrait et numérique. L'application de ces principes à la solution des questions suivantes, facilitera l'intelligence de cette théorie de quantités négatives.

VIII. Quelqu'un a x francs, et, après avoir gagné 10 francs, possède maintenant 8 francs; on demande la valeur de x?

Solution. La question, traduite en langage algébrique, fournit l'équation $x+10=8$, d'où $x = -2$. Si dans la question on écrivait $-x$ à la place de x, on trouverait $x = 2$. Ce changement de signe peut se faire de deux manières :

1°. en changeant la qualité de l'inconnue sans altérer l'énoncé ; et il faudra qu'un homme, ayant x francs de dettes, après avoir gagné 10 francs, possède 8 francs.

2°. En changeant l'énoncé : un homme ayant 10 francs, perd x francs, et il lui reste 8 fr.

Seconde question. R' — A — B — R

Deux courriers partent en même temps, l'un du point A, avec une vitesse de v mètres par heure, et se dirige vers R ; l'autre part du point B, avec une vitesse de v' mètres par heure, et se dirige vers R ; A étant éloigné de d mètres de B, on demande, 1°. à quelle distance A R de A les deux courriers se rencontrent ; 2°. combien d'heures s'écouleront avant que la rencontre n'ait lieu.

Solution. Représentons par x la distance cherchée A R parcourue par le premier courrier, et par y la distance B R parcourue par le second courrier, et par t le temps écoulé jusqu'à la rencontre, on a évidemment les équations

$$\frac{x}{y} = \frac{v}{v'} \quad (1)$$

$$x - y = d \quad (2)$$

$$t = \frac{x}{v} = \frac{y}{v'}$$

d'où l'on tire $$x = \frac{dv}{v - v'}$$

$$y = \frac{dv'}{v - v'}$$

$$t = \frac{d}{v - v'}$$

Tant que v est plus grand que v', les trois valeurs x, y, t, sont positives, et leur interprétation n'est sujette à aucune difficulté. Supposons donc v plus petit que v'; alors les trois valeurs deviennent négatives; et on peut les interpréter de deux manières :

1°. Le temps t, devenant négatif, annonce un temps déjà passé, et signifie que la rencontre a eu lieu au point R' avant que les courriers ne fussent arrivés en A et en B; ils sont partis ensemble de R', et au bout du temps t, ils sont arrivés, l'un avec la vitesse moindre en A, et l'autre avec la vitesse plus grande en B; dans cette interprétation, v' et v conservent leur direction.

2°. En changeant le signe des inconnues x et y, l'équation (1) ne change pas, mais l'équation (2) devient $y-x=d$. Pour que cette équation ait lieu, il faut qu'on change la direction des courriers; que tous les deux se dirigent vers R'.

3°. Si v' devient négatif, les trois valeurs deviennent

$$x=\frac{dv}{v+v'}$$

$$y=\frac{-dv'}{v+v'}$$

$$t=\frac{-d}{v+v'}$$

La valeur de y est négative; pour la rendre positive, il faut changer les signes de y et de v' dans les deux équations (1) et (2). La première équation ne change pas; la seconde devient $x+y=d$. Cette équation annonce que le point de rencontre R est situé entre A et B, et que par conséquent le second courrier a une vitesse dirigée vers A. Le changement de v' indique un changement de direction dans cette vitesse.

4°. Si v est négatif, alors t devient négatif;

cela indique que la rencontre R a déjà eu lieu entre A et B, et que les courriers sont partis de ce point pour arriver au bout du temps t, l'un en B et l'autre en A; et le premier courrier a dès-lors une direction opposée à celle que lui assigne la question qui a fourni les deux équations.

5°. v et v' tous deux négatifs; les deux courriers ont tous deux une direction opposée à celle que leur assigne la question. La rencontre aura lieu vers R'.

6°. $v=v'$; alors $x=\infty$, $y=\infty$, $t=\infty$. En effet, moins les deux vitesses diffèrent, et plus la rencontre est éloignée; et lorsque les vitesses sont tout-à-fait égales, la rencontre est impossible.

7°. $v=0$; $x=0$; $y=d$; $t=-\frac{d}{v'}$. La rencontre a eu lieu en A.

8°. $v'=0$; $x=d$; $y=0$; $t=\frac{d}{v}$. La rencontre aura lieu en B.

9°. $v=v'=0$; $x=\frac{0}{0}$; $y=\frac{0}{0}$; $t=\frac{x}{v}=\frac{0}{0}$ (p. 210.)

Ce symbole n'annonce pas ici une indétermination; c'est un cas particulier du n° 6°.

10°. $d=0$; $v=v'$; $x=\frac{0}{0}$; $y=\frac{0}{0}$; $t=\frac{0}{0}$.

Le symbole $\frac{0}{0}$ indique l'indétermination; la rencontre a lieu partout, et à tous les instans.

11°. Si les courriers, au lieu de parcourir une droite, se meuvent sur une ligne fermée ou sur une circonférence de cercle, il y a plusieurs points de rencontre.

Soit A le point commun de départ, et désignons par c toute la circonférence, par x le chemin fait par le mobile qui a la plus petite vitesse v, et alors $x+c$ sera nécessairement le chemin qu'aura fait le second mobile, avec la vitesse plus grande v', pour rencontrer le premier mobile; ce qui donne l'équation

$$\frac{c+x}{x}=\frac{v'}{v}$$

d'où l'on tire $$x=\frac{cv}{v'-v}$$

Le second point de rencontre est aussi éloigné du premier que le premier l'est du point de départ; donc la distance du second point de rencontre au point A de départ est $\frac{2cv}{v'-v}$; et on voit qu'en général, la distance du $m^{ème}$ point de rencontre au point A de départ est exprimée par $\frac{mcv}{v'-v}$. Pour qu'ils reviennent simultanément en A, il faut que l'on ait $\frac{mcv}{v'-v}=c$

d'où $$m=\frac{v'-v}{v}=\frac{v'}{v}-1.$$

Or, m est un nombre entier ; il faut donc, pour que les mobiles se rencontrent de nouveau au même point, il faut que $\frac{v'}{v}$ soit un nombre entier.

Ainsi, l'aiguille des minutes d'une montre a une vitesse douze fois plus grande que l'aiguille des heures. On a donc

$$v'=12$$
$$v=1$$
et $$m=11$$

Ainsi il y a onze rencontres d'aiguilles sur le cadran d'une montre.

12°. Lorsque les mobiles ne partent pas du même point, on fixe le point A au premier point de rencontre, et le calcul se continuera comme ci-dessus.

RECUEIL DE PROBLÈMES A RÉSOUDRE AU MOYEN DE L'ANALYSE ALGÉBRIQUE.

Équation du premier degré à une seule inconnue.

Ier PROBLÈME. Deux personnes possèdent ensemble 38700 francs; l'une est deux fois plus riche que l'autre; quel est le revenu de chacune?

Solution. 12900 et 25800.

IIe PROBLÈME. Quelqu'un possède 2640 fr., partie argent et partie cuivre; il y a $4\frac{1}{2}$ fois plus d'argent que de cuivre; combien y a-t-il de pièces de chaque espèce?

Solution. 480 fr. en cuivre, et 2160 fr. en argent.

IIIe PROBLÈME. Partager le nombre 237 en deux parties, dont l'une soit contenue $4\frac{1}{2}$ fois dans l'autre?

Solution. Ces parties sont $105\frac{1}{3}$ et $131\frac{2}{3}$.

IVe PROBLÈME. Partager la somme de 2500 fr. entre deux personnes, de manière que l'une reçoive autant de pièces de 20 fr. que l'autre reçoit de pièces de 5 fr.; quelle est la part de chacune?

Solution. 500 fr. et 2000 fr.

Ve PROBLÈME. Trouver deux nombres dont

la somme soit $= a$, et dont l'un soit contenu m fois dans l'autre?

Solution. $\frac{a}{m+1}$ et $\frac{ma}{m+1}$.

VIe PROBLÈME. Partager 1200 en deux parties, de manière que l'une soit à l'autre dans le rapport de 2 : 7.

Solution. $266\frac{2}{3}$ et $933\frac{1}{3}$.

VIIe PROBLÈME. Partager a en deux parties qui soient dans le rapport de $m : n$.

Solution. $\frac{ma}{m+n}$ et $\frac{na}{m+n}$.

VIIIe PROBLÈME. Le quart d'une somme, et la cinquième partie de cette même somme, font 9; quelle est cette somme?

Solution. 20.

IXe PROBLÈME. Partager 46 en deux parties inégales, de manière qu'en divisant la plus grande par 7 et la plus petite par 3, la somme des quotiens soit égale à 10.

Solution. 28 et 18.

Xe PROBLÈME. Dans une société composée de 266 personnes, il y a quatre fois plus d'hommes que de femmes, et deux fois plus de femmes que d'enfans?

Solution. 152 hommes, 76 femmes, et 38 enfans.

XIe Problème. Dans une forteresse il se trouve une garnison composée de 2600 hommes ; l'infanterie est 9 fois, et l'artillerie 3 fois plus forte que la cavalerie ; quelle est la force de chaque arme ?

Solution. 200 cavaliers, 600 artilleurs, et 1800 fantassins.

XIIe Problème. Un voyageur fait 3040 myriamètres ; il en fait 3 $\frac{1}{2}$ fois plus par eau qu'à cheval, et 2 $\frac{1}{3}$ fois plus à pied que par eau ; on demande combien il a fait de myriamètres dans chacune de ces manières de voyager.

Solution. 240 myriamètres à cheval, 840 myriamètres par eau, et 1960 myriamètres à pied.

XIIIe Problème. Partager un champ de 864 hectares entre 3 personnes, de manière que la part de la première soit à celle de la seconde comme 5 : 11, et que la troisième personne reçoive autant que les deux premières ensemble.

Solution. La première aura 135, la seconde 297, et la troisième 432 hectares.

XIVe Problème. Trouver un nombre tel que, le multipliant par 4, et divisant le produit par 3, on obtienne pour quotient 24. — *Solution*. 18.

XVe PROBLÈME. 1170 fr. doivent être partagés entre trois personnes, à raison de leur âge. La deuxième personne est $\frac{1}{3}$ de fois, et la troisième 2 fois plus âgée que la première ; quelle est la part de chacune ?

Solution. La première personne, 270 francs ; la deuxième, 360 fr. ; et la troisième, 540 fr.

XVIe PROBLÈME. Trois villes doivent mettre ensemble sur pied 594 hommes ; le contingent doit être formé à raison de la population ; 3 : 5 est le rapport de la population de la première à celle de la deuxième, et 8 : 7 est le rapport de la population de la deuxième ville à celle de la troisième ?

Solution. La première ville fournit 144 ; la deuxième, 240 ; et la troisième, 210 hommes.

XVIIe PROBLÈME. Partager le nombre a en 3 parties, de sorte que la première soit à la seconde comme $m : n$, et que la seconde soit à la troisième comme $p : q$; trouver l'expression de chacune de ces parties.

Solution. La première partie

$$= \frac{amp}{mp + np + nq},$$

la deuxième partie

$$= \frac{anp}{mp + np + nq},$$

la troisième partie

$$= \frac{anq}{mp + np + nq}.$$

XVIIIe Problème. Un négociant ayant gagné dans une affaire 15 pour 100, possède 15571 fr.; combien avait-il auparavant?

Solution. 13540 fr.

XIXe Problème. Une somme placée à $4\frac{1}{2}$ pour 100 d'intérêt annuel, vaut, au bout de l'année, 13167 fr.; quel est le capital?

Solution. 12600 fr.

XXe Problème. Un bien s'étant amélioré de 8 pour 100 rapporte actuellement 1890 fr.; combien rapportait-il auparavant?

Solution. 1750 fr.

XXIe Problème. Un marchand vend une certaine marchandise à raison de a francs le kilogramme, il gagne à ce marché b pour 100; combien a-t-il vendu de kilogrammes?

Solution. $\frac{100\,a}{100 + b}$; examiner ce que signifie ce problème dans le cas de a ou b négatif.

XXIIe Problème. Quel est le capital, qui, joint avec les intérêts de quatre années, à raison de 4 pour 100, vaut 8208 francs ?

Solution. 6840 francs.

XXIIIe Problème. Un joueur perd dans un premier coup $\frac{1}{6}^e$, et dans un second coup $\frac{1}{10}^e$, et dans un troisième il regagne le $\frac{1}{3}$ de l'argent qu'il a apporté; par là il se trouve avoir gagné 3 fr.; on demande combien il avait d'argent ?

Solution. 45 francs.

XXIVe Problème. Quels sont les deux nombres dont la somme est 96 (s), et la différence 16 (d) ?

Solution. 40 et 56; $\frac{s+d}{2}$ et $\frac{s-d}{2}$.

XXVe Problème. Deux marchands se partagent la somme de 1200 francs (a), de manière que l'un ne reçoit que la moitié de la part de l'autre, et plus encore 50 fr. (b); quelle est la part de chacun ?

Solution. $766\frac{2}{3}$, $433\frac{1}{3}$; $\frac{2}{3}(a-b)$; et $\frac{2}{3}(\frac{1}{2}a+b)$; interpréter la première valeur, lorsque a est plus petit que b.

XXVIe Problème. Un père fait présent de 1000 fr. (n) à ses cinq (m) enfans, qui doivent se les partager de manière qu'en allant du plus jeune au plus âgé, les parts augmentent de 20 chacune; quelle est la partie du cadet? (x)

Solution. 160 fr.; $x = \frac{2a - m^2b - mb}{2m}$; interpréter la valeur négative de x.

XXVIIe Problème. Une certaine somme (x) a été partagée entre trois personnes de la manière suivante :

La première aura 3000 fr. (a) de moins que la moitié (p) de la somme;

La deuxième aura 1000 fr. (a') de moins que le tiers (p') de la somme;

La troisième aura 800 fr. (a'') de plus que le quart (p'') de la somme;

Quelle est la somme et les parts des partageans ?

Solution. La somme se monte à 38400 fr.

La première aura 16000
La deuxième aura 11800
La troisième aura 10400

$; x = \frac{a + a' - a''}{p + p' + p'' - 1}$

XXVIIIe Problème. Quelqu'un donne par testament à sa femme la moitié, à chacun de ses deux enfans le sixième, à son domestique la douzième partie de sa fortune, et les 600 francs restant aux pauvres; combien le testateur avait-il d'argent? — *Solution.* 7200 fr.

XXIXe PROBLÈME. Un pré de 2850 hectares doit être réparti entre trois propriétaires, de manière que la part du premier soit à celle du second dans le rapport de 6 : 11, et que le troisième reçoive 300 hectares de plus que les deux premiers ensemble ?

Solution. Le premier doit recevoir 450 hectares,
Le second 825
Le troisième. 1575

XXXe PROBLÈME. Cinq héritiers se partagent 5600 francs (a) de cette manière : B reçoit deux (m) fois plus que A, et encore 200 (n) par-dessus; C reçoit trois (m') fois plus que A moins 400 fr. (n'); D reçoit la moitié de ce que B et C ont reçu ensemble, et 150 francs par-dessus; E reçoit le $\frac{1}{4}$ (m'') de ce que les quatre premiers ont reçu ensemble (n''), et par-dessus 475 fr. (n''') ; quelle est la part de chacun ?

Solution. A reçoit 500 fr.; B reçoit 1200 fr.; C, 1100 fr.; D, 1300 fr.; E, 1500. Trouver et discuter les formules générales qui expriment ces diverses parts.

SEPTIÈME LEÇON.

ANALYSE INDÉTERMINÉE, ÉQUATIONS DU PREMIER DEGRÉ.

I. Une question est indéterminée lorsque l'on peut y satisfaire d'une infinité de manières. Ainsi nous avons vu (3e Leçon) qu'une seule équation à deux inconnues peut être satisfaite en donnant aux inconnues une infinité de valeurs différentes : il faut dans ce dernier cas, pour que la question ne présente qu'une solution, que l'on ait deux équations distinctes, tandis qu'avec une seule équation le nombre des solutions est illimité; mais il est possible, même avec une seule équation, d'établir d'autres conditions qui ne sont pas susceptibles d'être exprimées par de nouvelles équations, et qui limitent toutefois le nombre des solutions. Éclaircissons ceci par un exemple. Supposons que l'on demande à trouver deux nombres dont la somme fasse 4; désignons ces nombres par x et y, on aura l'équation $x+y=4$. Il est évident qu'en donnant successivement à l'une de ces inconnues, soit à x, toutes les valeurs imaginables positives ou négatives, entières ou fractionnaires, on aura pour la deuxième inconnue des valeurs correspondantes, et l'on obtient une infinité de systèmes de valeurs qui satisfont à l'équation. Si l'on prescrit pour seconde condition d'exclure toutes les valeurs négatives, le nombre des solutions est diminué, mais restera encore infini; mais si l'on veut que les valeurs soient toutes positives et entières, dès-lors il n'y a plus que trois systèmes de nombres qui résolvent la question, savoir :

o et 4,
1 et 3,
2 et 2.

La condition imposée à une quantité d'être un nombre entier, ne peut s'exprimer par une équation, et toutefois, comme nous le voyons, une telle condition limite le nombre des solutions. Dans une question aussi simple que celle que nous venons de poser, ces solutions sont faciles à trouver : il n'en est pas de même lorsque la question est compliquée; le moyen de calcul qu'il faut alors employer compose une branche spéciale de l'algèbre, qu'on désigne sous le nom d'*analyse indéterminée.* Nous ne traiterons ici que des équations du premier degré.

II. Soit en général l'équation à deux inconnues : $ax + by = c$, où a, b, c, sont des quantités connues, et x et y des quantités inconnues, pour lesquelles on ne veut admettre que des nombres entiers. On peut toujours supposer que a, b, c, sont des nombres entiers : s'ils ne l'étaient pas, en chassant les dénominateurs on déduirait de cette équation une autre à coefficiens entiers. Par exemple, soit l'équation

$$\frac{2}{3}x + \frac{2}{4}y = \frac{5}{7}.$$

On déduit, en faisant disparaître les dénominateurs, $56x + 42y = 60$, où tous les nombres connus sont entiers.

III. On peut encore admettre que les trois nombres a, b, c, n'ont pas de diviseur commun : car, si ce diviseur existe, on peut diviser les deux membres de l'équation par ce diviseur commun, et l'on obtient une nouvelle équation où cette circonstance n'a plus lieu. Soit, par exemple, l'équation $12x + 30y = 24$. Les trois nombres 12, 30, 24, sont divisibles par 6. On tire de cette équation la suivante, $2x+5y=4$, où les nombres 2, 5, 4, n'ont plus de diviseur commun.

IV. Si a et b ont un diviseur commun, il peut se présenter deux cas : ou bien ce diviseur divise aussi c, alors on retombe dans le cas précédent ; ou bien ce diviseur ne divise pas c, et alors la question est impossible. En effet, soit d ce diviseur commun entre a et b; x et y devant être des nombres entiers, ax et by seront chacun divisibles par d, et leur somme $ax+by$ devra être aussi divisible par d (p. 147) : il faut donc que c égal à cette somme soit divisible par d. Si cette divisibilité n'existe pas, cela annonce qu'on ne peut satisfaire à la question en prenant pour x et y des nombres entiers : soit, par exemple, l'équation $15x+10y=17$. Il est impossible de satisfaire à cette équation en prenant pour x et y des nombres entiers ; car il faudrait que 17 fût divisible sans reste par 5.

V. Il suit du raisonnement précédent que, dans l'équation générale $ax+by=c$, on peut regarder a et b comme des nombres entiers premiers entre eux. Supposons b plus grand que a; prenons dans l'équation la valeur de l'inconnue x qui est affectée du plus petit coefficient, on obtient

$$x = \frac{c - by}{a}.$$

Supposons que a soit contenu q fois dans b, et qu'il y ait un reste égal à 1, de sorte qu'on ait $b = qa + 1$; mettant cette valeur dans celle de x, il vient

$$x = \frac{c-(qa+1)y}{a} = \frac{c-qay-y}{a} = -qy + \frac{c-y}{a}$$

Or y devant être un nombre entier, qy sera aussi un nombre entier; et comme x doit aussi être un nombre entier, il faudra donc que $\frac{c-y}{a}$ donne un quotient entier (p. 147). Soit v ce quotient, on aura

$$\frac{c-y}{a} = v, \text{ d'où } y = c - av.$$

Mettant cette valeur de y dans celle de x, il vient

$$x = -q(c-av) + \frac{c-c+av}{a} = -cq + aqv + v = v(aq+1) - cq = bv - cq;\ y = c - av.$$

En donnant à v une valeur entière quelconque, on aura pour x et y des nombres entiers qui satisfont à l'équation

$$ax + by = c,$$

si le reste de la division de b par a n'est pas l'unité. Supposons ce reste égal à r, nous aurons alors

$$b = aq + r.$$

Substituons donc la valeur de x, et il vient

$$x = \frac{c - y(aq + r)}{a} = -qy + \frac{c - ry}{a}.$$

Raisonnant comme ci-dessus, il faudra que le quotient $\frac{c - ry}{a}$ soit un nombre entier : représentons-le par e, on aura $\frac{c - ry}{a} = e$, d'où l'on tire $y = \frac{c - ae}{r}$; r est nécessairement plus petit que a. Supposons qu'il y soit contenu q' de fois, et qu'il donne un reste égal à l'unité, de sorte que l'on ait $a = q'r + 1$, d'où l'on tire

$$y = \frac{c - e(q'r + 1)}{r} = -q'e + \frac{c - e}{r} = e',$$

d'où $e = c - re'$; et prenant pour e' un nombre entier quelconque, e sera aussi entier, et par conséquent x et y le seront, et l'on aura en remontant

$$y = -q'(c - re') + e' = -cq' + e'(1 + rq') = -cq' + ae'$$

$$x = -q(-cq' + ae') + c - re' = cqq' - e'(+aq + r) = cqq' - be'.$$

Si le second reste n'est pas égal à l'unité, on continuera l'opération. On finira nécessairement par arriver à un reste égal à 1 ; car les opérations que l'on fait sur b et a sont les mêmes que l'on fait lorsqu'on cherche le plus grand commun diviseur ; or, comme b et a sont premiers entre eux, on finira par trouver pour reste l'unité, et dès-lors en remontant on trouvera toujours des nombres entiers, qui, subtitués pour x et y dans l'équation $ax + by = c$, y satisfont.

VI. Quelques exemples suffiront pour faire mieux comprendre cette théorie, et faciliter l'application de la méthode.

Première question. Dans une compagnie, si l'on range les soldats par groupes de 3 soldats, il en reste 1 ; si on les range par groupes de 5, il en reste 2 ; quelle est la force de la compagnie?

Solution. Soit z le nombre de soldats, x le quotient entier que l'on obtient en divisant z par 3, et y le quotient entier que l'on obtient en divisant z par 5, l'on aura donc

$$z = 3x + 1$$
$$z = 5y + 2$$

donc $3x + 1 = 5y + 2$

$$3x - 5y = 1$$

$$x = \frac{1 + 5y}{3} = y + \frac{1 + 2y}{3} = y + e$$

où $\frac{1 + 2y}{3}$ devant être un nombre entier, je l'égale à e

$$\frac{1 + 2y}{3} = e$$

d'où $y = \frac{3e - 1}{2} = e + \frac{e - 1}{2} = e + e'$

$$\frac{e - 1}{2} = e'$$

$$e = 2e' + 1 \ (a).$$

Il suffira donc de prendre pour e' un nombre entier quelconque, pour que e, x, y, z, soient des nombres entiers. Dans cet exemple 5 et 3 sont des nombres premiers entre eux, et la recherche du plus grand commun diviseur donne l'unité pour reste à la seconde opération; c'est cette unité qui est le coefficient de e dans l'équation finale (a).

Les substitutions successives donnent :

$$y = 2e' + 1 + e' = 3e' + 1$$

$$x = 3e' + 1 + 2e' + 1 = 5e' + 2$$

$$z = 3(5e' + 2) + 1 = 15e' + 7.$$

Faisant successivement e' égal à 0, 1, 2, 3, 4..... on aura pour valeurs correspondantes de z

$$7,\ 22,\ 37,\ 52,\ 67.....$$

Le nombre de solutions est infini.

Deuxième question. On a des pièces de canon du poids de 1600 livres, et des pièces du poids de 2500 livres chacune. Le poids total des pièces du premier calibre surpasse de 100 livres le poids total des pièces du second calibre : combien a-t-on de pièces de chaque calibre ?

Solution.

Soit x le nombre des pièces du 1er calibre,
y. . . . . du 2e calibre,

on aura l'équation

$$1600x = 2500y + 100\ ;$$

d'où divisant par 100, et transposant

$$16x - 25y = 1$$

$$x = \frac{1 + 25y}{16} = y + \frac{1 + 9y}{16} = y + e$$

$$\frac{1 + 9y}{16} = e$$

$$y = \frac{16e - 1}{9} = e + \frac{7e - 1}{9} = e + e'$$

$$e' = \frac{7e - 1}{9}$$

$$e = \frac{9e' + 1}{7} = e' + \frac{2e' + 1}{7} = e' + e''$$

$$e'' = \frac{2e + 1}{7}$$

$$e' = \frac{7e'' - 1}{2} = 3e'' + \frac{e'' - 1}{2}$$

$$e''' = \frac{e'' - 1}{2}$$

$e'' = 2e''' + 1$
$e' = 3e'' + e''' = 6e''' + 3 + e''' = 7e''' + 3$
$e = 7e''' + 3 + 2e''' + 1 = 9e''' + 4$
$y = e + e' = 16e''' + 7$
$x = y + e = 16e''' + 7 + 9e''' + 4 = 25e''' + 11$

faisant successivement

$e'' = 0, 1, 2, 3 \ldots\ldots\ldots$

on trouvera

$x = 11, 36, 61, 86 \ldots\ldots\ldots$
$y = 7, 23, 39, 55 \ldots\ldots\ldots$

Le nombre des solutions est infini.

Dans cet exemple, on est arrivé au reste 1 après la quatrième division; savoir :

$$\frac{25}{16}, \frac{16}{9}, \frac{9}{7}, \frac{7}{2}.$$

Troisième question. Partager le nombre 1591 en deux nombres entiers, dont l'un soit divisible sans reste par 23, et dont l'autre soit divisible sans reste par 34.

Solution. Soit z le premier nombre, alors $1591-z$ sera le second; soit x le quotient de z par 23, y celui de $1591-z$ par 34, on aura donc, par la nature de la question,

$$z=23x$$

$$1591-z=34y.$$

Ajoutant les deux équations, il vient

$$23x+34y=1591;$$

d'où

$$x+\frac{1591-34y}{23}=-y+\frac{1591-11y}{23}=y+e$$

$$1591-11y=23e$$

$$y=\frac{1591-23e}{11}=-2e+\frac{1591-e}{11}=-2e+e'$$

$$1591-e=11e'$$

$$e=1591-11e'$$

$$y=-3182+22e'+e'=-3182+23e'$$

$$x=+3182-23e'+1591-11e'=+4773-34e'$$

$$z=109779-782e' \quad (a)$$

$$1591-z=782e'-108188.$$

Les deux parties devant être positives, il faut donc que l'on ait

$$109779 \text{ plus grand que } 782e'$$

$$782e' \text{ plus grand que } 108188,$$

ou bien

$$e' \text{ plus petit que } \frac{109779}{782} = 140\,\frac{299}{782}$$

$$e' \text{ plus grand que } \frac{108188}{782} = 138\,\frac{272}{782}$$

Ainsi on ne peut donner à e' que deux valeurs; savoir :

$$e' = 139$$

$$e' = 140.$$

Substituant successivement chacune de ses valeurs dans les équations (a) et (b), on obtient

$$z = 1081\,;\; = \;\; 299$$

$$1591 - z = \;\; 510\,;\; = 1292$$

Il n'y a que deux solutions possibles.

On peut trouver la valeur générale de z exprimée en nombres plus simples; il suffit d'exécuter la division indiquée sur le nombre connu 1591; à cet effet, reprenons l'équation :

$$23x + 34y = 1591\,;$$

d'où

$$x = \frac{1591 - 34y}{23} = -y + 69 + \frac{4 - 11y}{23}$$

car $\frac{1591}{23}$ donne 69 au quotient, et 4 pour reste; et pour que x soit un nombre entier, il suffit que l'expression $\frac{4 - 11y}{23}$ soit un nombre entier. Faisons $\frac{4y - 11y}{23} = e$

$$y = \frac{4 - 23e}{11} = -2e + \frac{4 - e}{11} = -2e + e'$$

$$4 - e = 11e'$$

$$e = 4 - 11e'$$

$$y = -8 + 22e' + e' = 23e' - 8$$

$$x = -23e' + 8 + 69 + 4 - 11e' = 81 - 34e'$$

$$z = 23x = 1863 - 782e'$$

$$1591 - z = 782e' - 272$$

Faisant successivement $e' = 1$ et $e' = 2$, on trouvera les mêmes valeurs que ci-dessus.

VII. Soit l'équation générale $ax + by = e$, a, b, c, étant des nombres entiers donnés : si l'on connaît, ou si l'on devine deux nombres entiers p et q, qui, mis à la place de x et y, satisfassent à la question, il est aisé de trouver une infinité d'autres solutions. En effet, de ce que p et q fournissent une solution à la question, on a

$$ap + bq = c,$$

et par conséquent

$$ax + by = ap + bq$$

$$ax - ap = bq - by$$

$$a(x - p) = b(q - y).$$

Le produit $a(x-p)$ doit donc être divisible par b, et donne pour quotient $q-y$, mais a et b sont premiers entre eux (p. 257).

Il faut donc que $x-p$ soit divisible par b (p. 150, n° XI).

Désignons le quotient par v, on aura

$$x-p=vb$$

d'où $$x=p+bv \quad (1)$$

et $$q-y=\frac{a(x-p)}{b}=\frac{avb}{b}=av$$

d'où $$y=q-av \quad (2).$$

Maintenant on peut prendre pour v un nombre entier quelconque.

Qu'il s'agisse de trouver deux nombres entiers qui satisfassent à l'équation $7x-6y=1$, il est évident qu'il suffit de faire x et y égaux à 1, et par conséquent on a pour valeurs générales

$$x=-6v+1 \quad \text{car} \quad p=1$$
$$y=-7v+1 \qquad\qquad q=1$$
$$a=7$$
$$b=-6$$

Au lieu de v on peut mettre $-v$, et alors

$$x=6v+1$$
$$y=7v+1$$

Faisant successivement

$$v=0,\ 1,\ 2,\ 3,\ 4,$$

on trouve

$$x=1,\ 7,\ 13,\ 19,\ 25,$$
$$y=1,\ 8,\ 15,\ 22,\ 29.$$

VIII. En discutant les valeurs générales (1) et (2), on voit que,

1°. Lorsque a et b sont positifs, et que l'on prend v positif et plus petit que $\frac{q}{a}$, x et y sont positifs; si l'on prend v positif et plus grand que $\frac{q}{a}$, x sera positif et y négatif; et si l'on prend v négatif et plus petit que $\frac{p}{b}$, x et y seront positifs; si l'on prend v négatif et plus grand que $\frac{p}{b}$, x sera négatif et y positif.

2°. Lorsque a est positif et b négatif, il est aisé de continuer la discussion.

On peut toujours rendre a positif, en changeant les signes des termes de l'équation.

Équation du premier degré à plusieurs inconnues.

IX. Soit l'équation à trois inconnues $ax+by+cz=d$ (1), où a, b, c, d, sont des nombres entiers donnés. Il faut trouver des nombres entiers x, y, z, qui satisfassent à la condition exprimée par l'équation (1). On regarde une des inconnues, z, par exemple, comme si elle était connue, et l'on traite l'équation comme s'il n'y avait que deux inconnues. Soit, par exemple,

$$5x+7y+9y=21,$$

on aura $\quad 5x+7y=21-9z$

$$x=21-9z-7y=-y+\frac{21-9z-y}{5}=-y+e$$

$$21-9z-2y=5e;$$

d'où

$$y=\frac{21-9z-5e}{2}=-2e+\frac{21-9z-e}{2}=-2e+e'$$

$$21-9z-e=2e'$$

$$e=21-9z-2e'$$

$$y=-2(21-9z-2e')+e'=-42+18z+5e'$$

$$x=-y+e=42-18z-5e'+21-9z-2e'=$$

$$63-27z-7e'.$$

Maintenant on peut prendre pour z et e' des

nombres entiers quelconques, x et y seront aussi des nombres entiers.

Faisons $z = 1$

$e' = 5$

on aura $y = 1$

$x = 1$

On s'y prendrait de même si on avait une équation à plus de trois inconnues.

Deux équations à trois inconnues chacune.

X. Soient les équations

$$ax + by + cz = d \quad (1)$$
$$a'x + b'y + c'z = d' \quad (2)$$

$a, b, c, d; a', b', c', d'$, sont des nombres entiers donnés. Comme on n'a que deux équations et trois inconnues, la question est indéterminée, et l'on peut obtenir une infinité de solutions (p. 196, n° VIII).

Mais on veut n'admettre que des nombres entiers.

A cet effet on élimine une des inconnues, z, par exemple, entre les équations données, et l'on obtient

$$x(ac - a'c) + y(bc' - b'c) = dc' - d'c \quad (3).$$

En traitant cette équation par la méthode

exposée ci-dessus, on obtient des valeurs de cette forme

$$x = p + (bc' - b'c)v$$
$$y = q - (ac' - a'c)v$$

où il suffit de prendre pour v un nombre entier quelconque, substituant les valeurs de x et y dans l'une quelconque des équations (1) ou (2); soit dans la première, on aura

$$ap + a(bc' - b'c)v + bq - b(ac' - a'c)v + cz = d,$$

d'où $v(ab'c + ba'c) + cz = d - ap - bq$ (4)

v et z doivent être des nombres entiers. Appliquant à cette équation la méthode ordinaire, on trouvera

$$v = m + cu$$
$$z = n - (-ab'c + ba'c)u = n + cu(ab' - ba')$$

Mettant la valeur de v dans celle de x et de y trouvées ci-dessus, il vient

$$x = p + (bc' - b'c)m + c(bc' - b'c)u$$
$$y = q - (ac' - a'c)m - c(ac' - a'c)u$$

Donnant à u une valeur entière quelconque, x, y, z, seront aussi entiers.

Faisons $c(bc' - b'c) = r$

$c(a'c - ac') = s$

$c(a'b - ab') = t$

on aura $$ar + bs + ct = 0$$
$$a'r + b's + c't = 0$$

Il est aisé de vérifier ces équations, et même d'en démontrer l'existence *à priori.*

XI. On voit, d'après ce qui précède, ce qu'il y a à faire lorsqu'on a quatre inconnues et trois équations, et en général lorsque le nombre des équations est moindre que celui des inconnues.

EXERCICES SUR L'ANALYSE INDÉTERMINÉE.

Problèmes à résoudre.

Ier PROBLÈME. Trouver la forme générale des nombres qui, divisés par 9, ne donnent pas de reste; et, divisés par 14, donnent 8 pour reste.

Réponse. $126v + 36$.

IIe PROBLÈME. Trouver, entre 100 et 400, des nombres tels, qu'en les divisant par 13, il reste 9, et en les divisant par 17, il reste 14.

Réponse. 269. Il n'y a que ce nombre.

IIIe PROBLÈME. Quels sont les nombres qui, étant divisés successivement par 3, 7, 10, laissent 2, 3, 9, pour restes?

Solution. $210v + 59$. Formule générale.

IVe PROBLÈME. Quels sont les nombres qui,

étant divisés par 5, 6, 7, 8, laissent 3, 1, 0, 5, pour restes?

Solution. $840v + 133$. Formule générale.

Ve PROBLÈME. Trouver les nombres au-dessus de 2000 qui sont divisibles sans reste par 5, 6 et 7, et qui, étant divisés successivement par 11 et 13, laissent 9 et 8 pour reste.

Réponse. 1890. Il n'y a que ce nombre.

VIe PROBLÈME. Trouver deux nombres tels qu'en multipliant le premier par 17 le produit surpasse de 7 le second nombre multiplié par 26.

Reponse.
$$x = 5 + 26v$$
$$y = 3 + 17v$$

VIIe. PROBLÈME. Trouver trois nombres tels que le produit du premier, multiplié par 7, soit moindre d'une unité que le produit du second multiplié par 9, et surpasse de 2 le produit du troisième multiplié par 11?

Réponse.
$$x = 5 + 99u$$
$$y = 4 + 77u$$
$$z = 3 + 63u$$

VIIIe PROBLÈME. Une société est composée d'hommes, de femmes et d'enfans; chaque homme dépense 19 fr., chaque femme 10 fr., chaque enfant 8 fr.; tous les hommes ensemble ont dépensé 7 francs de plus que les femmes, et 15 francs de plus que les enfans; combien y avait-il d'hommes, de femmes, d'enfans, dans cette réunion?

Solution. $x = 13 + 14u$ hommes,

$y = 14 + 76u$ femmes,

$z = 29 + 95u$ enfans.

IXe PROBLÈME. Partager 30 en trois nombres entiers tels qu'en multipliant le premier par 7, et le second par 19, et le troisième par 39, la somme des produits s'élève à 745.

Solution. 6, 11, 13. Une seule solution.

Xe PROBLÈME. Partager 100 en trois nombres tels qu'en multipliant le premier par 17, le second par 11, et le troisième par 3, la somme des produits fasse 880.

Solution. 2, 69, 29, ou 6, 62, 32..... etc..... Il n'y a que six solutions possibles.

XIe PROBLÈME. Quels nombres entiers positifs satisfont aux deux équations

$$5x + 13y + 18z = 997$$
$$11x + 20y + 37z = 1866$$

Solution. $x = 16$

$y = 29$

$z = 30$

Cette solution est unique.

HUITIÈME LEÇON.

ÉQUATIONS DU DEUXIÈME DEGRÉ A DEUX TERMES ; EXTRACTION DES RACINES CARRÉES.

I. Lorsque nous avons eu jusqu'ici à résoudre des questions où il entrait plusieurs inconnues, les relations de ces inconnues entre elles se réduisaient à des additions ou à des soustractions, et conduisaient à des équations où les inconnues avaient pour exposant l'unité, à des équations du premier degré; mais lorsque les inconnues sont multipliées entre elles, on est conduit à des équations où les inconnues ont pour exposant des nombres qui surpassent l'unité. Qu'on demande, par exemple, deux nombres dont la somme fasse 36, et dont la différence soit 12 : représentant ces nombres par x et y, on aura les deux équations du premier degré

$$x+y=56$$
$$x-y=12$$

mais si l'on veut trouver deux nombres tels que leur produit s'élève à 36, et que leur somme soit 12, alors on aura les deux équations

$$xy = 36$$

$$x + y = 12$$

Prenant la valeur de y dans la seconde équation, $y = 12 - x$, et substituant dans la première équation, on aura

$$x(12 - x) = 36$$

ou bien $\quad 12x - x^2 = 36$

L'inconnue x a pour exposant 2, l'équation est dite du second degré, et pour la résoudre il faut employer d'autres moyens que ceux qui s'appliquent aux équations du premier degré.

II. Pour simplifier l'opération, supposons d'abord qu'il s'agisse de trouver deux nombres égaux entre eux, et dont le produit soit le nombre donné p. Cette question peut s'énoncer ainsi : trouver un nombre qui, multiplié par lui-même, donne p pour produit. Désignant ce nombre par x, on aura $x^2 = p$. Cette équation est du second degré, et ne renferme que deux termes : c'est de cette sorte d'équation que nous allons d'abord nous occuper.

III. Extraire la racine carrée d'un nombre donné, c'est faire sur ce nombre une suite d'opérations pour parvenir à connaître le nombre qui, multiplié par lui-même, donne un produit égal au nombre donné. Pour indiquer que ces opérations doivent être faites sur un nombre, on se sert du signe $\sqrt{}$, qui figure la lettre initiale du mot racine. Ainsi $\sqrt{36}$ signifie qu'il faut extraire la racine carrée de 36. Ce signe indique en même temps le résultat de l'opération. Ainsi on a

$$\sqrt{36}=6.$$

D'après cette notation, on voit donc que la résolution $x^2=p$ revient à faire les opérations indiquées par l'équation $x=\sqrt{p}$.

IV. Un nombre fractionnaire ne peut jamais être la racine carrée d'un nombre entier. En effet, soit p un nombre entier, et, s'il est possible, $\frac{a}{b}$ la racine carrée de ce nombre ; on peut supposer que a et b n'ont pas de facteurs communs; car s'ils en avaient, on peut les faire disparaître en divisant les deux termes par ces facteurs communs. Or, a et b étant premiers entre eux, a^2 et b^2 seront aussi premiers entre eux (page 150, n° XII). Par conséquent, $\frac{a^2}{b^2}$ ne peut être égal au nombre entier p; donc $\frac{a}{b}$ n'est pas sa racine.

V. De là résulte deux sortes de racines : les unes sont dites *rationnelles*, parce qu'on peut exprimer leur rapport (*ratio*), leur raison avec l'unité par des nombres. Ainsi les racines carrées de 9, 16, $\frac{9}{4}$, $\frac{36}{25}$, sont rationnelles, parce qu'elles sont exprimées par les nombres

$$3,\ 4,\ \frac{3}{2},\ \frac{6}{5}.$$

Les autres racines sont appelées *irrationnelles*, parce qu'il est impossible d'exprimer exactement leur rapport avec l'unité par des nombres. Par exemple, la racine carrée de 10 est irrationnelle. En effet, 10 est compris entre 9 et 16; cette racine est donc évidemment plus grande que 3, et plus petite que 4. Si elle existait, elle serait égale à 3 plus une fraction. Le nombre entier 10 aurait donc une racine fractionnaire, ce qui est démontré impossible: donc la racine de 10 ne peut s'exprimer exactement par aucun nombre possible, soit entier soit fractionnaire; mais on peut la construire par des lignes. (Voyez notre *Manuel de Géométrie.*)

VI. On donne le nom de *carrés parfaits* à des nombres dont les racines sont rationnelles.

Ainsi 9 est un carré parfait; mais 10 n'en est pas un, parce $\sqrt{10}$ est irrationnelle.

VII. La table de multiplication dite de *Pythagore* suffit pour trouver les racines et les carrés parfaits exprimés par un ou deux chiffres. Ces carrés sont

1, 4, 9, 16, 25, 36, 49, 64, 81,

et les racines correspondantes

1, 2, 3, 4, 5, 6, 7, 8, 9.

A l'aide de la même table, on peut trouver les racines irrationnelles des nombres à deux chiffres, à moins d'une unité près : qu'il s'agisse de trouver la racine carrée de 39, ce nombre est renfermé entre 36 et 49; par conséquent la racine est comprise entre 6 et 7 ; on voit que 6 est la racine du plus grand carré contenu dans 39.

VIII. L'extraction des racines carrées repose sur quelques propriétés de notre numération décimale, et sur la formule des carrés. Nous allons donc exposer ces propriétés; il s'agira d'abord des nombres entiers. Tout nombre peut se diviser en un certain nombre de dixaines, plus un certain nombre d'unités. Ainsi

$$57 = 50 + 7$$
$$576 = 570 + 6$$
$$5643 = 5640 + 3$$

ou autrement tout nombre peut devenir un binome, se partager en deux termes, dont le premier commence par un zéro. Nous appelons ce terme celui des dixaines, ou simplement des dixaines. Ainsi nous dirons le nombre 5643 renferme 564 dixaines. Il ne faut pas confondre ces dixaines avec le chiffre des dixaines qui est 4.

IX. Le carré d'un binome est égal au trinome formé du carré du premier terme, plus le double produit du premier par le second, plus le carré du second terme (p. 120). Le carré d'un nombre est donc égal au carré des dixaines, plus le double produit des dixaines par les unités, plus le carré des unités. Ainsi

$$47^2 = 40^2 + 2.40.7 + 7^2$$

En effet,

$$\begin{aligned} 40^2 &= 1600 \\ 2.40.7 &= 560 \\ 7^2 &= 49 \\ \hline \text{Total}\ldots\ldots &= 2209 \end{aligned}$$

On trouvera ce même nombre en multipliant directement 47 par 47. Ainsi le carré d'un nombre peut être considéré comme un trinome, dont le premier terme, renfermant le carré des dixaines, donne des centaines, et commence par deux zéros ; et dont le second terme, renfermant un produit de dixaines, commence par un zéro, et dont le troisième terme est le carré des unités.

X. Supposons qu'il s'agisse d'extraire la racine carrée du plus grand carré contenu dans 343396 ; ce nombre ayant six chiffres, sa racine carrée ne peut avoir que trois chiffres ; car le plus petit nombre de quatre chiffres est 1000, et le carré de 1000 a sept chiffres, et 100, le plus petit nombre à trois chiffres, n'en a que cinq à son carré. Désignons les trois chiffres de la racine par *abc*, où la lettre *a* figure le chiffre des centaines, *b* celui des dixaines, *c* celui des unités. *abc* est égal au binome $abo+c$ (n° VIII). Le carré de ce binome donne trois termes, dont la somme doit être égale au nombre donné. Le premier de ces trois termes est le carré de *ab*, précédé de deux zéros ; par conséquent la partie significative de ce carré ne peut pas se trouver dans 96 ; il faut donc le chercher dans les quatre chiffres restans 3433. Ainsi la racine du plus grand carré contenu dans 3433 doit donner *ab* ; or, $ab=ao+b$ (n° VIII). En raisonnant comme ci-dessus, on prouve que le carré de *a* doit être renfermé dans 34 ; or, 25 est le plus grand carré approchant de 34 ; donc a ne peut être plus petit ni plus grand que 5 ; par conséquent $a=5$.

Ainsi nous connaissons maintenant le premier chiffre à gauche de la racine ; passons à la recherche du second. ab étant le plus grand carré contenu dans 3433, nous aurons l'équation

$$3433 = a^2 + 2ab + b^2 + R = (50)2 + 2.50.b + b^2 + R.$$

R désignant l'excédant du nombre sur le plus grand carré (R est essentiellement positif et entier), s'il y a lieu ; on en tire, en retranchant de part et d'autre le carré de 50 ou 2500,

$$933 = 2.50.b + b^2 + R = b\,(2.50 + b) + R \quad (1)$$

et $b = \dfrac{933 - R}{2.50 + b}$.

En omettant $-R$ au numérateur, et $+b$ au dénominateur, on augmente la valeur de l'expression fractionnaire.

En faisant donc $b = \dfrac{933}{2.50} = 9,33$, on peut avoir une valeur trop grande, mais non trop petite. Or, b représentant un chiffre, et étant par conséquent essentiellement un nombre entier, on peut prendre $b=9$, et, le subtituant dans l'équation (1), on trouve

$$933=9(100+9)+R=9.109+R=981+R.$$

Par conséquent 9 est trop fort; essayons 8, on obtient

$$933=8(100+8)+R=864+R;$$

ainsi $\qquad b=8$ et $ab=58$;

par conséquent

$$R=933-864=69.$$

Revenons au binome $abo+c=580+c$, dont le carré doit être égal au plus grand carré contenu dans le nombre donné; où le carré de 580, retranché du nombre donné, laisse pour reste 6996, on aura $6996=2.580c+c^2+R'$. R' étant l'excédant du nombre donné, sur le plus grand carré qu'il renferme. De là on tire

$$c=\frac{6996-R'}{2.580+c}$$

Négligeant R' au numérateur, et c au dénominateur, on aura $c=\frac{6996}{2.580}$, valeur qui sera trop grande. On en tire $c=6\frac{336}{1160}$. Comme c doit essentiellement être un nombre entier, il faudra d'abord essayer $c=6$. Substituant dans l'équation (2), il vient

$$6996=6(2.580+6)+R'=6.1166+R'=6996+R';$$

par conséquent égale $c=6$ et $R'=0$; donc le nombre cherché est un carré parfait dont la racine est $abc=586$.

Soit pour second exemple à extraire la racine du plus grand carré contenu dans le nombre 12967201 qui a huit chiffres.

La racine ne peut avoir ni plus ni moins de quatre chiffres; car le plus petit nombre de cinq chiffres est 10000, dont le carré a dix chiffres, et 1000 au carré n'a que sept chiffres; donc la racine cherchée a quatre chiffres. Désignons-les par a, b, c, d; on a

$$abcd=abc0+d \quad (1);$$

Le carré de abc doit donc se chercher dans 129672,

mais $$abc=ab0+c \quad (2);$$

Le carré de ab doit se chercher dans 1296,

mais $$ab=a0+b \quad (3);$$

Le carré de a doit donc se chercher dans 12,

donc $$a=3;$$

mais

$1296 = (30+b)^2 + R = 900 + b(2.30+b) + R;$

d'où $$396 = b(2.30+b) + R;$$

d'où $$b = \frac{396 - R}{2.30 + b};$$

d'où b plus petit que $\frac{396}{2.30} = 6\frac{3}{60}$.

Essayons $b = 6$, il vient

$$396 = 6.66 + R = 396 + R;$$

d'où $$b = 6$$
$$R = 0.$$

Le carré de abc, ou $36c$, doit se trouver dans 129672;

donc $129672 = (360)^2 + c(2.360 + c) + R'$;

ou, retranchant de part et d'autre le carré de $(360)^2$,

$$72 = c(2.360 + c) + R;$$

d'où $$c = \frac{4472 - R'}{2.360 + c};$$

d'où c plus petit que $\frac{72}{720}$ ou $\frac{1}{10}$.

Il faut donc nécessairement que $b = 0$, et par conséquent $R' = 72$.

Le carré de $3600 + d$ doit se trouver dans le

nombre donné. Retranchant de part et d'autre le carré de 3600, il vient

$$7201 = d(2.3600) + d^2 + R''$$

d'où $$d = \frac{7201 - R''}{7200 + d}$$

d'où d plus petit que $1\frac{1}{7200}$.

En essayant $d = 1$, il vient

$$7201 = 1.7200 + 1 + R''$$

donc $$d = 1$$
$$R'' = 0$$

Le nombre cherché est donc un carré parfait qui a pour racine 3601.

XI. Voici le tableau de toutes les opérations que nous venons de faire, et qui en montre la liaison :

(1) $12967201 = (abco + d)^2 + R = (abco)^2 + d(2.abco + d) + R$

(2) $129672 = (abo + c)^2 + R' = (abo)^2 + c(2.abo + c) + R'$

(3) $1296 = (ao + b)^2 + R'' = (ao)^2 + b(2.ao) + b^2 + R''$

(4) $12 = (ao^2 + R'''$

L'équation (4) donne $a = 3$, et la valeur de $R''' = 12 - (ao)^2$. On tire la valeur de b de l'équation (3), et ensuite celle de R'' de la même équation. On trouve, par des essais, la valeur de c, et ainsi de suite en remontant.

XII. Il se présente deux moyens de simplification.

1°. Pour trouver la valeur de b, nous avons divisé 396 par 60. Comme on ne prend pour b qu'un nombre entier, il suffit de diviser 39 par 6, et cela tient à ce que le diviseur commence par un zéro. Cette observation a également lieu pour c. Ainsi au lieu de diviser 72 par 720, il suffit de diviser 7 par 72.

2°. Les produits de la forme $b.(2.50+b) = b(2.50+b)$ s'exécutent en doublant le chiffre 5, et écrivant le chiffre b à la droite du produit, et multipliant le tout par 6, ce qui donne 6.106.

On a de même $7(2.30+7)=7.67$.

Ayant égard à ces simplifications, on voit que toutes les opérations et les raisonnemens que nous avons faits se réduisent à la règle suivante :

XIII. Pour extraire la racine du plus grand carré, partagez le nombre en tranches de deux chiffres chacune, en allant de droite à gauche; la dernière tranche pourra ne renfermer qu'un seul chiffre; cherchez la racine du plus grand carré contenu dans la première tranche à gauche; écrivez le chiffre trouvé à la droite du nombre donné, et séparez-le par un trait vertical; tirez un trait horizontal au-dessous du chiffre de la racine; élevez ce chiffre au carré; retranchez ce carré de la tranche employée; à côté du reste, abaissez la tranche suivante, et séparez par une virgule le premier chiffre à droite. Cherchez combien de fois la partie restante contient le double de la racine que vous écrivez au-dessus du trait horizontal; écrivez le chiffre quotient à la droite du premier et à la droite du double de la racine, multipliez ce double ainsi augmenté par le second chiffre de la racine, et retranchez le produit; si la soustraction peut se faire, le chiffre est celui de la racine. Si le produit trouvé est trop grand, on diminue le chiffre trouvé successivement d'une unité, jusqu'à ce que la soustraction puisse avoir lieu. A côté du reste, on abaisse la tranche suivante; on sépare le premier chiffre à droite, et l'on divise la partie restante par le double du nombre déjà trouvé à la racine. On aura ainsi le troisième chiffre de la racine; on continuera de la même manière jusqu'à la fin. S'il n'y a aucun reste, le nombre donné est un carré parfait, et s'il y a un reste, il désigne l'excédant du nombre donné sur le plus grand carré qu'il renferme.

Reprenons les différens exemples et les procédés de la règle indiquée, et faisons implicitement toutes les opérations et les raisonnemens qu'elle prescrit.

Premier exemple.

Extraire la racine carrée de

12,96,72,01	3601
39.6	66
007.2	720
720.1	7201
0000	

Deuxième exemple.

Extraire la racine carrée de 343396.

34,33,96	586
93.3	109
699.6	108
0000	1106

Troisième exemple.

13,11,16,41	3621
41.1	66
151.6	722
724.1	7241
0000	

XIV. Lorsqu'on a trouvé plus de la moitié des chiffres de la racine, on peut se procurer, par une seule division, tous les chiffres restans.

Qu'il s'agisse d'extraire la racine carrée de 13296396I, la racine aura 5 chiffres.

En se conformant à la règle, on aura 115 pour les trois premiers chiffres de la racine, et pour reste correspondant 713961; il faut trouver encore deux chiffres cd; on aura donc

$$713961 = cd\,(2.11500 + cd) + \mathrm{R}$$

d'où $\dfrac{713961}{2.11500} = \dfrac{713961}{23000} = cd + \dfrac{c^2d^2}{23000} + \dfrac{\mathrm{R}}{23000}$

$$= 31\,\frac{961}{23000};\ \text{donc } cd = 31.$$

XV. Le dernier reste est toujours plus petit que le double de la racine augmenté d'une unité. Soit N le nombre donné, m sa racine à moins d'une unité près, et r le reste; on aura $\mathrm{N} = m^2 + r$. Si r était plus grand que $2m + 1$, on aura $r = 2m + 1 + s$; s étant une quantité positive, et par conséquent $\mathrm{N} = m^2 + 2m + 1 + s = (m+1)^2 + s$, la racine de N sera donc $m+1$, et non m, ce qui est contre la supposition.

Exercices sur les racines carrées des nombres entiers.

$$\sqrt{100220121} = 10011$$
$$\sqrt{100120036} = 10006$$
$$\sqrt{99980001} = 9999$$
$$\sqrt{97535376} = 9876$$

Nombres fractionnaires.

XVI. Pour élever un nombre fractionnaire au carré, il faut élever au carré son numérateur, et diviser par le carré du dénominateur; mais pour extraire la racine carrée d'une quantité fractionnaire, il faut extraire la racine carrée du numérateur, et la diviser par la racine carrée du dénominateur.

Exemples.

$$\sqrt{\frac{4}{9}}=\frac{2}{3}\quad \sqrt{\frac{9}{16}}=\frac{3}{4};\quad \sqrt{\frac{5}{6}}=\frac{\sqrt{5}}{\sqrt{6}}$$

XVII. On peut toujours faire que le dénominateur soit un carré parfait; il suffit de multiplier la fraction haut et bas par le dénominateur. Ainsi

$$\sqrt{\frac{5}{6}}=\sqrt{\frac{5.6}{6.6}}=\frac{\sqrt{30}}{6}$$

$$\sqrt{\frac{7}{10}} = \sqrt{\frac{70}{100}} = \frac{\sqrt{70}}{10}$$

Lorsque la fraction est décimale, et que le nombre de figures décimales est pair, le dénominateur est toujours un carré parfait. Ainsi

$$\sqrt{76,5432} = \frac{\sqrt{765432}}{\sqrt{10000}}$$

car l'unité, suivie d'un nombre pair de zéros, est toujours un carré parfait.

Lorsque le nombre des chiffres de la fraction est impair, on ajoute un zéro à la droite. Ainsi

$$\sqrt{76,532} = \sqrt{76,5320} =$$
$$\sqrt{\frac{765320}{10000}} = \frac{\sqrt{765320}}{100}$$

Extraire la racine carrée d'un nombre entier, à moins d'une quantité plus petite qu'une quantité donnée.

XVIII. La méthode pour trouver la valeur approchée des racines repose sur cette proposition : lorsque deux nombres sont entre eux comme $1:m$, leurs carrés sont entre eux comme $1:m^2$. En effet, les deux nombres étant p et mp, leurs carrés seront p^2 et m^2p^2.

L'inverse de cette proposition se démontre de la même manière : lorsque deux carrés sont entre eux comme $1 : m^2$, leurs racines sont comme $1 : m$.

Cela posé, soit p un nombre entier dont la racine est irrationnelle ; on peut trouver cette racine à moins d'une unité près ; si on veut en approcher plus avant de la fraction $\frac{1}{3}$ près, je multiplie p par 9 carré de 3, j'extrais la racine de $9p$ à moins d'une unité près ; soit q cette racine, alors la véritable racine de $9p$ sera comprise entre q et $q+1$; elle sera plus forte que q, et plus faible que $q+1$. Or, d'après le principe énoncé, la racine de p sera comprise entre $\frac{q}{3}$ et $\frac{q}{3}+\frac{1}{3}$; elle sera au-dessus de $\frac{1}{3}$, et au-dessous de $\frac{q}{3}+\frac{1}{3}$; on en aura donc approché à moins d'un tiers. On agirait de même pour toute autre fraction. Ainsi, pour approcher à moins d'un dixième, centième, millième près, on multiplie le nombre donné par 100, 10000, 1000000, etc..... et on cherche la racine du nombre, ainsi multiplié, à moins d'une unité près, et on divise ensuite cette racine par 10, 100, 1000, etc.....

On préfère les approximations décimales à toute autre pour deux raisons. 1°. La multiplication par les puissances de 10 se fait en écrivant un certain nombre de zéros à la droite du multiplicande. 2°. Si, après avoir approché de la racine à moins d'un centième près, par exemple, on voulait pousser l'approximation plus loin, et aller jusqu'aux millièmes, il n'est pas nécessaire de recommencer l'opération ; il suffit d'ajouter deux zéros au dernier reste obtenu, tandis qu'avec des approximations non décimales il faudrait recommencer une nouvelle opération, et on ne pourrait pas se servir du dernier reste. Ces deux avantages proviennent de notre système de numération.

Exercices sur l'extraction des racines carrées des nombres entiers.

$\sqrt{5} = 2{,}23606$

$\sqrt{13} = 3{,}60555$

$\sqrt{22} = 4{,}69041$

$\sqrt{96} = 9{,}79795 = \sqrt{16.6} = 4\sqrt{6}$

$\sqrt{153} = 12{,}36931 = \sqrt{9.17} = 3\sqrt{17}$

$\sqrt{101} = 10{,}04987$

Méthode d'approximation appliquée aux racines des nombres fractionnaires.

XIX. Le dénominateur de la fraction pouvant être rendu un carré parfait (n° XVII), soit la fraction $\frac{a}{b^2}$, où a et b sont des nombres entiers et premiers entre eux, on aura

$$\sqrt{\frac{a}{b^2}} = \frac{\sqrt{a}}{b}$$

Soit q la racine de a à moins d'une unité près, on aura $\frac{q}{b}$, pour la valeur approchée de la fraction à moins de $\frac{1}{b}$ près.

Soit à extraire la racine carrée de $\frac{2}{11}$, on aura

$$\sqrt{\frac{2}{11}} = \sqrt{\frac{22}{11.11}} = \frac{\sqrt{22}}{11}$$

et on aura

$$\sqrt{\frac{22}{11}} = \frac{5}{11} \text{ à moins de } \tfrac{1}{11} \text{ près},$$

$$\sqrt{\frac{20}{11}} = \frac{4,6}{11} \text{ à moins de } \tfrac{1}{110} \text{ près},$$

$$\sqrt{\frac{22}{11}} = \frac{4,69}{11} \text{ à moins de } \frac{1}{1100} \text{ près.}$$

Soit encore à extraire la racine carrée de $7,65 = \frac{765}{100}$, on aura

$$\sqrt{7,65} = \frac{\sqrt{765}}{10}$$

ou

$$\sqrt{7,65} = 2,76586$$

$$\sqrt{7,65} = \frac{27}{10} = 2,7 \text{ à moins de } \frac{1}{10} \text{ près,}$$

$$\sqrt{7,65} = \frac{27,6}{10} = 2,76 \text{ à moins de } \frac{1}{100} \text{ près,}$$

$$\sqrt{7,65} = \frac{27,65}{10} = 2,765 \text{ à moins de } \frac{1}{1000} \text{ près,}$$

et ainsi de suite.

Lorsqu'on opère sur des fractions ordinaires, on facilite le calcul en convertissant d'abord ces fractions en fractions décimales.

Soit à extraire la racine carrée de $\frac{5}{3}$, on a

$$\sqrt{\frac{5}{3}} = \sqrt{1,66666666} = 1,29099.$$

Exercices sur les nombres fractionnaires.

$\sqrt{9,6} = 3,09838$

$\sqrt{15,2379} = 3,90357$

$\sqrt{0,056} = 0,23664$

$\sqrt{0,00789} = 0,08882$

$\sqrt{\frac{256}{361}} = \frac{16}{19}$

$\sqrt{\frac{64}{81}} = \frac{8}{9}$

$\sqrt{11\frac{11}{16}} = 3,41869$

$\sqrt{7\frac{9}{16}} = 2\frac{3}{4}$

$\sqrt{1\frac{11}{25}} = 1\frac{1}{5}$

$\sqrt{\frac{1}{17}} = 0,24253$

$\sqrt{\frac{7}{8}} = 0,93541$

$\sqrt{\frac{7}{4}} = 1,32287.....$

$\sqrt{\frac{14}{9}} = 1,24721....$

$\sqrt{\frac{1}{2}} = 0,7071.....$

$\sqrt{\frac{1}{5}} = 0,44721.....$

NEUVIÈME LEÇON.

EXTRACTION DES RACINES CARRÉES DES QUANTITÉS LITTÉRALES, DES MONOMES, DES POLYNOMES.

Racines imaginaires.

I. On forme le carré d'un monome en élevant au carré chacun des facteurs, et les multipliant entre eux. Donc, pour revenir à la racine carrée d'un monome, il faut extraire la racine carrée de chaque facteur, et multiplier ces racines entre elles.

Ainsi, de ce qu'on a

$(a\ b)^2 = a^2\ b^2$ on a $\sqrt{a^2b^2} = ab$

$(a^3\ b^5)^2 = a^6\ b^{10}$ donc $\sqrt{a^6b^{10}} = a^3b^5$

$(2a^2b^6)^2 = 4a^4b^{12}$ donc $\sqrt{4a^4b^{12}} = 2a^2b^6$

II. Il s'ensuit, de ce qui précède, que, pour extraire la racine carrée d'un monome, il faut extraire la racine carrée du coefficient, et diviser les exposans par 2; car pour élever au carré, on élève au carré les coefficiens, et on double les exposans. Donc, pour que l'extraction soit possible, il faut que les exposans soient des nombres pairs.

III. Le carré d'un monome, soit positif, soit négatif, est toujours positif. Ainsi $+a$, multiplié par $+a$, donne a^2; donc $\sqrt{+a^2} = +a$. Mais $-a$, multiplié par $-a$, donne aussi $+a^2$; donc $\sqrt{+a^2} = -a$.

Ainsi la racine carrée de $+a^2$ a deux valeurs, savoir : $+a$ et $-a$. On écrit ainsi cette double valeur : $\sqrt{+a^2} = \pm a$. (Le double signe $\pm$ doit être pris dans le sens disjonctif.)

Par exemple, $\sqrt{+25} = \pm 5$. Cela veut dire que la racine carrée de 25 est aussi bien $+5$ que -5.

En effet, $+5 \times +5 = 25$
$-5 \times -5 = 25$

IV. La racine carrée d'une quantité négative n'existe pas; car on ne peut assigner aucune quantité qui, multipliée par elle-même, donne un produit négatif.

Ainsi $\sqrt{-25}$ n'existe pas. On a donné à cette sorte de racines le nom de quantités ou de racines imaginaires. Il ne faut pas les confondre avec les racines irrationnelles. Ainsi $\sqrt{+7}$ est irrationnelle; mais on peut en assigner la valeur entre des limites si rapprochées qu'on veut, et on peut même la représenter exactement par des moyens que fournit la géométrie. $\sqrt{-7}$ n'a aucune realité, puisqu'on ne saurait imaginer un nombre sans qu'il soit ou positif ou négatif, et son carré ne peut jamais donner le produit négatif -7.

V. Exemples d'extraction des monomes.

$$\sqrt{9a^4b^2} = \pm 3a^2b$$

$$\sqrt{16a^{2m}b^{2p}} = \pm 4a^mb^p$$

$$\sqrt{9a^4b^6c^{-10}d^{-4}} = 3a^2b^3c^{-5}d^{-2} = \frac{3a^2b^3}{c^5d^2}$$

$$\sqrt{-96a^2b^2} = \text{imaginaire}$$

$$\sqrt{4a^5b^7} = \sqrt{4a^4b^6.ab} = 2a^2b^3\sqrt{ab}$$

$$\sqrt{16a^4b^{13}c^{17}} = \sqrt{16a^4b^{12}c^{16}bc} = 4a^2b^6c^8\sqrt{bc}$$

Extraction des racines polynomes.

VI. Cette méthode d'extraction repose sur les principes de la multiplication de deux polynomes ordonnés (page 32), et qu'il faut relire, pour bien comprendre ce qui suit. Soit donc $Ax^m + Bx^{m-1} + Cx^{m-2}\ldots..$ (1) un polynome ordonné suivant la lettre x, et dont il faille extraire la racine carrée; soit encore

$$A' + B' + C' + D'\ldots.. \text{ etc. } (2)$$

le polynome racine, aussi ordonné suivant la lettre principale x. Il s'agit de trouver successivement tous les termes A', B', C', etc. Le carré du polynome racine sera

$$A'^2+2A'(B'+C'+D'+\quad)+(B'+C'+D'\ldots\ldots)^2$$

$$(3);\ \text{et}\ (3)=(1).$$

Le terme le plus élevé est évidemment A'^2; on aura donc

$$A'^2=Ax^m,\ \text{donc}\ A'=\sqrt{A}x^m$$

Ainsi A' est connu; après A'^2 le terme le plus élevé est 2A'B'; donc on aura

$$2A'B'=Bx^{m-1},\ \text{d'où}\ B'=\frac{Bx^{m-1}}{2A'}$$

Ainsi B' est aussi connu. Retranchant du polynome (1) la quantité connue

$$A'^2+2A'B'+B'^2=(A'+B')^2$$

et désignant le premier terme du reste par T, on aura $C'=\dfrac{Tx^{m-1}}{2A'}$

ainsi C' sera connu. Retranchant du polynome (1) l'expression $(A'+B'+C')^2$, et désignant le premier terme du reste par T', on aura

$$D'=\frac{T'}{2A'},\ \text{et ainsi de suite.}$$

Soit, par exemple, à extraire la racine carrée du polynome

$$4x^4+8ax^3+4a^2x^2+16b^2x^2+16ab^2x+16b^4 \ (1)$$

on aura $\quad A'=\sqrt{4x^4}=2x^2$

$$B'=\frac{8ax^3}{2A'}=\frac{8ax^3}{ax^2}=2ax$$

$$(A'+B')=4x^4+8ax^3+4a^2x^2$$

Retranchant de (1), il reste

$$16b^2x^2+, \text{ etc.}$$

d'où $\quad C'=\dfrac{16b^2x^2}{2A'}=\dfrac{16b^2x^2}{4x^2}=4b^2$

d'où $(A'+B'+C')^2=(2x^2+2ax+4b^2)^2=4x^4+8ax^3+4a^2x^2+16b^2x^2+16ab^2x+16b^4$;

retranchant de (1), il ne reste rien;

donc $\quad \sqrt{(1)}=2x^2+2ax+4b^2$,

ou bien $\sqrt{(1)}=-2x^2-2ax-4b^2$.

VII. *Exemples.*

1°. $\sqrt{a^2+2ab+b^2}=a+b$;

2°. $\sqrt{a^2+2ab+b^2}=a-b$;

3°. $\sqrt{x^2+\frac{b}{a}x+\frac{b^2}{4a^2}}=x+\frac{b}{2a}$,

$$\sqrt{x^2 + \frac{b}{a}x + \frac{b^2}{4a^2}} = x - \frac{b}{2a};$$

Ces deux derniers exemples sont très importans pour la résolution des équations du second degré.

4°. $\sqrt{x^2 + 2x + 1} = x + 1;$

5°. $\sqrt{f^6 + 6f^3x^4 + 9x^8} = f^3 + 3x^4;$

6°. $\sqrt{\frac{9a^8}{4} + 2a^4n^3 + \frac{4}{9}n^6} = \frac{3a^4}{2} + \frac{2}{3}n^3;$

7°. $\sqrt{\frac{a^2}{b^2} - \frac{4a}{3c} + \frac{4b^2}{9c^2}} = \frac{a}{b} + \frac{2b}{3c};$

8°. $\sqrt{a^2 + 2ab + 2ac + b^2 + 2bc + c^2} = a + b + c;$

9°. $\sqrt{a^{2m} + 2a^m x^n + x^{2n}} = a^m x^n;$

10°. $\sqrt{a^{2m} - 4a^{m+n} + 4a^{2n}} = a^m - 2a^n;$

11°. $$\sqrt{\frac{4}{9}a^2x^4 - \frac{4}{3}abx^3z + \frac{8}{3}a^2bx^2z^2 + b^2x^2z^2 + 4ab^2xz^3 + 4a^2b^2z^4}$$

$$= \frac{2}{3}ax^2 - bxz + 2abz^2;$$

12°. $$\sqrt{a^{2m}x^{2n} + 10ca^{2m-2}x^{2n+1} - 6a^{m+1}x^{n-1} + 25c^2a^{2m-4}x^{2n+2} - 30ca^{m-1}x^n + \frac{9a^2}{x^2}}$$

$$= a^mx^n + 5ca^{m-2}x^{n-1} + \frac{3a}{x};$$

DIXIÈME LEÇON.

RÉSOLUTION DES ÉQUATIONS DU SECOND DEGRÉ.

I. Toute équation du second degré peut se ramener à la forme suivante :

$$ax^2 + bx = c \quad (1),$$

où a, b, c, sont des quantités connues, et où x est la quantité cherchée.

En effet, on peut rassembler dans un membre tous les termes affectés de x, et dans l'autre membre toutes les quantités connues. Désignant ensuite la somme des coefficiens de x^2 par la lettre a, et la somme des coefficiens de x par b, la somme des quantités connues par c, l'équation prendra la forme (1).

Soit l'équation

$$4x^2 - 9x = 5x^2 - 255 - 5x,$$

on en tire

$$4x^2 - 5x^2 - 9x + 5x = -255$$
$$+x^2 + 4x = 255;$$

où

$$a = 1$$
$$b = 4$$
$$c = 255.$$

Soit encore

$$mnx^2 + 3m^2 x = \frac{6m^2 + mn}{d^2} - \frac{m^2 x}{n}$$

chassant les dénominateurs

$$mn^2 c^2 x^2 + 3m^2 d^2 x = 6m^2 n + mn^2 - m^2 d^2 x$$
$$mn^2 c^2 x^2 + x(3m^2 d^2 + m^2 d^2) 26m^2 n + mn^2$$
$$mn^2 c^2 x^2 + 4m^2 d^2 x = 6m^2 n + mn^2,$$

où
$$a = mn^2 c^2$$
$$b = 4m^2 d^2$$
$$c = 6m^2 n + mn^2.$$

II. On peut toujours supposer que le coefficient de x^2 est positif; s'il ne l'était pas, on le rendrait tel en changeant les signes de tous les termes de l'équation.

Soit l'équation

$$-3x^2 + 5x = 7,$$

on en tire

$$3x^2 - 5x = -7,$$

où le coefficient de x^2 est positif.

III. On peut encore supposer que le coefficient a de x^2 est égal à 1; s'il ne l'était pas, on diviserait tous les termes de l'équation par ce coefficient; ainsi de l'équation

$$ax^2 + bx + c = 0,$$

où le coefficient de x^2 est a; on tire

$$x^2 + \frac{b}{a}x = \frac{-c}{a},$$

où le coefficient de x^2 est l'unité.

IV. La résolution de l'équation générale du second degré

$$x^2 + \frac{b}{a}x = \frac{-c}{a}, \quad (1)$$

est fondée sur ces trois propositions :

1°. Le trinome $x^2 + \frac{b}{a}x + \frac{b^2}{4a^2}$ est le carré du binome $x + \frac{b}{2a}$. (*Voy.* n° VII, *exemple* 3ᵉ.)

2°. On n'altère pas l'égalité de deux grandeurs en les augmentant de la même quantité.

3°. Les racines carrées de deux quantités égales sont égales.

Cela posé, ajoutons aux deux membres de l'équation (1) la quantité $\frac{b^2}{4a^2}$, qui est le carré de $\frac{b}{2a}$, moitié du coefficient de x, on aura

$$x^2 + \frac{b}{a}x + \frac{b^2}{4a^2} = \frac{-c}{a} + \frac{b^2}{4a^2},$$

d'où, en vertu de la troisième proposition,

$$\sqrt{x^2 + \frac{b}{a}x + \frac{b^2}{4a^2}} = \sqrt{\frac{-c}{a} + \frac{b^2}{4a^2}},$$

d'où, en vertu de la première proposition,

$$x+\frac{b}{2a}=\pm\sqrt{\frac{-c}{a}+\frac{b^2}{4a^2}}\text{ ; d'où } x=$$

$$-\frac{b}{2a}\pm\sqrt{\frac{4ac+b^2}{4a^2}}=\frac{-b\pm\sqrt{b^2+4ac}}{2a}$$

ainsi x a deux valeurs : savoir,

$$x=\frac{-b}{2a}+\sqrt{\frac{-c}{a}+\frac{b^2}{4a^2}}$$

et $$x=-\frac{b}{2a}-\sqrt{\frac{-c}{a}+\frac{b^2}{4a^2}}$$

Substituant successivement chacune de ces valeurs dans l'équation, elles la vérifient.

En effet, on a, en prenant la première valeur,

$$ax^2=a\left(\frac{-b}{2a}+\sqrt{\frac{-c}{a}+\frac{b^2}{4a^2}}\right)^2=$$

$$a\left(\frac{b^2}{4a^2}-\frac{2b}{2a}\sqrt{\frac{-c}{a}+\frac{b^2}{4a^2}}+\frac{-c}{a}+\frac{b^2}{4a^2}\right)$$

$$ax^2=a\left(\frac{b^2}{2a^2}-\frac{c}{a}-\frac{b}{a}\sqrt{\frac{c}{a}+\frac{b^2}{4a^2}}\right)=$$

$$\frac{b^2}{2a}-c-b\sqrt{\frac{-c}{a}+\frac{b^2}{4a^2}}$$

$$bx = b\left(\frac{-b}{2a} + \sqrt{\frac{-c}{a} + \frac{b^2}{4a^2}}\right) =$$

$$\frac{-b^2}{2a} + b\sqrt{\frac{-c}{a} + \frac{b^2}{4a^2}}$$

d'où $$ax^2 + bx + c = 0.$$

On parviendra au même résultat en mettant la seconde valeur de x.

Soit $x^2 + 6x = 27$: on en déduit

$$x^2 + 6x + \left(\frac{6}{2}\right)^2 = x^2 + 6x + 9 = 27 + 9 = 36,$$

d'où $$x + 3 = \pm 6$$

$$x = -3 \pm 6$$

$$x = 3$$

$$x = -9.$$

En effet, $$3^2 + 6.3 = 27$$

$$(-9)^2 + 6. -9 = 27.$$

V. Si $\frac{b}{a}$ est négatif, le trinome carré devient

$$x^2 - \frac{b}{a}x + \frac{b^2}{4a^2},$$

donc la racine est $x - \frac{b}{2a}$, et on aura

$$x = \frac{b}{2a} \pm \sqrt{\frac{-c}{a} + \frac{b^2}{4a^2}}.$$

Soit l'équation

$$x^2 - 6x = 27,$$

d'où on tire

$$x^2 - 6x + 9 = 27 + 9 = 36;$$

d'où

$$x - 3 = \pm 6$$
$$x = 3 \pm 6$$
$$x = 9$$
$$x = -3.$$

VI. En résumant ce qui précède, on en conclut la règle suivante : Pour résoudre une équation du second degré, faites disparaître les dénominateurs, s'il y en a ; réunissez dans le premier membre tous les termes affectés de l'inconnue, et dans le second membre tous les termes connus ; faites la réduction ; mettez sous forme de produit les termes en x^2, prenant x^2 pour facteur, et tous les termes en x, prenant x pour facteur ; divisez toute l'équation par le coefficient de x^2. Si x^2 n'est pas positif, rendèz-le tel en changeant les termes de l'équation, laquelle étant ainsi préparée, on aura la valeur de l'inconnue égale à la moitié du coefficient de x pris avec des signes contraires, plus ou moins la racine carrée de la quantité connue augmentée du carré de la moitié du coefficient de x.

VII. Application de la règle.

1°.
$$x^2 - 7x + \frac{13}{4} = 0$$

$$x^2 - 7x = -\frac{13}{4}$$

$$x^2 - 7x + \frac{49}{4} = \frac{49}{4} - \frac{13}{4} = \frac{36}{4} = 9$$

$$x - \frac{7}{2} = \pm 3$$

$$x = \frac{7 \pm 6}{2}$$

$$x = 6\frac{1}{2}$$

$$x = \frac{1}{2}$$

2°.
$$x^2 - 5\frac{3}{4}x = 18$$

$$x^2 - \frac{23}{4}x = 18$$

$$x^2 - \frac{23}{4}x + \frac{529}{64} = 18 + \frac{529}{64} = \frac{1681}{64}$$

$$x = \frac{23 \pm 41}{8}$$

$$x = 8$$

$$x = -\frac{9}{4}$$

3°. $3x^2 - 2x = 65$

$$x^2 - \frac{2}{3}x = \frac{65}{3}$$

$$x = \frac{1}{3} \pm \sqrt[2]{\frac{1}{9} + \frac{65}{3}} = \frac{1}{3} \pm \frac{1}{3}\sqrt{196} = \frac{1}{3} \pm \frac{14}{3}$$

$$x = 5$$

$$x = -\frac{13}{3}$$

$$x = 5$$

$$x = \frac{-13}{3}$$

4°. $3x^2 + x = 7$

$x = \frac{-1 \pm \sqrt{85}}{6}$ racines irrationnelles.

5°. $6x - 30 = 3x^2$

$x = 1 \pm \sqrt{-9}$ racines imaginaires.

6°. $118x - 2\frac{1}{2}x^2 = 20$

$x = 47,0298$
$x = 0,1701$ } racines approchées.

7°. $\frac{40}{x-5} + \frac{27}{x} = 13$ { Il faut chasser les dénominateurs.

$x = 0;\ x = \frac{15}{13}$

$$\frac{18+x}{6(3-x)}=\frac{20x+9}{19-7x}=\frac{65}{4(3-x)}$$

$$x=7\frac{22}{113};\ x=2\frac{1}{3}$$

8°. $$abx^2+\frac{3a^2x}{c}=\frac{ba^2+ab-2b^2}{c^2}-\frac{b^2x}{c}$$

$$x=\frac{2a-b}{ac};\ x=-\frac{3a+2b}{bc}$$

9°. $$\frac{2c^2}{d^2}+\frac{ac}{d}-(a-b)(2c+ad)\frac{x}{d}=$$

$$(a+b)\frac{cx}{d}-(a^2-b^2)x^2$$

10°. $$ax^2+b^2+c^2=a^2+2bc+2(b-c)x\sqrt{a}$$

$$x=\frac{b-c+a}{\sqrt{a}};\ x=\frac{b-c-a}{\sqrt{a}}$$

Discussion des racines de l'équation du second degré.

VII. Nous avons vu que toute équation du second degré a toujours deux racines; le tablau suivant représente les diverses natures de ces racines.

Racines { réelles..... { inégales, { de mêmes sign. / de sig. différens. ; égales, } ; imaginaires, }

Or, on peut reconnaître, sans résoudre l'équation, à laquelle de ces catégories appartiennent les racines. En effet, soit l'équation

$$ax^2+bx+c=0$$

Les deux racines sont

$$x=\frac{b+\sqrt{b^2-4ac}}{2a}=x'$$

$$x=\frac{-b-\sqrt{b^2-4ac}}{2a}=x''$$

Il y a trois cas à distinguer où b^2-4ac est positif, nul, négatif.

Premier cas. b^2-4ac est positif; alors les deux racines sont réelles et évidemment inégales, a étant toujours positif. Si c est aussi positif, alors le radical $\sqrt{b^2-4ac}$ est plus petit que b, et les deux racines ont le même signe que $-b$. Si c est négatif, le radical devient $\sqrt{b^2+4ac}$, et par conséquent plus grand que b; alors la première racine est positive, et la seconde est négative. Par conséquent, lorsque c est négatif, les racines sont toujours réelles.

Deuxième cas. $b^2-4ac=0$; alors les deux racines sont toutes égales à $\frac{-b}{2}$.

Troisième cas. b^2-4ac négatives; ces deux racines sont imaginaires. Si donc, sans résoudre l'équation, on veut connaître la nature de ces racines, il faut chercher la valeur de b^2-4ac; si cette valeur est négative, les deux racines sont imaginaires; si cette valeur est nulle, les deux racines sont égales, et d'un signe opposé à celui de b; si cette valeur est négative, les deux racines sont réelles et inégales, et répondent aux quatre formes que peut avoir l'équation relativement aux signes de ses termes.

$ax^2+bx+c=0$, deux racines négatives;
$ax^2+bx-c=0$, de signes différens;
$ax^2-bx+c=0$, positives;
$ax^2-bx-c=0$, deux racines de sign. différens.

VIII. Lorsque deux termes consécutifs dans une équation ordonnée ont le même signe, on dit qu'il y a permanence de signes; et lorsque les signes sont différens, il y a variation : ces deux expressions étant comprises, et ayant égard aux résultats qu'on vient d'obtenir, on en conclut la règle suivante :

Lorsque dans l'équation du second degré de la forme $ax^2+bx+c=0$, b^2-4ac est positive; alors à chaque permanence de signes répond une racine négative, et à chaque variation de signe une racine positive.

Soit l'équation $x^2 - 6x = 27$, je la ramène à la forme normale $x^2 - 6x - 27 = 0$.

Nous avons $a = 1$

$b = -6$

$c = -27$

ainsi $b^2 - 4ac = 36 + 4.27 =$ positive.

Il y a une variation et une permanence; donc il y a une racine positive et une racine négative.

$$x^2 + 6x - 27 = 0$$

$a = 1$

$b = 6$

$c = 27$

$b^2 - 4ac$ positive.

Il y a une permanence et une variation; ainsi il y a une racine négative et une positive.

$$x^2 + 6x - 27 = 0$$

$a = 1$

$b = 6$

$c = -27$

$b^2 - 4ac$ négatif.

Les deux racines sont imaginaires.

IX. L'on a $x + \frac{b}{2a} = \frac{1}{20}\sqrt{b^2 - 4ac}$

Élevant les deux membres au carré,

$$\left(x+\frac{b}{2}\right)^2=b^2-4ac$$

d'où $\left(x+\frac{b}{2a}\right)^2-\left(\frac{b^2-4ac}{4a^2}\right)=0$ (A)

En développant cette question, on retombe, comme on doit s'y attendre, sur l'équation normale; (1) or $\left(x+\frac{b}{2}\right)^2$ est une quantité essentiellement positive. Si donc b^2-4ac est négatif, alors b^2-4ac sera positif, et par conséquent le premier membre de l'équation se compose de deux quantités positives. Il est donc impossible que leur somme soit nulle; alors aussi les deux racines sont imaginaires, parce qu'il est impossible de satisfaire à l'équation.

X. L'équation A peut prendre cette forme :

$$\left(x+\frac{b}{2a}\right)^2-\left(\sqrt{\frac{b^2-4ac}{2a}}\right)^2=$$

$$\left(a+\frac{b}{2a}-\frac{\sqrt{b^2-4ac}}{2a}\right)=(x-x')\ (x-x'')=$$

$$x^2-(x'+x'')\,x+x'x''=0$$

x' et x'' représentent les deux racines.

Comparant le dernier produit avec l'équation normale, on aura

$$-(x' + x'') = \frac{b}{a}$$

$$x' + x'' = \frac{c}{a}$$

Ainsi, 1°. la somme des racines prises négativement est égale au coefficient de x divisé par celui de x^2.

2°. Le produit des racines est égal au terme tout connu divisé par le coefficient x^2.

Il est aisé de vérifier cette propriété sur les équations résolues ci-dessus.

XI. Il suit, de ce qui précède, que la résolution de l'équation du second degré peut servir à décomposer le trinome du second degré $ax^2 + bx + c$ en deux facteurs simples. A cet effet, il suffit de chercher les deux racines x' et x'' de l'équation

$$x^2 + \frac{b}{a}x + ca = 0$$

et l'on en conclut

$$ax^2 + bx + c = a\left(\frac{x^2}{} + \frac{b}{a}\right)x + \frac{b}{a} =$$

$$a(a - x')(x - x'')$$

Soit donné le trinome

$$3x^2 - 2x - 65 = 3\left(x^2 - \frac{2}{3}x - \frac{65}{3}\right)$$

on fera $$x^2 - \frac{2}{3}x - \frac{65}{3} = 0$$

d'où $$x = 5 = x'$$

$$x = \frac{13}{3} = x''$$

et $$3x^2 - 2x - 65 = 3(x - 5)\left(x + \frac{13}{3}\right)$$

XII. Lorsque $b^2 - 4ac = 0$, l'équation (A) se réduit à la forme

$$\left(x + \frac{b}{2}\right)^2 = 0$$

Alors l'équation normale est un carré parfait multiplié par le coefficient de x^2.

Soit l'équation $5x^2 + 6x + \frac{9}{5} = 0$,

$$a = 5$$
$$b = 6$$
$$c = \frac{9}{5}$$

d'où $$b^2 - 4ac = 0$$

$$5x^2 + 6x + \frac{9}{5} = 5\left(x^2 + \frac{6}{5}x + \frac{9}{28}\right) = 5\left(x + \frac{3}{2}\right)^2$$

XIII. Lorsqu'on a $c = 0$, l'équation normale prend la forme

$$ax^2 + bx = 0$$

et l'on a $\quad x' = 0$

$$x'' = \frac{-b}{a}$$

$$ax^2 + bx = ax\left(x + \frac{b}{a}\right)$$

XIV. Lorsque $b = 0$, l'équation devient

$ax^2 + c = 0$, équation à deux termes;

d'où $\quad x' = +\sqrt{\frac{-c}{a}}$

$$x'' = -\sqrt{\frac{-c}{a}}$$

et

$$ax^2 + c = a\left(x + \sqrt{\frac{-c}{a}}\right)\left(x - \sqrt{-\frac{c}{a}}\right)$$

XV. Lorsqu'on a

$$b = 0$$
$$c = 0$$

l'équation se réduit à la forme

$$ax^2 = 0$$

d'où $\quad x' = 0$

$$x'' = 0$$

XVI. De l'équation

$$x'x'' = \frac{c}{a}$$

l'on tire $x' = \frac{c}{ax''} = \frac{2c}{-b-\sqrt{b^2-4ac}}$

$$x'' = \frac{c}{ax'} = \frac{2c}{-b+\sqrt{b^2-4ac}}$$

Lorsqu'on fait $a = 0$, on a

$$x' = \frac{2c}{-b+b} = \frac{2c}{0} = \ldots\ldots \text{ infini};$$

$$x'' = \frac{2c}{-3b} = -\frac{c}{b}$$

Ainsi plus le coefficient de x^2 devient petit, et plus la racine x' augmente, et plus la racine x'' approche de son égalité avec $\frac{c}{b}$.

Ces diverses propositions seront très utiles dans l'application de l'algèbre à la géométrie.

XVII. Questions dont la solution exige la résolution d'une équation du second degré.

Les principes pour mettre les questions en équations sont les mêmes que ceux que nous avons donnés pour les équations du premier degré.

Première question. Trouver un nombre dont

la moitié, multipliée par le tiers, donne 864 pour produit.

Réponse. $\frac{\frac{x}{7} \times \frac{x}{8}}{3} = 298 \frac{2}{3}$, d'où $x = 224$.

Deuxième question. Construire un triangle rectangle ayant pour hypothénuse la racine carrée 324900, et dont les deux côtés soient entre eux comme 3 : 4.

Réponse. Les deux côtés de l'angle droit sont 342, 456.

Troisième question. Un capital est placé à 4 pour 100 d'intérêts par an : en multipliant le capital par l'intérêt que produit le capital en cinq mois, on a pour produit 117041 $\frac{2}{3}$. Quel est ce capital ?

Réponse. 2650 francs.

Quatrième question. Quelqu'un a pensé un nombre; si on multiplie ce nombre par $\frac{7}{3}$, et qu'on ajoute 7 au produit; qu'on multiplie cette somme par huit fois le nombre pensé; qu'on divise le produit par 14, et soustraie du quotient quatre fois le nombre pensé, on obtient 2352. Quel est le nombre pensé ?

Réponse. 42.

Cinquième question. Quelqu'un, interrogé sur son âge, répond : ma mère avait 20 ans lorsque je suis venu au monde ; le produit de nos âges, exprimé en années, surpasse leur somme de 2,500. Quel âge avait-il ?

Réponse. 42 ans.

Sixième question. Quelqu'un achète un certain nombre de mètres de drap pour 60 francs. Si on lui avait donné pour la même somme trois mètres de plus, chaque mètre lui aurait coûté 1 franc de moins. Combien a-t-il acheté de mètres de drap ? $x = 12$.

Septième question. Deux marchands vendent du drap à des prix différens ; le premier débite trois mètres de moins que le second, et ils vendent ensemble pour 35 écus. Le premier dit au second : si j'avais vendu votre drap à mon prix, j'en aurais tiré 24 écus ; le second répond : si j'avais vendu votre drap à mon prix, je n'en aurais tiré que 12 écus $\frac{1}{2}$. Combien chaque marchand a-t-il débité de mètres de drap ?

Soit x le nombre de mètres vendu par le premier, alors $x + 3$ sera le nombre de mètres vendu par le second ; d'où

$$\frac{24}{x+3}x + \frac{25}{2x}(x+3) = 35\text{, d'où } x = 10 \pm 5.$$

Huitième question. Deux personnes mettent ensemble 2000 écus dans une entreprise commerciale. La première personne laisse ses fonds pendant 17 mois, et retire 1700 écus du capital et intérêts ; la seconde retire 1040 écus : combien chaque personne a-t-elle déposé d'écus ?

Réponse. La première 1200, la seconde 800.

Neuvième question. Trouver deux nombres dont la somme soit 5, et dont la somme des carrés fasse 12.

Soit x un de ces nombres, et $5-x$ le second, on aura

$$x^2+(5-x)^2=12,$$

d'où

$$x=\frac{5}{2}\pm\frac{1}{2}\sqrt{-1}\ldots\ldots$$

deux racines imaginaires.

L'équation peut se mettre sous la forme

$$\left(x+\frac{5}{2}\right)^2+\frac{1}{4}=0$$

(*Voyez* n° IX.)

ONZIÈME LEÇON.

ÉQUATIONS A DEUX TERMES; NOTATION DES RADICAUX; EXTRACTION DES RACINES DE TOUS LES DEGRÉS DES QUANTITÉS NUMÉRIQUES ET LITTÉRALES.

I. La résolution d'une équation à deux termes peut être ramenée à celle de l'équation $x^m = p$, m étant un nombre entier positif, et p une quantité quelconque.

En effet, soit l'équation à deux termes

$$Ax^r + Bx^s = o, \text{ dans laquelle } r > s.$$

Le premier membre étant mis sous forme de produit, l'équation devient

$$x^s(Ax^{r-s} + B) = o$$

On peut y satisfaire en posant $x^s = o$, d'où l'on tire $x = o$; ensuite en posant

$$Ax^{r-s} + B = o$$

d'où l'on tire $\qquad x^{r-s} = -\frac{B}{a}$

Faisant $\qquad r - s = m$

$$\frac{-B}{A} = p$$

on obtient l'équation $x^m = p$

II. Résoudre l'équation $x^m = p$, c'est trouver une quantité qui, étant prise m fois comme facteur, donne un produit égal à p. On donne à cette quantité cherchée le nom de racine, en y ajoutant le quantième qui marque combien de fois la racine est facteur; ainsi la racine deuxième ou carrée répond à $m = 2$, et désigne une quantité qui doit être prise deux fois comme facteur; la racine troisième ou cubique répond à $m = 3$, et désigne une quantité qui doit être prise trois fois comme facteur. On dit de même racine quatrième, cinquième, etc.....

III. Le symbole $\sqrt{}$, qu'on a adopté pour la racine carrée (p. 277), sert également pour toutes les racines; on les distingue les unes des autres en écrivant dans l'ouverture du signe le quantième de la racine. Ainsi, par exêmple,

$\sqrt[3]{}$ désigne la racine troisième,
$\sqrt[4]{}$ la quatrième,
$\sqrt[5]{}$ la cinquième.

Les nombres 3, 4, 5, se nomment alors les exposans de la racine ou les indices du radical. Nous verrons plus bas la raison de cette dénomination.

Il n'est pas d'usage d'écrire $\sqrt[2]{}$ pour désigner

la racine carrée, on supprime ordinairement l'exposant 2.

IV. Reprenons l'équation $x^m = p$; on en tire, d'après le symbole adopté, $x = \sqrt[m]{p}$; $\sqrt[m]{\ }$ désigne ainsi les opérations qu'il faut faire pour trouver $\sqrt[m]{p}$. Nous supposons d'abord que p est une quantité purement numérique et un nombre entier.

V. La racine d'un degré quelconque d'un nombre entier est toujours un nombre entier; la démonstration de cette proposition que nous avons donnée pour la racine carrée s'applique à une racine quelconque (p. 277).

VI. On conclut de cette proposition qu'il existe des racines irrationnelles de tous les degrés : ainsi $\sqrt{8}$ est une irrationnelle du second degré; $\sqrt[3]{4}$ est une irrationnelle du troisième degré; $\sqrt[4]{64}$ est une irrationnelle du quatrième degré, et ainsi des autres.

VII. L'extraction des racines en général est fondée sur ce que tout nombre peut être considéré comme un binome composé de dixaines et d'unités.

A l'aide de cette propriété on trouvera successivement tous les chiffres de la racine, en raisonnant de la même manière que lorsqu'il s'agissait de la racine carrée (p. 279). Nous allons faire encore une seconde application à la racine cubique. Il sera ensuite aisé d'étendre cette méthode à une racine quelconque.

VIII. Le cube de 9 étant 729, et celui de 10 étant 1000, il s'ensuit qu'un nombre composé de trois chiffres ou moins, a pour racine cubique un nombre renfermé entre 1 et 9.

IX. On a $(a+b)^3 = a^3 + 3a^2b + 3ab^2 + b^3$
Ainsi tout cube d'un nombre renferme, 1°. le cube des dixaines; 2°. trois fois le carré des dixaines par les unités; 3°. trois fois les dixaines par le carré des unités; 4°. le cube des unités.

Exemple, $127 = 120 + 7$

et

$$\begin{aligned}(120+7)^3 = 120^3 &= 1728000\\ +3.120^2.7 &= 302400\\ +3.120.7^2 &= 17640\\ 7^3 &= 343\\ \hline \text{Somme}\ldots\ldots &= 2048383\end{aligned}$$

Faisant le cube directement, on trouvera le même résultat.

X. Le cube d'un nombre est donc un quadrinome dont le premier terme est un multiple de 1000, et commence à droite par trois zéros;

le second est un multiple de 100, et commence à droite par deux zéros. Il n'est pas nécessaire de considérer les deux autres termes, ainsi qu'on va le voir.

XI. Soit donc proposé le nombre 5258946419 dont il s'agisse d'extraire la racine cubique; ce nombre a dix chiffres, sa racine doit en avoir quatre : car le cube de 10,000 renferme treize chiffres, par conséquent la racine cherchée est au-dessous de 10,000. Le cube de 1000 renferme dix chiffres dont la racine a quatre chiffres représentés par *a, b, c, d; a* figure les mille, *b* les centaines, etc.....; et représentant, pour abréger, le nombre par N, on aura

$$N = (a,b,c,d)^3 + R \quad (1)$$

R est l'excédant du nombre donné sur le plus grand cube qu'il contient. S'il est un cube parfait, alors $R = 0$. Développant l'équation (1), on aura

$$N = (abc0 + d)^3 + R = (abc)^3 000 + 3(abc)^2 00 + \ldots\ldots + R$$

Le premier terme du développement, renfermant trois zéros, ne peut être contenu dans les trois premiers chiffres à droite de N. Il suffit donc de chercher le cube de *abc* dans ce qui reste de N, en ôtant la tranche 419 : désignons ce reste par N′, nous aurons donc

$$N'=(abc)^3+R'=(ab0+c)^3+R'=(ab)^3\times 1000+3(ab)^2 100\times c,\ \text{etc.}\ldots\ldots+R'\ (2)$$

et de même

$$N''=(ab)^3+R''=(a0+b)^3+R''=a^3000+3a^200\times b+,\ \text{etc.}\ldots\ldots+R''\ (3)$$

$$N'''=a^3+R'''\ (4)$$

N″ désigne ce qui reste de N′ quand on a ôté la tranche 946 ; N‴ désigne ce qui reste de N″ quand on a ôté la tranche 258.

L'équation (4) donne donc

$$5=a^3+R'''$$

donc $a=1$, et $R'''=4$

Substituant dans l'équation (3), on obtient

$$5258=(10)^3+3.10^2b+3.10b+b^3+R''$$

d'où $4258=3.10^2b+3.10b^2+b^3+R''=$
$$b(3.10^2+3.10b+b^2)+R''$$

et
$$b=\frac{4258-R''}{3.10^2+3.10b+b^2}$$

Ainsi b est plus petit que $\frac{4258}{3.10^2}$ (p. 283)

plus petit que $\frac{42}{3}=14$ (p. 287, XII.)

Comme b est un chiffre, nous devons essayer

depuis 9, en descendant vers 1 ; on trouve que

$$\left.\begin{array}{l}19^3 \text{ donne } 6859 \text{ plus grand que} \\ 18^3 \text{ donne } 5832 \text{ plus grand que}\end{array}\right\} 5258$$

tandis que 17^3 donne 4913 plus petit que 5258 ; donc $b=7$; donc

$$R''=N''-(ab)^3=5258-4913=345$$

Substituant ab ou 17 dans l'équation (2), on trouve

$$5258946=(17)^3000+3.(17)^2\times 100c+c^2+R'$$
$$345946=3.17^2 100c+c^2+R'$$

d'où l'on conclut que c doit être plus petit que

$$\frac{345946}{3.17^2.100}$$

ou plus petit que $\frac{3459}{3.17^2}=4+\ldots\ldots$

En prenant

$c=4$, on trouve que le cube de 174 surpasse N'
$c=3$, on trouve que le cube de $173=5177717$
donc $c=3$, et $R'=N'-(173)^3=81224$

Substituant la valeur de abc dans l'équation (1), on obtient

$$5258946419=(1730+d)^3+R'$$

d'où l'on tire

$$81224419=3.1730^2d+3.1730d^2+R$$

d'où l'on conclut que d doit être au-dessous de

$$\frac{812244}{3.173^2} = 9 + \ldots\ldots$$

Essayant $d = 9$, on trouve que le cube de 1739 est égal au nombre donné; donc $R = 0$, et N est un cube parfait dont la racine est 1739.

XII. Les raisonnemens précédens se trouvent résumés dans la règle suivante :

1°. Pour extraire la racine cubique d'un nombre, disposez l'opération comme s'il s'agissait d'une division : le nombre donné est à la place du dividende, et la racine cherchée à la place du diviseur.

2°. Si le nombre donné a trois chiffres ou moins, sa racine n'a qu'un chiffre, que l'on cherchera par tâtonnement en descendant de 9 vers l'unité.

3°. Si le nombre a plus de trois chiffres, partagez-le, à partir de la droite, en tranches de trois chiffres chacune; la dernière tranche à gauche pourra ne contenir qu'un ou deux chiffres.

4°. Cherchez la racine du plus grand cube contenu dans la première tranche à gauche, et écrivez-la à sa place; ce sera le premier chiffre de la racine.

5°. Élevez au cube ce chiffre, et retranchez le cube de la première tranche à gauche.

6°. Après avoir abaissé, à côté du reste, le premier chiffre à gauche de la deuxième tranche, considérez le tout comme un dividende, et cherchez combien de fois il contient trois fois le carré du premier chiffre de la racine.

7°. Écrivez la partie entière du quotient à la droite du premier chiffre de la racine, élevez le tout au cube; si ce cube surpasse les deux premières tranches, le quotient trouvé est trop fort; diminuez-le successivement d'une unité, jusqu'à ce que le cube soit égal ou au-dessous des deux tranches employées.

8°. Après avoir retranché ce cube, abaissez à la droite du reste le premier chiffre à gauche de la troisième tranche; divisez le résultat par trois fois le carré de la racine; écrivez le quotient à côté des deux chiffres déjà trouvés, et vous continuez jusqu'à la dernière tranche à droite. S'il y a un reste, il est l'excédant du nombre donné sur le plus grand cube qu'il contient, et la racine trouvée est approchée à moins d'une unité près; s'il n'y a pas de reste, le nombre donné est un cube parfait.

XIII. Nous allons reprendre le nombre déjà

employé pour en extraire la racine cubique, en y appliquant la règle énoncée. Voici le type de l'opération :

$$\begin{array}{l|l} 5,258,946,419 & 1739 \\ 1 & \\ \hline 42 & \\ 4913 & \\ \hline \ldots\ldots\ldots\ldots & \\ 5177717 & \\ \hline \ldots\ldots\ldots\ldots & \\ 5258946419 & \\ \hline 0 & \end{array}$$

$$42 \left| \frac{3}{14} \right.$$

$$\left.\begin{array}{l} 19^3 = 6859 \text{ plus grand que} \\ 18^3 = 5832 \quad \textit{idem} \\ 17^3 = 4913 \text{ plus petit que} \end{array}\right\} 5258$$

$$17^2 = 289$$

$$3 \times 17^2 = 867$$

$$\frac{3459}{867} = 3 + \ldots\ldots$$

$174^3 = 5268024$ plus grand que 5258946

$173^3 = 5177717$ plus petit que 5258946

$173^2 = 29929$

$3.173^3 = 89787$

$\frac{812314}{89787} = 9 + \ldots\ldots$

$(1739)^3 = 5258946419$

XIV. Lorsqu'on a la racine cubique à moins d'une unité près, désignons cette racine par A, le dernier reste par R, on aura toujours R plus petit que $3A^2 + 3A + 1$; car supposons

$$R = 3A^2 + 3A + 1 + S$$

S étant un nombre positif, le cube donné sera égal à

$$A^3 + R = A^3 + 3A^2 + 3A + 1 + S = (A+1)^3 + S$$

La racine cubique approchée est donc $A+1$, et non pas A; donc, etc.

XV. Il est facile de généraliser cette méthode d'extraction, et de l'étendre à des racines quelconques; la règle, dans toute sa généralité, peut s'énoncer ainsi :

1°. Pour extraire la racine $m^{ème}$ d'un nombre entier, disposez l'opération comme s'il s'agissait d'une division.

2°. Si le nombre a m chiffres ou moins, la racine n'a qu'un chiffre, et il faut la chercher par tâtonnement.

3°. Si le nombre a plus de m chiffres, partagez-le en tranches de m chiffres chacune, à partir de la droite; cherchez la plus grande puissance $m^{ème}$ contenue dans la première tranche à gauche; écrivez la racine à la place qui lui est affectée.

4°. Retranchez cette racine élevée à la $m^{ème}$ puissance de la première tranche à gauche; à côté du reste, abaissez le premier chiffre à gauche de la seconde tranche; divisez par m fois la $(m-1)^{ème}$ puissance de la racine; écrivez le quotient en nombre entier à la droite du chiffre trouvé, élevez toute la racine à la $m^{ème}$ puissance. Si elle surpasse les deux tranches employées, abaissez d'une unité le quotient, et vous continuez jusqu'à ce que la $m^{ème}$ puissance soit égale ou inférieure aux tranches employées; retranchez-la, et à côté du reste abaissez le premier chiffre de la troisième tranche; divisez par m fois la $(m-1)^{ème}$ puissance de la racine trouvée, et ainsi de suite.

Pour se rendre compte de cette règle, il faut se rappeler que les deux premiers termes du développement de $(a+b)^m$ sont $a^m+ma^{m-1}b$; que tout nombre est un binome dont la $m^{ème}$ puissance renferme $(m+1)$ termes; le premier terme est un multiple de 10^m, et a par conséquent m zéros à sa suite, et le second terme est un multiple de 10^{m-1}, et commence par $m-1$ zéros, etc. etc.

XVI. La racine $m^{ème}$ d'un nombre fractionnaire est égale à la racine $m^{ème}$ du numérateur divisée par la racine $m^{ème}$ du dénominateur.

Ainsi
$$\sqrt[3]{\frac{a}{b}}=\frac{\sqrt[3]{a}}{\sqrt[3]{b}}$$
$$\sqrt[5]{\frac{a}{b}}=\frac{\sqrt[5]{a}}{\sqrt[5]{b}}$$

XVII. On peut toujours rendre le dénominateur une puissance parfaite du degré de la racine à extraire. Ainsi

$$\sqrt[m]{\frac{a}{b}}=\sqrt[m]{\frac{ab^{m-1}}{b^m}}=\frac{\sqrt[m]{ab^{m-1}}}{b}$$

$$\sqrt[3]{\frac{a}{b}}=\sqrt[3]{\frac{ab^2}{b^3}}=\frac{\sqrt[3]{ab^2}}{b}$$

$$\sqrt[5]{\frac{a}{b}}=\sqrt[5]{\frac{ab^4}{b^5}}=\frac{\sqrt[5]{ab^4}}{b}$$

par ce moyen on n'a qu'une seule extraction de racine à opérer en prenant la racine du numérateur à moins d'une unité, ou celle de la fraction à moins de $\frac{1}{b}$ près.

XVIII. Lorsque le nombre fractionnaire est décimal, il suffit, pour que le dénominateur soit une puissance parfaite du degré m, que le nombre des zéros soit un multiple de m; ainsi

$$\sqrt[3]{2,5} = \sqrt[3]{2,500} = \frac{\sqrt[3]{2500}}{10}$$

$$\sqrt[5]{2,75} = \sqrt[5]{2,75000} = \frac{\sqrt[5]{2750000}}{10}$$

XIX. Soit maintenant donné le nombre entier p : on demande d'en extraire la racine du degré m à moins d'une fraction désignée par $\frac{1}{t}$.

Multipliez p par t^m; extrayez la racine $m^{ème}$ du produit pt^m à moins d'une unité près. Soit r cette racine; alors $\frac{r}{p}$ sera la racine cherchée avec le degré d'approximation demandé.

Le raisonnement est le même que pour la racine carrée.

Supposons qu'on demande la racine cubique de 3 à moins d'un septième près. Je multiplie 3 par 343, qui est le cube de 7, et on trouve 13 pour la racine cubique approchée à moins d'une unité du produit $2401 = 7 \times 343$; ainsi on aura

$$\sqrt[3]{7} = \frac{13}{7} \text{ à moins d'un } 7^{\text{e}} \text{ près.}$$

XX. On préfère ordinairement extraire les racines avec un degré d'approximation exprimée par une fraction décimale, tel que $\frac{1}{10}$, $\frac{1}{1000}$, etc., près. Les avantages de ce genre d'approximation ont été indiqués ci-dessus.

Ainsi $\sqrt[3]{7} = \dfrac{\sqrt[3]{7000}}{10} = 1{,}9$ à moins de $\frac{1}{10}$ près,

$= \dfrac{\sqrt[3]{7000000}}{100} = 1{,}91$ à moins de $\frac{1}{100}$ près.

$= \dfrac{\sqrt[3]{7000000000}}{1000} = 1{,}912$ à moins de $\frac{1}{1000}$ près.

Pour faciliter les calculs on réduit les fractions ordinaires en fractions décimales avant d'en extraire la racine.

Ainsi $\sqrt[3]{\dfrac{5}{6}} = \sqrt[3]{0{,}833333} = 0{,}94$ à moins d'un 100e près.

Exercices numériques sur les racines.

XXI. $\sqrt[3]{12167} = 23$; $\sqrt[3]{28,25} = 304559$

$\sqrt[3]{800} = 20$ $\sqrt[3]{\frac{1}{8}} = \frac{1}{2}$;

$\sqrt[3]{214921799} = 599$

$\sqrt[3]{217081801} = 601$ $\sqrt[3]{\frac{27}{64}} = \frac{3}{4}$

$\sqrt[3]{216000000} = 600$

$\sqrt[3]{1021147343} = 1007$ $\sqrt[3]{\frac{729}{125}} = \frac{9}{5}$

$\sqrt[3]{1225043000} = 1070$ $\sqrt[3]{465\frac{11}{64}} = 7\frac{1}{4}$

$\sqrt[3]{12} = 2,28942.....$

$\sqrt[3]{5,8} = 1,79670.....$ $\sqrt[3]{3\frac{4}{3}} = 1,56049.$

Extraction des racines des quantités littérales monomes.

XXII. Pour élever un monome à la puissance m, il faut y élever chacun de ses facteurs, en y comprenant le coefficient et les multiples ensemble; donc, pour extraire la racine m d'un monome, il faut extraire la racine m de chaque facteur, et multiplier ces racines ensemble. Ainsi

$$\sqrt[m]{5abcd} = \sqrt[m]{5} \times \sqrt[m]{a} \times \sqrt[m]{b} \times \sqrt[m]{c} \times \sqrt[m]{d}.$$

Il est d'ailleurs évident que $\sqrt[m]{5}$ étant une fois facteur dans 5, $\sqrt[m]{a}$ m fois facteur dans a, etc., il s'eusuit que ce produit $\sqrt[m]{5}$, $\sqrt[m]{a}$, $\sqrt[m]{b}$..... sera m fois facteur dans $5abcd$.

XXIII. Lorsque les facteurs ont des exposans, il faut diviser ces exposans par celui de la racine qu'il s'agit d'extraire. Ainsi

$$\sqrt[5]{a^{10}\,b^{15}} = a^{\frac{10}{5}}\,b^{\frac{15}{5}} = a^2 b^3;$$

car pour élever un monome à une puissance m, il faut multiplier les exposans des facteurs par l'exposant de la racine. Donc, etc.

XXIV. Si l'exposant du facteur n'est pas un multiple de celui de la racine, la division ne pourra pas se faire sans reste; alors il faut se contenter d'indiquer l'opération.

$$\text{Ainsi } \sqrt[5]{a^6} = \sqrt[5]{a^5 a} = \sqrt[5]{a^5}\,\sqrt[5]{a} = a\sqrt[5]{a}$$

$$\sqrt[7]{a^{15}\,b^6\,c^{28}\,d^{19}} = \sqrt[7]{a^{14} a\,b^6\,c^{28}\,d^{14}\,d^5} =$$

$$a^7\,c^4\,d^2\,\sqrt[7]{ab^6\,d^5}.$$

XXV. Une quantité soit positive, soit négative, étant élevée à une puissance paire, est toujours positive; il s'ensuit, 1°. que la racine paire d'une quantité positive est réelle, et doit avoir le double signe $\pm$.

Ainsi $\sqrt[6]{a^{12}}$ est $+a^2$ et encore $-a^2$, ce qu'on écrit $\sqrt[6]{a^{12}} = \pm a^2$

$$\sqrt[4]{+16} = \pm 2.$$

2°. Que la racine paire d'une quantité négative est imaginaire. Les quantités $\sqrt[6]{-a^{12}}$, $\sqrt[4]{-16}$, sont des racines imaginaires : il n'existe pas de quantité qui, étant prise quatre fois comme facteurs, donne -16 au produit.

XXVI. Une quantité positive ou négative élevée à une puissance impaire, reproduit le même signe que la racine; il s'ensuit que la racine impaire d'une quantité est réelle et de même signe que la racine.

Ainsi $\sqrt[5]{+a^{10}} = +a^2$

$$\sqrt[5]{-a^{10}} = -a^2$$

$$\sqrt[5]{32} = +2$$

$$\sqrt[5]{-32} = -2.$$

XXVII. De tout ceci on déduit la règle suivante : Pour extraire la racine d'un degré quelconque d'un monome, il faut observer la règle des signes, des coefficiens et des exposans. Si le terme est positif et la racine d'un degré pair, alors elle sera réelle et affectée du double signe; si le terme est négatif et la racine paire, elle est imaginaire. Dans tout autre cas, sa racine est de même signe que la puissance. La règle des coefficiens consiste à extraire la racine numériquement, s'il est possible; la règle des exposans consiste à diviser les exposans des facteurs par l'exposant de la racine, et à indiquer l'extraction lorsqu'il y a un reste dans la division.

XXVIII. Application des règles.

1°. $\sqrt[m]{a^{mn}} = a^n$;

2°. $\sqrt[m]{a^{-mn}} = a^{-n}$;

3°. $\sqrt[m]{a^{mn}\, b^{mp}\, c^{-mq}\, d^{mr}} = a^n\, b^p\, c^{-q}\, d^r$;

4°. $\sqrt[4]{\dfrac{a^8\, b^{20}\, c^4}{(a+f)^8\, h^{12}\, c^{28}}} = \dfrac{a^2\, b^5\, c}{(a+f)^2\, h^3\, c^7}$;

5°. $\sqrt[9]{2^{36}\, a^{45}\, b^9 \times \dfrac{(a+b)^{27}}{a^9}} =$

$\dfrac{2^4 a^5 b (a+b)^3}{a} = 2^4\, a^4\, b\, (a+b)^3$;

6°. $\sqrt[6]{a^7 b^{-25} c^{-13} d^{-27}} = \pm ab^{-4} c^{-2} d^{-4}$

$$\sqrt[6]{ab^{-1} c^{-1} d^{-3}};$$

7°. $\sqrt[8]{-a^8 b^8} = \text{imaginaire} = \sqrt[8]{a^8 b^8 . -1} =$

$$ab\sqrt[8]{-1}$$

8°. $\sqrt[9]{-a^9 b^9} = -ab;$

9°. $\sqrt[7]{+a^7 b^8} = +ab\sqrt[7]{b};$

10°. $\sqrt[4]{-a^4} = \sqrt[4]{a^4 . -1} = a\sqrt[4]{-1}$ imaginaire;

11°. $\sqrt[3]{-a} = \sqrt[3]{a . -1} = \sqrt[3]{a} = \sqrt[3]{-1} = -\sqrt[3]{a}.$

Extraction des racines des quantités littérales polynomes.

XXIX. Les mêmes raisonnemens qui nous ont conduits à la recherche de la racine carrée des polynomes (page 300), peuvent facilement se généraliser et s'étendre à des racines quelconques. Il nous suffira d'en indiquer la règle.

Nous supposons que les exposans de la lettre principale sont tous positifs; s'il s'en trouvait de négatifs, on les ferait passer au dénominateur; alors le polynome aura la forme fractionnaire, et on extraira à part la racine du numérateur et du dénominateur.

Ordonnez le polynome d'après une lettre principale, et préparez tout comme s'il s'agissait d'une division. Extrayez la racine $m^{ème}$ du premier terme; écrivez le résultat à la place réservée pour le diviseur; élevez à la puissance m, et retranchez; divisez le premier terme du reste par m fois la puissance $m-1$ de la racine trouvée : le quotient est le second terme de la racine que vous écrivez à côté du premier; élevez ce binome à la puissance m, et retranchez du polynome donné; divisez le premier terme du reste par m fois la $(m-1)^{ème}$ puissance du premier terme de la racine, vous aurez le troisième terme de la racine, et ainsi de suite. Si après avoir épuisé la lettre principale il y a encore un reste, alors le polynome n'est pas une puissance parfaite du degré m.

XXX. Voici un exemple qui facilitera l'application de la règle.

Soit le polynome ordonné suivant x, $8x^6+48cx^5+60c^2x^4-80c^3x^3-90c^4x^2+108c^5x-27c^6$, dont il faut extraire la racine cubique. Je dispose les calculs de cette manière :

$$\begin{array}{l|l} 8x^6+48cx^5+60c^2x^4-80c^3x^3-90c^4x^2+ & \\ \quad 108c^5x-27c^6 & \underline{2x^2+4cx-3c^2} \\ & \quad 0 \end{array}$$

$$-8x^6 + 48cx^5 - 96c^2x^4 - 64c^3x^3$$

$$0 \quad 0 \quad -36c^2x^4$$

$$\sqrt[3]{8x^6} = 2x^2 \quad (1)$$

$$(2x^2)^2 = 4x^4$$

$$3\ (2x^3)^2 = 12x^4$$

$$\frac{48cx^5}{12x^4} = 4cx \quad (2)$$

$$(2x^2 + 4cx)^3 = 8x^6 + 48x^5c + 96c^2x^4 + 64c^3x^3$$

$$\frac{36c^2x^4}{12x^4} = -3c^2 \quad (3)$$

XXXI. Exemples pour s'exercer.

$$\sqrt[3]{x^3 + 6x^2 + 12x + 8} = x + 2$$

$$\sqrt[5]{a^5 + 5a^4b + 10a^3b^2 + 10a^2b^2 + 5ab^3 + b^5} = a + b$$

$$\sqrt[3]{b^3 + \frac{3a^2b^2}{2c^2}x^{-2} + \frac{3a^4b}{4c^4}x^{-4} + \frac{a^8}{8c^6}x^{-6}} = b + \frac{a^2}{2c^2x^2}$$

Dans cet exemple il suffit de faire $x^{-2} = y$ pour se débarrasser des exposans négatifs.

$$\sqrt[7]{1-\frac{7}{x}+\frac{21}{x^2}-\frac{35}{x^3}+\frac{35}{x^4}-\frac{21}{x^5}+\frac{7}{x^6}-\frac{1}{x^7}}$$
$$=\frac{x-1}{x}.$$

On peut, pour s'exercer, prendre un polynome quelconque, l'élever à une puissance donnée, et extraire la racine du même degré : on doit retrouver le premier polynome.

DOUZIÈME LEÇON.

CALCUL DES RADICAUX; EXPOSANS FRACTIONNAIRES.

Addition et soustraction des quantités précédées du signe radical.

I. Lorsque les quantités radicales à ajouter ou à soustraire l'une de l'autre ont des indices différens, il faut les réunir par le signe de l'addition ou de la soustraction, mais alors il n'y a pas lieu à réduction.

Ainsi $\sqrt[3]{a}+\sqrt{a}$; $\sqrt[4]{a}-\sqrt[5]{a}$, ne peuvent pas se réduire à une seule expression.

II. Lorsque les indices et les quantités sous le radical sont les mêmes, et que les termes ne diffèrent que par un facteur numérique qui précède le radical, il y a lieu à réduction. Ainsi on a évidemment (les règles de signes sont les mêmes que pour les monomes sans radicaux):

$$5\sqrt{a}+7\sqrt{a}+6\sqrt{a}=18\sqrt{a}$$

$$5\sqrt[3]{a}-7\sqrt[3]{a}+6\sqrt[3]{a}=4\sqrt[3]{a}$$

$$-5\sqrt[5]{a}+7\sqrt[5]{a}-6\sqrt[5]{a}=-4\sqrt[5]{a}$$

$$m\sqrt[3]{ab}+n\sqrt[3]{ab}+p\sqrt[3]{ab}=(m+n+p)\sqrt[3]{ab}$$

$$5\sqrt[7]{9}-2\sqrt[5]{14}+\sqrt[3]{2}-5\sqrt[5]{14}-2\sqrt[7]{9}=$$
$$3\sqrt[7]{9}-7\sqrt[5]{14}+\sqrt[3]{2}$$

à soustraire
$$\begin{cases}16\sqrt[6]{ab}-\sqrt[5]{9c^3}+3\sqrt[m]{7a}-\sqrt{10}\\ -8\sqrt[5]{9c^3}-5\sqrt[m]{7a}+3\sqrt[6]{ab}+2\sqrt[4]{10}\end{cases}$$

Reste $13\sqrt[6]{ab}+7\sqrt[5]{9c^3}+8\sqrt[m]{7a}-\sqrt{10}-2\sqrt[4]{10}$

Multiplication et division.

III. Soit à multiplier $\sqrt[m]{a}$ par $\sqrt[m]{b}$, on aura, d'après ce qui a été dit plus haut (page 340),

$$\sqrt[m]{a}\sqrt[m]{b}=\sqrt[m]{ab}.$$

Ainsi, lorsque les indices des radicaux sont les mêmes, il faut multiplier les quantités sous le radical, et extraire du produit la racine indiquée.

IV. On a de même $\frac{\sqrt[m]{a}}{\sqrt[m]{b}}=\sqrt[m]{\frac{a}{b}}$. Donc, pour diviser une quantité radicale par une autre de même indice, on fait la division comme s'il n'y avait pas de radical, et on extrait du quotient la racine indiquée.

V. Lorsque les radicaux sont d'indices différens, il faut, avant d'opérer, les réduire au même indice, et l'on y parvient à l'aide du principe suivant :

On ne change pas une quantité radicale en multipliant par le même nombre l'indice du radical, et les exposans de ce radical; de sorte que l'on a en général $\sqrt[m]{a^p}=\sqrt[mn]{a^{np}}$; n est un nombre entier par lequel on multiplie l'indice du radical et l'exposant p de la quantité a. En effet, une quantité qui est m fois facteur dans a^p est mn fois facteur dans a^{np}; donc, etc.

Par exemple, $\sqrt[3]{a}$ est trois fois facteur dans a; il est six fois facteur dans a^2, dix-huit fois dans a^3, etc. On a donc

$$\sqrt[3]{a}=\sqrt[6]{a^2}=\sqrt[18]{a^6}, \text{ etc.}$$

VI. De ce principe on conclut que, pour réduire des quantités radicales d'indices différens au même indice, il faut chercher le plus petit nombre qui soit divisible par tous les indices, le prendre pour l'indice commun, et ensuite multiplier chaque indice et les exposans de la quantité qu'il précède par le quotient qu'on obtient, en divisant l'indice commun par l'indice de la quantité radicale.

Soit les trois radicaux $\sqrt[m]{a^r}$, $\sqrt[n]{b^s}$, $\sqrt[p]{c^t}$, l'indice commun sera $\sqrt[mnp]{\;}$, et l'on aura

$$\sqrt[m]{a^r}=\sqrt[mnp]{a^{npr}}$$
$$\sqrt[n]{b^s}=\sqrt[mnp]{a^{npr}}$$
$$\sqrt[p]{c^t}=\sqrt[mnp]{c^{mnt}}$$

On voit évidemment que cette règle revient à regarder les exposans comme des numérateurs, les indices comme des dénominateurs, et à réduire les fractions au même dénominateur; c'est sur cette observation que l'on a établi une nouvelle notation des radicaux dont il sera question.

VII. Soit à multiplier $\sqrt[m]{a}$ par $\sqrt[n]{b}$, on réduit au même indice; on aura

$$\sqrt[m]{a} = \sqrt[mn]{a^n}$$
$$\sqrt[m]{b} = \sqrt[mn]{b^n}$$

donc $\sqrt[m]{a} \times \sqrt[n]{b} = \sqrt[mn]{a^n} \times \sqrt[mn]{b^n} = \sqrt[mn]{a^n b^n}$

VIII. On aura de même

$$\frac{\sqrt[m]{a}}{\sqrt[n]{b}} = \sqrt[mn]{\frac{a^n}{b^m}} = \sqrt[mn]{a^n b^{-m}}$$

IX. $(\sqrt[m]{a})^n = \sqrt[m]{a^n}$. Par exemple, $(\sqrt[3]{a})^4 = \sqrt[3]{a^4}$; car $(\sqrt[3]{a})^4 = \sqrt[3]{a}. \sqrt[3]{a}. \sqrt[3]{a}. \sqrt[3]{a} = \sqrt[3]{a^4}$.

Ainsi, pour élever une quantité radicale à une puissance, on élève la quantité sous le radical à cette puissance, et on conserve le même indice.

X. $\sqrt[n]{\sqrt[m]{a}} = \sqrt[mn]{a}$; car l'exposant radical n indique qu'il faut chercher une quantité qui est n fois facteur dans $\sqrt[m]{a}$, c'est-à-dire dans une quantité qui est déjà elle-même m fois facteur dans a; donc la quantité cherchée doit être mn fois facteur dans a ; ainsi

$$\sqrt[3]{\sqrt{a}} = \sqrt{\sqrt[3]{a}} = \sqrt[6]{a}$$

et réciproquement on peut faire entrer dans le signe le facteur qui le précède. Ainsi

$$b\sqrt[m]{a} = \sqrt[m]{ab^m}$$

XI. $\sqrt[m]{a^{m+n}} = a\sqrt[m]{a^n}$; car $\sqrt[m]{a^{m+n}} = \sqrt[m]{a^m \times a^n} = \sqrt[m]{a^m}.\sqrt[m]{a^n} = a\sqrt[m]{a^n}$.

Lors donc que la quantité radicale contient un facteur puissance parfaite du degré désigné par l'indice, on peut simplifier le radical, en faisant sortir hors du signe le facteur qui est sous le signe. Par exemple,

$$\sqrt{24} = \sqrt{6.4} = \sqrt{6} \times \sqrt{4} = 2\sqrt{6}; \sqrt{54} = \sqrt{6.9} = 3\sqrt{6}$$

Exercices sur la simplification et la transformation des radicaux.

XII. 1°. $\sqrt{24} + \sqrt{54} + \sqrt{6} = 6\sqrt{6}$

2°. $7\sqrt[3]{54} + 3\sqrt[3]{16} + \sqrt[3]{2} - 5\sqrt[3]{128} = 8\sqrt[3]{3}$

3°. $5\sqrt[3]{7}+3\sqrt{2}+2\sqrt[4]{3}=\sqrt[3]{875}+\sqrt{18}+\sqrt[3]{48}$ (X)

4°. $\sqrt{45c^3}-\sqrt{80c^3}+\sqrt{5a^2c}=(a-c)\sqrt{5c}$

5°. $\frac{a+b}{a-b}\sqrt{\frac{a-b}{a+b}}=\sqrt{\frac{a+b}{a-b}}$

6°. $\sqrt[3]{2\sqrt{5}}=\sqrt[3]{\sqrt{20}}=\sqrt[6]{20}$

7°. $\sqrt{a^2c+a^2d}=a\sqrt{c+d}$

8°. $\sqrt{3a^2c+6abc+3b^2c}=(a+b)\sqrt{3c}$

9°. $\sqrt[m]{\sqrt[n]{\sqrt[p]{\sqrt[q]{a}}}}=\sqrt[mnpq]{a}$

Exercices sur la multiplication et la division des radicaux.

1°. $a\sqrt[n]{x}\times b\sqrt[n]{y}\times c\sqrt[n]{z}=abc\sqrt[n]{xyz}$

2°. $\sqrt[3]{2}\sqrt[6]{\frac{1}{3}}\sqrt[8]{3}=\sqrt[24]{\frac{256}{3}}$

3°. $\sqrt[7]{\frac{4}{3}}\sqrt[3]{\frac{1}{2}}\sqrt[14]{6}=\sqrt[42]{\frac{2}{27}}$

4°. $(3+\sqrt{5})(2-\sqrt{5})=1-\sqrt{5}$

5°. $(9+2\sqrt{10})(9-2\sqrt{10})=41$

6°. $(\sqrt{2}+\sqrt{3})^3=11\sqrt{2}+9\sqrt{3}$

7°. $(a+\sqrt{b})(a-\sqrt{b})=a^2-b$

8°. $(\sqrt{a}+c\sqrt[3]{b})(\sqrt{a}-c\sqrt[3]{b})=a-c\sqrt[3]{b^2}$

9°. $\frac{1}{2+\sqrt{3}}=2-\sqrt{3}$

10°. $\frac{\sqrt{a^2-z^2}}{a-z}=\sqrt{\frac{a+z}{a-z}}$

11°. $\frac{2ab^2c^3}{4\sqrt[3]{a^3bc^5d}}=\frac{1}{2}\sqrt[3]{\frac{85c^4}{d}}$

12°. $\frac{\sqrt[4]{\frac{a}{b}}}{\sqrt{\frac{a}{b}}}=\sqrt[4]{\frac{a}{b}}$

Les exemples de la multiplication peuvent aussi servir pour s'exercer sur la division, et *vice versâ*.

Exposans fractionnaires ; notation et calcul.

XIII. Nous avons vu ci-dessus (n° XXIII) que pour extraire la racine d'un monome, il faut diviser les exposans de ces facteurs par l'exposant de la racine ; de là est venue l'idée de désigner les extractions de racine par le même signe qui sert à indiquer la division : ainsi au lieu d'écrire $\sqrt[3]{a^2}$, on met $a^{\frac{2}{3}}$; et en général $a^{\frac{m}{n}}$ indique la même chose que $\sqrt[n]{a^m}$; on aura $(a+b)^{\frac{m}{n}} = \sqrt[n]{(a+b)^m}$.

XIV. On a donné à ces symboles fractionnaires le nom d'exposans fractionnaires, parce qu'ils participent de la propriété des fractions et des exposans. 1°. Comme les fractions, ces quantités ne changent pas de valeur en multipliant les deux termes par le même nombre, et l'on a $a^{\frac{m}{n}} = a^{\frac{mp}{np}}$; car $\sqrt[np]{a^{mp}} = \sqrt[n]{a^m}$ (VII); donc, dans les opérations de la multiplication et de la division, on peut leur appliquer la règle des exposans; ainsi

$$a^{\frac{m}{n}} \times a^{\frac{p}{q}} = a^{\frac{m}{n}+\frac{p}{q}} = a^{\frac{mq+np}{nq}}$$

$$\frac{a^{\frac{m}{n}}}{a^{\frac{p}{q}}} = a^{\frac{m}{n}-\frac{p}{q}} = a^{\frac{mq-np}{nq}}$$

En effet, $a^{\frac{m}{n}} = \sqrt[n]{a^m}$, et $a^{\frac{p}{q}} = \sqrt[q]{a^p}$

ou $\sqrt[n]{a^m} \times \sqrt[q]{a^p} = \sqrt[nq]{a^{mq+np}} = a^{\frac{mq+np}{nq}}$

Il ne faut jamais perdre de vue la définition de l'exposant, qui est essentiellement un nombre entier et positif. Ainsi l'exposant fractionnaire est une dénomination purement fictive pour rappeler à la mémoire que ce symbole est soumis aux règles des véritables exposans.

XXV. Les exposans négatifs et les exposans fractionnaires sont deux symboles qui, en simplifiant les opérations et généralisant les idées, ont reculé les bornes du calcul et des théories algébriques.

Il est donc très important de se familiariser avec ces notations, et d'apprendre à passer facilement des radicaux aux exposans fractionnaires, et *vice versa*.

Exercices sur la notation et le calcul des exposans fractionnaires et négatifs.

1°. $\sqrt[m]{a^n b^p c^q} = a^{\frac{n}{m}} b^{\frac{p}{m}} c^{\frac{q}{m}}$;

2°. $\sqrt[m]{\dfrac{a^n b^p}{c^r d^s e^t}} = a^{\frac{n}{m}} b^{\frac{p}{m}} c^{\frac{-r}{m}} d^{\frac{-s}{m}} e^{\frac{-t}{m}}$;

3°. $\sqrt[5]{a^2 bc} = a^{\frac{2}{5}} b^{\frac{1}{5}} c^{\frac{1}{5}}$;

4°. $\sqrt[6]{\frac{a^5b^7}{c^{12}}}+\sqrt[8]{\frac{a^6b^4}{d^{20}}}=a^{\frac{5}{6}}b^{\frac{7}{6}}c^{-2}+$

$a^{\frac{6}{8}}b^{\frac{4}{8}}d^{\frac{-20}{8}}=a^{\frac{5}{6}}b^{\frac{1}{6}}c^{-2}+a^{\frac{3}{4}}b^{\frac{1}{2}}d^{\frac{-5}{2}}$;

5°. $\frac{\sqrt{c+d}}{\sqrt[3]{c^5}}=(c+d)^{\frac{1}{2}}c^{\frac{-5}{3}}$;

6°. $\frac{\sqrt{cd}}{\sqrt[3]{c^5}}=c^{\frac{1}{2}}d^{\frac{1}{2}}c^{\frac{-5}{3}}$;

7°. $\frac{\sqrt[3]{c}}{\sqrt[4]{d}}=c^{\frac{1}{3}}d^{\frac{-1}{4}}$;

8°. $\frac{\sqrt{a^2-x^2}}{\sqrt{a}\sqrt[3]{a+x}}=(a^2-x^2)^{\frac{1}{2}}a^{\frac{-1}{2}}(a+x)^{\frac{-1}{8}}$;

9°. $\frac{(a+b)^{\frac{-9}{7}}}{(a-b)^{\frac{-3}{4}}}=\frac{(a-b)^{\frac{3}{4}}}{(a+b)^{\frac{9}{7}}}=\frac{\sqrt[4]{(a-b)^3}}{\sqrt[7]{(a+b)^9}}$

$\sqrt[5]{\sqrt[3]{a^2}}=\sqrt[5]{a^{\frac{2}{3}}}=\left(a^{\frac{2}{3}}\right)^{\frac{1}{5}}=a^{\frac{2}{15}}=\sqrt[15]{a^2}$;

10°. $(\sqrt[4]{a^3}+\sqrt[5]{b^2})\ (\sqrt[4]{a^3}-\sqrt[5]{b^2})=$

$$\left(a^{\frac{3}{4}}+b^{\frac{2}{5}}\right)\left(a^{\frac{3}{4}}-b^{\frac{2}{5}}\right)=a^{\frac{6}{4}}-b^{\frac{4}{5}}=a^{\frac{3}{2}}-b^{\frac{4}{5}}=$$

$$\sqrt{a^3}-\sqrt[5]{b^4}=a\sqrt{a}-\sqrt[5]{b^4};$$

11°. $$\frac{\sqrt[4]{a^3}-\sqrt[4]{b^3}}{\sqrt[4]{a}-\sqrt[4]{b}}=\frac{a^{\frac{3}{4}}-b^{\frac{3}{4}}}{a^{\frac{1}{4}}-b^{\frac{1}{4}}}=a^{\frac{1}{2}}+a^{\frac{1}{4}}b^{\frac{1}{4}}+b^{\frac{1}{2}}$$

$$=\sqrt{a}+\sqrt[4]{ab}+\sqrt{b};$$

12°. $$\left(\left(a^{\frac{1}{2}}\right)^{\frac{3}{5}}\right)^{\frac{-1}{6}}=a^{\frac{-3}{60}}=a^{\frac{-1}{20}}=\frac{1}{a^{\frac{1}{20}}}=\frac{1}{\sqrt[20]{a}};$$

13°. $$\left(a^{\frac{-m}{n}}\right)^{\frac{-p}{q}}=a^{\frac{mp}{nq}}=\sqrt[nq]{a^{mp}}.$$

TREIZIÈME LEÇON.

RÉSOLUTION DES ÉQUATIONS A DEUX TERMES ; ÉQUATIONS A TROIS TERMES ; CALCUL DES RACINES IMAGINAIRES.

I. Nous avons vu (10.1) que toute équation à deux termes peut se ramener à la forme normale $x^m=p$: faisons $x=y\sqrt[m]{p}$; si p est positif, on aura $y^m p=p$, d'où $y^m=1$ et $y^m-1=0$; si p est négatif, alors $x^m=-p$. Faisons $x=-y\sqrt[m]{p}$, l'on aura $(-y)^m p=-p$, d'où $(-y)^m = -1$: si m est pair, alors $(-y)^m = y^m$, et il vient $y^m = -1$, d'où $y^m + 1 = 0$; si m est impair, $(-y)^m = -y^m$, et l'on a

$$-y^m = -1\,;\; y^m = 1\,;\; y^m - 1 = 0.$$

Ainsi la résolution d'une équation à deux termes dépend de celles d'une équation qui a une de ces deux formes :

$$y^m - 1 = 0$$
$$y^m + 1 = 0$$

II. Cherchons à résoudre l'équation

$$y^m - 1 = 0 \quad (1)$$

le binome

$$y^m - 1 = (y-1)(y^{m-1} + y + \ldots\ldots + 1) \quad (2)$$

et lorsque m est pair, on aura encore

$$y^{m-1} + y^{m-2} + \ldots\ldots + 1 = (y+1)(y^{m-2} + y^{m-4} + \ldots\ldots + 1)$$

donc $y^m - 1 = (y-1)(y+1)(y^{m-2} + y^{m-4} + y^{m-6} \ldots\ldots + 1)$

donc le binome $y^m - 1$ devient nul.

Soit en posant $y - 1 = 0$

$$y + 1 = 0$$
$$y^{m-2} + y^{m-4} + \ldots\ldots + 1 = 0$$

de la première équation on tire

$$y = 1$$

et de la seconde $\quad y = -1$

La troisième équation n'admet aucune valeur

réelle pour y. En effet cette valeur sera, si elle existe, ou plus grande ou plus petite que l'unité, ce qui est impossible. Donc, lorsque m est pair, l'équation $y^m - 1 = 0$ n'a que deux valeurs réelles, et toutes les autres, s'il y en a, sont imaginaires.

III. Si m est impair, alors le facteur $y^{m-1} + y^{m-2} + \ldots$.. n'est plus divisible par $y+1$, et le produit (2) devient nul en posant $y - 1 = 0$,

$$y^{m-} + y^{m-2} + \ldots + 1 = 0$$

il n'y a donc qu'une seule valeur réelle, $y = 1$, les autres sont imaginaires.

IV. Faisons $m = 2$; $y^2 - 1 = 0$

d'où $$y = +1$$
$$y = -1$$

V. $$m = 3;\ y^3 - 1 = 0$$

$$(y-1)(y^2+y+1) = 0$$

Du facteur $$y^2+y+1 = 0$$

on tire $$y = \frac{-1 \pm \sqrt{-3}}{2}$$

Ainsi il y a trois valeurs,

$$y = 1$$

$$y = \frac{-1 + \sqrt{-3}}{2}$$

$$y = \frac{-1 - \sqrt{-3}}{2}$$

En effet, élevant chacune de ces valeurs à la troisième puissance, on trouve l'unité pour résultat. Il faut donc, en effectuant le calcul, se rappeler l'origine de $\sqrt{-3}$, et l'on aura

$$(\sqrt{-3})^2 = (\sqrt{-3})(\sqrt{-3}) = -3$$

$$(\sqrt{-3})^3 = (\sqrt{-3})^2\sqrt{-3} = -3\sqrt{-3}$$

VI. $m=4$; $y^4-1=0$; $(y^2+1)(y^2-1)=0$

$$y+1=0$$

$$y-1=0$$

$$y^2+1=0$$

Il y a donc quatre racines quatrièmes de l'unité, deux réelles et deux imaginaires :

$$y=-1$$

$$y=+1$$

$$y=+\sqrt{-1}$$

$$y=-\sqrt{-1}$$

chacune de ces valeurs étant élevée à la quatrième puissance, donne l'unité. En effet,

$$(\sqrt{-1})^4 = (\sqrt{-1})^2(\sqrt{-1})^2 = -1\times-1 = 1$$

VII. Soit $m=5$; $y^5-1=0$

$$(y-1)(y^4+y^3+y^2+y+1)=0$$

$$y-1=0$$

d'où $y=1$ et $y^4+y^3+y^2+y+1=0$

Divisant toute l'équation par y^2, elle devient

$$y^2+y+1+\frac{1}{y}+\frac{1}{y^2}=0$$

Faisant $$y+\frac{1}{y}=z \ (a)$$

on aura $$y^2+2+\frac{1}{y^2}=z^2$$

$$y^2+\frac{1}{y^2}\,2=z^2-2$$

Substituant ces valeurs dans l'équation en y, on obtient

$$z^2-2+z+1=0$$
$$z^2+z+1=0$$

d'où $$z=\frac{-1\pm\sqrt{5}}{2}$$

De l'équation (a) l'on tire

$$y=\frac{1}{2}z\pm\sqrt{1+\frac{1}{4}z^2}$$

où z a deux valeurs ; donc y a quatre valeurs. Ainsi il existe cinq racines cinquièmes de l'unité, dont une seule est réelle, et les quatre autres sont imaginaires.

VIII. On est parvenu à démontrer, par des raisonnemens qui ne peuvent encore être exposés ici, que l'équation $y^m-1=0$ peut être satisfaite de m manières différentes ; en d'autres termes que la racine du degré m de l'unité a m valeurs différentes, dont deux sont réelles lorsque m est pair, et une seule est réelle lorsque m est impair.

IX. Soit maintenant $y^2+1=0$, on en tire $y=\pm\sqrt{-1}$.

X. $y^3+1=0$; faisons $y=-z$, il vient $z^3-1=0$; par conséquent l'équation a trois racines, qui sont les racines cubiques de l'unité prises avec des signes opposés.

$$y=-1$$

$$y=\frac{+1-\sqrt{-3}}{2}$$

$$y=\frac{+1+\sqrt[2]{-3}}{2}$$

XI. $y^4+1=0$; faisons $y=z\sqrt[4]{-1}$, il est évident, par la définition du mot racine, que $(\sqrt[4]{-1})^4=-1$; d'où $z^4-1=0$. Ainsi les quatre valeurs de y sont les quatre racines quatrièmes de l'unité multipliées par $\sqrt[4]{-1}$. On aura donc

$$y=+\sqrt[4]{-1}$$

$$y=-\sqrt[4]{-1}$$

$$y = \sqrt[4]{-1} . \sqrt{-1}$$

$$y = -\sqrt[4]{-1} . \sqrt{-1}$$

Chacune de ces expressions imaginaires, élevée à la quatrième puissance, donne -1.

XII. On démontre qu'en général $y^m + 1 = 0$ a m racines toutes imaginaires quand m est pair, et dont une seule est réelle et égale à -1, quand m est impair.

XIII. Toute équation à deux termes dépend des racines de l'unité (1); donc toute équation à deux termes admet autant de racines différentes qu'il y a d'unités dans son degré.

Soit, par exemple, $x^3 = 8$, on en tire

$$x = 2$$

$$x = \frac{2(-1 + \sqrt{-3}}{2}$$

$$x = \frac{2(-1 - \sqrt[2]{-3}}{2}$$

Ainsi l'expression $\sqrt[m]{p}$ admet m valeurs différentes, dont une ou deux sont réelles, et dont toutes les autres sont imaginaires.

Exercices sur les équations à deux termes.

1°. $x^3 - 16 = 0$

$$\begin{cases} x = 2\sqrt[3]{2} \\ x = \sqrt[3]{2}(1+\sqrt{-3}) \\ x = \sqrt[3]{2}(1-\sqrt{-3}) \end{cases}$$

2°. $x^3 + 16 = 0$

$$\begin{cases} x = -2\sqrt[3]{2} \\ x = -\sqrt[3]{2}(1+\sqrt{-3}) \\ x = -\sqrt[3]{2}(1-\sqrt{-3}) \end{cases}$$

3°. $x^4 - 16 = 0$

$$\begin{cases} x = 2 \\ x = -2 \\ x = 2\sqrt{-1} \\ x = -2\sqrt{-1} \end{cases}$$

4°. $x^4 + 16 = 0$

$$\begin{cases} x = +2\sqrt[4]{-1} \\ x = -2\sqrt[4]{-1} \\ x = 2\sqrt{-1}.\sqrt[4]{-1} \\ x = -2\sqrt{-1}.\sqrt[4]{-1} \end{cases}$$

Équations à trois termes qui se ramènent au second degré et aux racines de l'unité.

XIV. Soit l'équation à trois termes

$$Ax^p + Bx^q + Cx^s = 0;$$

elle peut se mettre sous la forme du produit

$$x^s(Ax^{p-s} + Bx^{q-s} + C) = 0,$$

qui devient nul, en posant

$$x^s = 0,$$

ou $$Ax^{p-s} + Bx^{q-s} + C = 0;$$

$x^s = 0$ donne $x = 0$; il reste donc à résoudre la seconde équation.

XV. Faisons $p - s = 2m$; si $q - s = m$, on aura l'équation

$$Ax^{2m} + Bx^m + C = 0.$$

Faisons $x^m = z$, il vient

$$Az^2 + Bz + C = 0,$$

équation du second degré; d'où l'on tire

$$z = \frac{-B}{2A} \pm \sqrt{\frac{B^2}{4A^2} - \frac{C}{A}}$$

De l'équation à deux termes $x^m = z$, on tire m valeurs de x en z (XVI), et ayant z, qui a deux valeurs, on aura donc $2m$ valeurs de x, qui satisfont à la question.

Ainsi on peut résoudre une équation à trois termes lorsque l'exposant de l'inconnue dans l'un des termes est double de l'exposant de l'inconnue dans le second terme, et l'équation a autant de racines qu'il y a d'unités dans le degré de son exposant.

XVI. On démontre que cette multiplicité des racines d'une équation existe quel que soit le nombre de ses termes, et qu'il y a toujours autant de racines que d'unités dans l'exposant le plus élevé de l'équation.

Exercices sur les équations à trois termes.

1°. $x^7 - 74x^5 + 1225x^3 = 0$

$x^3 = 0$

$x = \pm 5;\ x = \pm 7;$

2°. $3x^6 + 42x^3 = 3321$

$$x = 3;\ x = 3\,\frac{(-1 \pm \sqrt{-3})}{2}$$

$$x = -\sqrt[3]{41};\ x = -\frac{\sqrt[3]{41}(-1 \pm \sqrt{-3})}{2}$$

$$= \sqrt[3]{41}\,\frac{(1 \pm \sqrt{-3})}{2}$$

Calcul des expressions imaginaires.

XVII. Dans la recherche des racines de l'unité nous avons eu occasion d'opérer sur des expressions imaginaires ; nous les avons élevées à des puissances. On a souvent besoin de faire, sur ces expressions imaginaires, les mêmes opérations que l'on fait sur des quantités réelles ; c'est encore un des moyens dont les algébristes se servent pour généraliser les méthodes de calcul, et y mettre de l'uniformité. Les exposans négatifs et fractionnaires, quoique n'étant plus compris dans la définition de l'exposant (p. 356), sont pourtant sujets, par une généralisation dont la légitimité a été prouvée, aux mêmes règles que les exposans entiers et positifs, et à la fin des opérations on peut toujours revenir aux sens véritables de ces symboles algébriques ; il en est de même des expressions imaginaires. En exécutant les opérations sur ces quantités, il faut avoir égard à leur origine et aux opérations dont ces symboles proviennent. Soit, par exemple, le binome $x^2 - a$, qui a pour facteurs simples $x + \sqrt{a}$ et $x - \sqrt{a}$, qu'on trouve en égalant le binome à zéro (p. 318). Soit maintenant le binome $x^2 + a$, on aura $x = \pm\sqrt{-a}$, et ces deux facteurs simples seront $x+\sqrt{-a}$ et $x-\sqrt{-a}$. En opérant la multiplication, il faudra prendre $\sqrt{-a}\times\sqrt{-a}=-a$.

C'est à l'aide de cette équation qu'on retombe sur le binome x^2+a, et on peut ainsi généraliser la méthode de cette décomposition d'un binome en facteurs simples.

Soit encore le produit $(x^2-a)(x-b)=(x+\sqrt{a})(x-\sqrt{a})(x+\sqrt{b})(x-\sqrt{b})$.

De quelque manière qu'on multiplie ces facteurs entre eux, on obtient toujours le même produit. Ainsi on peut commencer à multiplier le premier par le troisième, ensuite le second par le quatrième. Il faut admettre que

$$\sqrt{-a}\times\sqrt{-b}=-\sqrt{ab},$$

alors le produit du second membre devient égal au premier.

XVIII. Ainsi les équations de condition qui permettent de faire entrer les expressions imaginaires du second degré dans le calcul, sont :

$$(\sqrt{-a})(\sqrt{-a})=-a$$
$$\sqrt{-a}\times\sqrt{-b}=-\sqrt{ab}$$

La seconde équation est une conséquence de la première.

En effet,

$$\sqrt{-a} = \sqrt{a.-1} = \sqrt{-1}.\sqrt{a}$$
$$\sqrt{-b} = \sqrt{b.-1} = \sqrt{-1}\ \sqrt{b}$$

donc

$$\sqrt{-a}.\sqrt{-b} = (\sqrt{-1})^2\sqrt{ab} = -\sqrt{ab}.$$

XIX. En décomposant (x^4+a) (x^4+b) dans ses huit facteurs simples, on trouvera qu'il faut écrire l'équation de condition

$$\sqrt[4]{-a} \times \sqrt[4]{-b} = \sqrt{-1}\ \sqrt[4]{ab}.$$

On peut déduire cette équation de celle que nous avons trouvée pour le second degré.

En effet,

$$\sqrt[4]{-a} \times \sqrt[4]{-b} = \sqrt[4]{a}.\sqrt[4]{b}.(\sqrt[4]{-1})^2 =$$
$$\sqrt{-1}.\sqrt[4]{ab};$$

car $\sqrt{\sqrt{-1}} = \sqrt[4]{-1}.$

XX. De $(\sqrt{-1})^2 = -1,$

on tire $(\sqrt{-1})^4 = 1;$

donc $(\sqrt{-1})^{4n} = 1$

$$(\sqrt{-1})^{4n+1} = \sqrt{-1}$$
$$(\sqrt{-1})^{4n+2} = -1$$
$$(\sqrt{-1})^{4n+3} = -\sqrt{-1}$$

n étant un nombre entier positif quelconque.

Exercices sur les expressions imaginaires.

XXI. 1°. $a+b\sqrt{-1}+a-b\sqrt{-1}=2a$;

2°. $(a+b\sqrt{-1})(a-b\sqrt{-1})=a^2+b^2$;

3°. $3\sqrt{-4}-4\sqrt{-25}+4\sqrt{-9}=13\sqrt{-1}$;

4°. $(a\pm\sqrt{-b})^2=a^2-b\pm 2a\sqrt{-b}$;

5°. $(a\pm\sqrt{-b})^3=a^3-3ab\pm 3\sqrt{-b}(3a^2-b)$;

6°. $(1+\sqrt{-1})^2=-2\sqrt{-1}$;

7°. $\dfrac{1}{\sqrt{-1}}=-\sqrt{-1}$;

8°. $\dfrac{b\sqrt{-1}}{c\sqrt{-1}}=\dfrac{-a.\sqrt{-1}.\sqrt{-1}}{b\sqrt{-1}}=-a\sqrt{-1}$;

9°. $\dfrac{b\sqrt{-1}}{c\sqrt{-1}}=\dfrac{-b}{c}$;

10°. $\dfrac{a+\sqrt{-b}}{a-\sqrt{-b}}-\dfrac{(a+\sqrt{-b})^2}{a^2+b}$;

11°. $\dfrac{a+\sqrt{-b}}{a-\sqrt{-b}}+\dfrac{a-\sqrt{b}}{a+\sqrt{-b}}=\dfrac{2(a^2-b)}{a^2+b}$;

12°. $\dfrac{1}{3-2\sqrt{-3}}=\dfrac{3+2\sqrt{-3}}{21}$;

13°. $\dfrac{6}{1+\sqrt{-2}}=\dfrac{6(1-\sqrt{-2})}{3}=2-2\sqrt{-2}$;

14°. $(a+b\sqrt{-1})^n=a^n-\dfrac{n.n-1}{2}.a^{n-2}b^2$

$$+\frac{n.n-1.n-1.n-3}{1.2.3.4}a^{n-4}b^4\ldots\ldots+$$

$$+\sqrt{-1}\left(nba^{n-1}-\frac{n.\,n-1.\,n-2}{1.\,2.\,3}b^3a^{n-3}\right.$$

$$\left.+\frac{n.\,n-1.\,n-2.\,n-3.\,n-6}{1.\,2.\,3.\,4.\,5}b^5a^{n-5}+\ldots\ldots\right)$$

$$(a+b\sqrt{-1})^n+(a-b\sqrt{-1})^n=$$

$$2\left(a^n+\frac{n.\,n-1}{2}a^{n-2}b^2.+\ldots\ldots\right)\text{(quantité réelle)}$$

$$(a+b\sqrt{-1})^n-(a-b\sqrt{-1})^n=$$

$$2\sqrt{-1}\left(nba^{n-1}-\frac{n.\,n-1.\,n-2}{1.\ \ 2.\ \ 3}b^3a^{n-3}+\ldots\ldots\right)$$

(quantité imaginaire)

$$(a+b\sqrt{-1})^n\,(a-b\sqrt{-1})^n=(a^2+b^2)^n.$$

QUATORZIÈME LEÇON.

ÉQUATION EXPONENTIELLE A DEUX TERMES.

Logarithmes.

I. L'équation $a^x=b$, où a et b sont des quantités connues et où l'exposant x est inconnu, se nomme une équation exponentielle à deux termes.

II. Il est des cas où l'on trouve de suite la valeur de x; c'est lorsque $b=1$; alors $x=0$, car $a^0=1$, quelle que soit la valeur de a.

III. Nous supposons, dans tout ce qui suit, que a est un nombre entier positif.

IV. Lorsque $b=a$, alors $x=1$; par conséquent lorsque b est plus grand que a, on aura x plus grand que l'unité. Pour trouver dans ce cas la valeur exacte ou approchée de x, on donne à l'exposant successivement les valeurs 1, 2, 3, de la progression naturelle des nombres, jusqu'à ce qu'on obtienne un résultat égal à b ou supérieur.

Soit l'équation

$5^x=125$, on aura $x=3$ exactement;
$5^x=107$, on aura $x=2$ à une unité près;
$x=3$ trop fort.

V. La valeur de x étant comprise entre deux nombres entiers consécutifs, elle est irrationnelle, à moins que a et b ne soient des puissances parfaites d'un même nombre; et, dans ce dernier cas, $x=\frac{m}{n}$; m et n peuvent être considérés comme des nombres entiers premiers entre eux. En effet, on a l'équation $a^{\frac{m}{n}}=b$; d'où $a^m=b^n$. Si a et b sont premiers entre eux, cette équation est impossible tant que m et n

sont rationnels ; et si a et b ne sont pas premiers, alors, pour que l'équation soit possible, il faut que l'on ait $a = q^n$ et $b = q^m$; donc $q^{nx} = q^m$; d'où $x = \frac{m}{n}$.

VI. b n'étant pas un nombre premier, on peut toujours ramener la résolution de l'équation exponentielle $a^x = b$ à la résolution d'équations semblables, ayant pour seconds termes des nombres premiers. En effet, soit $b = p\,q\,r \ldots$ p, q, r, étant les facteurs premiers de b,

posons
$$a^{x'} = p$$
$$a^{x''} = q$$
$$a^{x'''} = r$$

Supposons qu'on ait trouvé les valeurs de x', x'', x''' ; multiplions ces équations ensemble, on obtient
$$a^{x' + x'' + x'''} = p\,q\,r$$
d'où
$$x = x' + x'' + x'''.$$

VII. Lorsque b est plus petit que a, x est nécessairement une fraction plus petite que l'unité, qui n'est rationnelle que dans le cas déjà cité (n° V).

VIII. a restant toujours entier, supposons que $b = \frac{p}{q}$.

L'équation $a^x = \frac{p}{q}$ dépend de ces deux-ci :

$$a^{x'} = p$$
$$a^{x''} = q$$

où p et q sont des nombres entiers. En effet, supposons x' et x'' connus, on obtient par la division $a^{x'-x''} = \frac{p}{q}$; d'où $x = x' - x''$.

IX. Lorsque p est plus grand que q, ou x' plus grand que x'', x est positif; mais si b est une fraction plus petite que l'unité, alors p est plus petit que q, et x est négatif.

X. Nous n'examinerons point le cas où a et b sont négatifs, cela entraînerait dans des difficultés dont la solution dépend de principes que nous ne connaissons pas encore, et que nous développerons dans un ouvrage élémentaire sur le calcul différentiel.

XI. Cherchons maintenant un moyen de résoudre l'équation exponentielle.

Soit $a = 10$ et $b = 2$, ou $x^{10} = 2$, alors x est une fraction irrationnelle (nº VII).

Soit $x = \frac{1}{z}$, z est nécessairement plus grand que l'unité;

d'où
$$10^{\frac{1}{z}} = 2$$
$$10 = 2^z$$

Par conséquent $z > 3$ et $z < 4$;

donc
$$x < \frac{1}{3} > \frac{1}{4}.$$

Cette première valeur de x est donc comprise entre $\frac{4}{12}$ et $\frac{3}{12}$; par conséquent elle est approchée à moins de $\frac{1}{12}$ près. Posons $z = 3 + \frac{1}{z}$,

on a $z' > 1$ nécessairement ;

d'où
$$10 = 2^{3+\frac{1}{z}} = 2^3 \times 2^{\frac{1}{z'}},$$

d'où
$$\frac{10}{8} = \frac{5}{4} = 2^{\frac{1}{z'}}$$

$\left(\frac{5}{4}\right)^{z'} = 2$. Essayons pour z' consécutivement tous les nombres entiers, à partir de 1.

On trouve $z' > 3 < 4$,

d'où
$$z < \frac{10}{3} > \frac{13}{4},$$
$$x > \frac{3}{10} < \frac{4}{13},$$

x est approchée à moins de $\frac{1}{130}$ près.

Posons $z' = 3 + \frac{1}{z''}$ ou $z'' > 1$,

on aura $$\left(\frac{5}{4}\right)^{3+\frac{1}{z''}} = 2$$

$$\left(\frac{5}{4}\right)^{3}\frac{5}{4}^{\frac{1}{z''}} = 2$$

$$\left(\frac{5}{4}\right)^{\frac{1}{z''}} = 2 \times \left(\frac{5}{4}\right)^{-3} = \frac{128}{125}$$

$$\left(\frac{5}{4}\right) = \left(\frac{128}{125}\right)^{z''}$$

$$1,25 = (1,024)^{z''}.$$

Après divers essais on trouve

$$z'' > 9 < 10,$$

d'où $$z' < \frac{28}{9} > \frac{31}{10}$$

$$z > \frac{93}{28} < \frac{103}{31}$$

$$x < \frac{28}{93} > \frac{31}{103}$$

or $$\frac{28}{93} = 0,030107$$

$$\frac{31}{102} = 0,03008.$$

En continuant on trouve $x = 0,30103$ à moins

d'un dix-millième près. Ainsi l'on a, avec une exactitude assez grande,

$$10^{0,30103} = 2$$

ou

$$10^{\frac{30103}{100000}} = 2;$$

et en passant aux radicaux

$$\sqrt[100000]{10^{30103}} = 2$$

ou bien

$$10^{30103} = 2^{100000}.$$

XII. En donnant à a et à b d'autres valeurs, on peut s'y prendre de même pour calculer la valeur correspondante de x; mais cette méthode est trop laborieuse. On a trouvé des moyens plus expéditifs de résoudre l'équation exponentielle; nous les donnerons dans nos *Élémens de Calcul différentiel.*

Logarithmes.

XIII. Nous avons vu (n° VII) que, dans l'équation à deux termes $a^x = b$, lorsque le nombre b est un produit de plusieurs facteurs, l'exposant x est égal à la somme des exposans correspondans à chacun de ses facteurs. Cette propriété importante a fait concevoir l'idée de se servir des équations exponentielles à deux termes pour réduire les opérations de la multiplication à de simples additions, et par conséquent les opérations de la division à de simples soustractions (nᵒ IX). A cet effet, on a jugé convenable d'adopter 10, pour nombre constant a; ensuite, faisant croître successivement b d'une unité à partir de zéro, on a calculé, par des méthodes expéditives, les valeurs de x correspondant à ces valeurs b, et on a réuni dans une même table les valeurs de b et de x, en les écrivant les unes à côté des autres dans deux colonnes verticales; de sorte que vis-à-vis chaque valeur de b on lit la valeur correspondante de x; mais avant d'expliquer l'usage de cette table, nous devons donner l'explication de certains termes en usage dans ce genre de calcul.

XIV. On appelle *base* le nombre constant 10; on appelle *nombre* le nombre variable b; on donne le nom de logarithme du nombre à l'exposant de la puissance, à laquelle il faut élever 10 pour reproduire le *nombre*.

Ainsi dans l'équation approximative calculée (n° XI), $10^{0,30103} = 2$; 10 est la base;

0,30103 est le logarithme du nombre 2 à $\frac{1}{100,000}$ près.

XV. Les tables de logarithmes diffèrent entre elles, 1°. par l'exactitude avec laquelle les logarithmes y sont calculés ; 2°. par leur étendue ; 3°. par leur disposition plus ou moins commode pour faciliter les recherches. Dans ce qui suit nous nous servirons des tables dites *de Callet ;* les logarithmes sont exprimés jusqu'à la huitième décimale.

Les valeurs de b s'étendent depuis $b = 0$ jusqu'à $b = 108000$. L'introduction qui précède ces tables en explique clairement la disposition et la manière d'y faire des recherches.

XVI. On se sert des trois lettres initiales log. pour exprimer logarithme.

Ainsi $x = \log. 6$ équivaut à $10^x = 6$.

XVII. Le nombre 10 n'étant la puissance parfaite d'aucun nombre, il s'ensuit (n° V) que les logarithmes de b sont tous irrationnels, à l'exception de ceux qui répondent à des puissances de 10.

Ainsi $\log. 10^0 = \log. 1 = 0$

$\log. 10^2 = \log. 100 = 2$

$\log. 10^m = m$

et en général le logarithme d'un nombre exprimé par l'unité suivi de zéros, est égal à autant d'unités qu'il y a de zéros.

XVIII. Lorsque le nombre surpasse 10 le logarithme est plus grand que l'unité, et la partie entière du logarithme est toujours égale à autant d'unités que le nombre a de chiffres moins un. En effet, soit l'équation $10^x = 10785$, le nombre est ici compris entre 10^4 et 10^5; donc le logarithme est enfermé entre 4 et 5 : il est donc égal à 4 plus une fraction. Il est facile d'étendre ce raisonnement à des nombres quelconques.

XIX. La partie entière d'un logarithme s'appelle la *caractéristique*. Comme la seule inspection du nombre suffit pour faire connaître la caractéristique, on ne la trouve pas dans les tables; c'est au calculateur à l'ajouter. Par exemple, on trouve dans les tables, vis-à-vis le nombre 10785, le logarithme 03282015; cela veut dire que log. 10785 = 4,03282015.

Usages des logarithmes.

XX. La propriété générale démontrée (n° VII) donne $\log. pqr = \log. p + \log. q + \log. r$.

Soit le produit $\log. 28 \times 37 \times 45 = N$

on a $\log. N = \log. 28 + \log. 37 + \log. 45$.

$$\begin{array}{l} \log.\ 28 = 1{,}44715803 \\ \log.\ 37 = 1{,}56820172 \\ \log.\ 45 = 1{,}65321251 \\ \hline \log.\ N = 4{,}66857226 \end{array}$$

Le nombre N correspondant à ce logarithme est 46620 : effectuant le produit, on trouve le même résultat.

XXI. Pour la division, on a (n° IX)

$$\log. \frac{p}{q} = \log. p - \log. q.$$

Soit à diviser 46620 par 37

soit $$N = \frac{46620}{37}$$

$$\begin{aligned} \log.\ 46620 &= 4,66857226 \\ \log.\ 37 &= 1,56820172 \\ \hline \log.\ N &= 3,10037054 \end{aligned}$$

d'où N = 1260. Effectuant le quotient, on trouve le même résultat.

XXII. *Élévation à des puissances*. Si l'on a m facteurs égaux à p, on a (n° XX)

$$\log. p^m = m \log. p.$$

Soit à trouver 37^3

or $$\log. 37 = 1,56820172$$

$$3 \log. 37 = 4,70460516 = \log. 50653$$

XXIII. *Extractions des racines* d'après le numéro précédent, en revenant de la puissance à la racine on obtient

$$\log. \sqrt[m]{p} = \frac{1}{m} \log. p$$

Soit à extraire la racine cubique de 50653, on a $\log. 50653 = 4,70460516$

$$\frac{1}{3} \log. \ldots\ldots = 1,56820172 = \log. 37$$

XXIV. Lorsque le nombre dont on cherche le logarithme surpasse la limite des tables, on a recours au principe des parties proportionnelles, dont la démonstration sera donnée dans les élémens du calcul différentiel. Voici en quoi consiste le principe : Soient b, b', b'', trois nombres rangés par ordre de grandeur; x', x'', x''', les logarithmes respectifs de ces nombres. Lorsque la différence de ces nombres est peu considérable, on peut, à peu près, admettre la proportion géométrique

$$\frac{b''-b}{b'-b}=\frac{x''-x}{x'-x}$$

XXV. Trouver le logarithme du nombre 18512,73; ce nombre est compris entre 18512 et 18513.

$$\log.\ b = \log.\ 18512 = 4{,}2674533 = x$$
$$\log.\ b' = \log.\ 18512{,}73 = x'$$
$$\log.\ b'' = \log.\ 18512 = 4{,}2674768 = x''$$
$$x'' - x = 0{,}000235$$
$$b'' - b = 1$$
$$b' - b = 0{,}73$$

d'où $$\frac{1}{0{,}73}=\frac{0{,}000235}{x'-x}$$

$$x'-x=0{,}73\times 0{,}0000235=0{,}000016955$$

d'où $x' = 4{,}2674703.$

Une colonne des tables, portant pour inscription : *différence proportionnelle* (d. p.), sert à abréger la multiplication nécessaire pour obtenir $x' - x$.

XXVI. Trouver le logarithme du nombre 1815273 = N, qui dépasse la limite des tables? car cette limite est 108000. On divise ce nombre par une puissance de 10, telle que le quotient tombe parmi les nombres donnés par les tables. Ainsi, dans l'exemple dont il s'agit maintenant, il faut diviser par 100.

On a log. 18152,73 = 4,2674703 = log. N'

or N = 100 N'

d'où log. N = log. 100 + log. N' = 2 + log. N' = 6,2674703

XXVII. Trouver le nombre correspondant à un logarithme qui ne se trouve pas exactement dans les tables?

On a encore recours au principe des parties proportionnelles.

Supposons qu'il s'agisse de trouver le nombre correspondant au logarithme 3,5947835, ce logarithme est renfermé entre les logarithmes des tables

$$3,5947792 \text{ et } 3,5947902$$

$$x' = 3,5947792 = \log. b' = \log. 3933,5$$

$$x \doteq 3,5947835 = \log. b$$

$$x'' = 3,5947902 = \log. b'' = \log. 3933,6$$

$$x'' - x' = 0,0000110$$

$$x - x' = 0,0000043$$

$$b'' - b' = 0,1$$

ou

$$\frac{x'' - x'}{x - x'} = \frac{b'' - b'}{b - b'}$$

d'où

$$b - b' = 8,038.....$$

et

$$b = 3933,538.....$$

XXVIII. Les logarithmes des fractions sont négatifs; car il faut retrancher le logarithme du dénominateur du logarithme du numérateur. Ainsi

$$\log. \frac{3}{4} = \log. 3 - \log. 4 = -0,12493854$$

$$\log. \frac{5}{7} = \log. 5 - \log. 7 = -0,14612804$$

XXIX. Lorsque les fractions sont décimales, les logarithmes des dénominateurs sont des nombres entiers, et il est plus commode d'indiquer la soustraction sans l'effectuer. Ainsi

$$\log. 0,3 = \log. 3 - 1 = 0,47712125 - 1$$

$$\log. 0,0315 = \log. 315 - 4 = 2,49831055 - 4$$

$$= 0,49831055 - 2$$

XXX. Les tables servent encore à convertir facilement les fractions ordinaires en fractions décimales. Soit la fraction $\frac{13}{19}$ à convertir en fraction décimale, on écrira

$$\frac{13}{19}=\frac{13000}{19}\times\frac{1}{1000}$$

Soit $$N=\frac{13000}{19}$$

$$\log.\ 13000=4{,}1139434$$
$$\log.\ 19=1{,}2787536$$

$$\log.\ N=2{,}8351898=\log.\ 684{,}21$$

donc $$\frac{13}{19}=\frac{N}{1000}=0{,}68421$$

XXXI. *Exercices sur les logarithmes.*

1°. $\text{Log.}\ \frac{fd}{cd}=\log.f+\log.d-\log.c-\log.d;$

2°. $\text{Log.}\ a^m b^n c^p=m\log.a+n\log.b+p\log.c;$

3°. $\text{Log.}\ a^{\frac{m}{n}} b^{\frac{-p}{q}} c=\frac{m}{n}\log.a-\frac{p}{q}\log.b+\log.c;$

4°. $\text{Log.}\ \frac{a\sqrt[n]{c^m}}{b\sqrt{q}}=\log.\ a+\frac{m}{n}\log.\ c-\log.\ b$
$-\frac{1}{2}\log.\ q;$

$$5^{\circ}.\ \text{Log.}\ \frac{35}{7} = 0{,}7459666\,;$$

$$6^{\circ}.\ \text{Log.}\ \frac{8}{9243} = 0{,}937277 - 4\,;$$

$$7^{\circ}.\ \text{Log.}\left((0{,}0534)^3 \times \left(\frac{32768}{3875}\right)^{10}\right) = 5{,}4544061.$$

XXXII. Le moyen indiqué (n° XXXI) sert aussi à extraire les racines par approximation.

Soit à extraire la racine $7^{\text{ème}}$ de 8 ou $\sqrt[7]{8}$,

$$\log.\sqrt[7]{8} = \frac{1}{7}\log.\ 8 = 0{,}12901285 = \log.\ \text{N}$$

$$\text{N} = 1{,}3459$$

Exercices sur les puissances et sur les extractions des racines.

$$\left(\frac{9}{8}\right)^{21} = 11{,}86322$$

$$\left(2\tfrac{5}{6}\right)^{9} = 11767{,}35\ldots\ldots$$

$$\left(317\tfrac{3}{4}\right)^{0,6} = 31{,}71402$$

$$\sqrt[5]{\frac{7}{3}\sqrt[4]{6}} = 1{,}295695$$

$$\frac{\sqrt[16]{43+5\sqrt[3]{278}}}{\sqrt[5]{17}} = 1{,}264848$$

XXXIII. Les logarithmes dont nous avons fait usage sont calculés sur la base 10. Si on voulait adopter une autre base, il ne serait pas nécessaire de recommencer tous les calculs. En effet, soit $10^x = b$; supposons qu'on veuille le logarithme de b dans le système dont la base est A; soit y le logarithme, on aura donc $A^y = b$; prenant les logarithmes des deux membres de cette équation dans le système usuel, on a

$$y \log. A = \log. b$$

d'où
$$y = \frac{\log. b}{\log. A}$$

Pour avoir donc le logarithme d'un nombre dans le système dont la base est A, il faut diviser le logarithme usuel de ce nombre par le logarithme usuel de la nouvelle base A.

XXXIV. Jean Neper, baron écossais, qui le premier publia la découverte des logarithmes vers le commencement du dix-septième siècle, ne prit pas le nombre 10 pour base; et, par des raisons qu'il serait trop long d'expliquer, il choisit pour base de son système un certain nombre incommensurable compris entre 2 et 3. On a calculé ce nombre avec une grande exactitude, en poussant l'approximation jusqu'à la 36ème décimale. Nous donnons ici les 10 premières décimales; désignant ce nombre par e, on a

$$e = 2{,}718281828 4.$$

Ce système de logarithme, dont la base est le nombre e, est connu sous le nom de système naturel, de système hyperbolique; et M. Lacroix a proposé de le désigner par le nom de son inventeur, et de l'appeler système nepérien.

XXXV. Soit donc log. b et log. b', deux logarithmes du même nombre b, l'un dans le système usuel, et l'autre dans le système nepérien, on aura (n° XXXIII)

$$\log. b = \frac{\log. b'}{\log. e} \text{ et } \log. b = \log. b' \log. e,$$

où log. e désigne le logarithme usuel du nombre e. En faisant le calcul, on trouve

$$\log. e = 0{,}434294481 9.$$

C'est par ce facteur constant log. e qu'il faut multiplier le logarithme nepérien d'un nombre b pour obtenir son logarithme usuel; et réciproquement il faut diviser le logarithme usuel d'un nombre par le facteur constant pour obtenir le logarithme nepérien. Ce facteur constant s'appelle *le module des tables*.

QUINZIÈME LEÇON.

APPLICATION DES LOGARITHMES AUX PROGRESSIONS GÉOMÉTRIQUES ET AU CALCUL DE L'INTÉRÊT SIMPLE ET COMPOSÉ.

I. En multipliant le nombre donné a par le multiplicateur donné r, et ainsi de suite, les différens produits a, ar, ar^2, ar^3 que l'on obtient forment une suite depuis long-temps connue sous le nom de progression géométrique. Ainsi les nombres 2, 6, 18, 54, 162, etc., forment une progression géométrique. Dans ce cas particulier,

$$a = 2$$
$$r = 3.$$

II. Le multiplicateur constant s'appelle la raison de la progression géométrique. Ainsi, dans l'exemple cité, la raison est 3.

III. Lorque la raison est plus grande que l'unité, les termes vont toujours en augmentant, et la progression est croissante; lorsque la raison est plus petite que l'unité, la progression est décroissante; tous les termes restent égaux entre eux lorsque l'on a $r = 1$.

IV. La raison étant négative, les termes de rang impair sont de même signe que le premier terme; ceux de rang pair sont d'un signe opposé au premier terme.

V. T désignant le $n^{ème}$ terme d'une progression géométrique, on a évidemment $T = ar^{n-1}$; a est le premier terme, et r la raison. Ainsi, pour l'exemple (1), cette équation devient $T = 2 \times 3^{n-1}$.

VI. Si la raison est égale au premier terme, la progression n'est autre que la suite des puissances du premier terme; a, a^2, a^3, a^4, et alors $T = a^n$.

VII. L'équation $T = ar^{n-1}$ entre les quatre quantités T, a, r, n, donne lieu à quatre questions.

connaissant	trouver	solution
1°. $r, a, n,$		$T = ar^{n-1}$ (1);
2°. T, r, n		$a = \dfrac{T}{r^{n-1}}$ (2);
3°. T, a, n		$r = \sqrt[n-1]{\dfrac{T}{a}}$ (3);
4°. T, a, r		$n = 1 + \dfrac{\log.T - \log.a}{\log.r}$ (4).

VIII. Les équations (2) et (3) sont des conséquences immédiates de l'équation (1). Dans les trois premières questions, on peut se servir des procédés ordinaires de l'arithmétique, mais il est plus expéditif d'employer les logarithmes. La première équation donne

$$\log. T = \log. a + (n-1)\log. r.$$

De cette équation logarithmique on tire l'équation n° IV. Lorsque n est la quantité cherchée, on ne peut la trouver autrement que par les logarithmes. Exemple : soit

$$a = 2$$
$$r = 3$$
$$T = 162$$

on aura $$n = 1 + \frac{\log. 162 - \log. 2}{\log. 3}$$

$$\log. 162 = 2,20951501$$
$$\log. \quad 2 = 0,30103000$$

$$\log. \frac{162}{2} = 1,90848501$$
$$\log. \quad 3 = 0,47712125$$
$$\frac{1,90848500}{0,47712125} = 4$$

d'où $n = 5$, ce qui s'accorde avec l'exemple du n° II.

IX. Soit S la somme de n termes consécutifs d'une progression géométrique,

ou $S = a + ar + ar^2 + ar^3 \ldots\ldots + ar^{n-2} + ar^{n-1}$

de là $rS = ar + ar^2 + ar^3 \ldots\ldots + ar^{n-1} + ar^n$

$$rS - S = ar^n - a$$

d'où $$S = \frac{ar^n - a}{r - 1} = \frac{Tr - a}{r - 1} \quad (5).$$

Ainsi on obtient la somme d'un nombre de termes consécutifs d'une progression géométrique, en multipliant le dernier terme par la raison, en retranchant de ce produit le premier terme, et en divisant le reste par la raison diminuée de l'unité.

X. 1°. a et r étant positifs, et $r > 1$, le numérateur et le dénominateur de S sont positifs, et la valeur de S croît indéfiniment avec n, et peut surpasser en grandeur une quantité quelconque.

2°. a et r étant positifs, et $r < 1$, le numérateur et le dénominateur de S deviennent négatifs. Changeant haut et bas les signes, on obtient

$$S = \frac{a - ar^n}{1 - r} = \frac{a}{1 - r} - \frac{ar^n}{1 - r}$$

S est égal à la différence de deux fractions.

La première est indépendante de n, et par conséquent reste toujours la même, quel que soit le nombre n de termes; la seconde décroît sans cesse avec n; par conséquent la valeur de S augmente continuellement avec n, mais reste toujours au-dessous de la fraction constante $\frac{a}{1-r}$, à laquelle on a donné le nom de limite : ainsi, dans une progression géométrique dont la raison est une fraction plus petite que l'unité, la somme s'approche toujours du quotient qu'on obtient en divisant le premier terme par l'excès de l'unité sur la raison; mais la somme ne pourra jamais atteindre ce quotient.

Soit la progression géométrique

$$1, \frac{1}{2}, \frac{1}{4}, \frac{1}{8}, \frac{1}{16}, \frac{1}{32}, \text{ etc.}$$

on a
$$a = 1$$
$$r = \tfrac{1}{2}$$

d'où $$S = \frac{1}{1-\frac{1}{2}} - \frac{(\frac{1}{2})^n}{1-\frac{1}{2}} = 2 - 2\left(\tfrac{1}{2}\right)^n$$

Désignant la limite par L, on aura L = 2. En effet, la somme devient successivement

$$1, \frac{3}{2}, \frac{7}{4}, \frac{15}{8}, \frac{31}{16}, \text{ etc.....}$$

Ces termes vont en croissant, mais restent toujours au-dessous de 2.

XI. Les périodes consécutifs d'une fraction décimale périodique forment une progression géométrique dont la raison est l'unité divisée par une puissance de 10. En effet, soit la fraction périodique 0,959595..... elle peut se mettre sous la forme

$$0{,}959595\ldots\ldots = \frac{95}{10^2} + \frac{95}{10^4} + \frac{95}{10^6} +, \text{ etc.}\ldots\ldots$$

l'on a

$$a = \frac{95}{10^2}$$

$$r = \frac{1}{10^2}$$

La limite de cette progression est

$$\frac{\frac{95}{10^2}}{1 - \frac{1}{100}} = \frac{95}{99}$$

et comme une fraction périodique doit approcher de sa fraction génératrice sans pouvoir l'atteindre, il s'ensuit que la limite n'est autre chose que la fraction génératrice elle-même.

XII. Toute fraction périodique peut se mettre sous la forme

$$\frac{A}{10^n} + \frac{A}{10^{2n}} + \frac{A}{10^{3n}}$$

où A représente la période, et n le nombre de ses chiffres; on a donc

$$L = \frac{\frac{A}{10^n}}{1 - \frac{1}{10^n}} = \frac{A}{10^n - 1}$$

Or, $10^n - 1$ désigne un nombre formé du chiffre 9, répété n fois.

On obtient donc la fraction génératrice ou la limite d'une fraction périodique, en divisant la période par un nombre formé d'autant de 9 qu'il y a de chiffres dans la période; ce qui s'accorde avec la règle donnée en arithmétique.

XIII. Lorsque le premier terme, étant négatif, la raison est positive, alors tous les termes de la progression sont négatifs; par conséquent la somme est toujours négative; et dans le cas où $r > 1$, elle a pour limite la quantité négative

$$-\frac{a}{1+r}$$

Calcul d'intérêts simples et composés.

XIV. Dans les emprunts pécuniaires, en termes de commerce, la somme prêtée s'appelle le capital; et l'excédant sur le capital, que l'emprunteur donne au prêteur au bout d'un temps déterminé, se nomme l'intérêt du capital. Supposons qu'un homme emprunte la somme de 5850 fr. pour dix-huit mois, et qu'il s'oblige de payer à l'expiration de ce temps la somme de 6000 fr., dans cette transaction le capital est de 5850 fr., et l'intérêt est de 6000 — 5850 = 150.

XV. L'intérêt étant le prix du loyer de la somme prêtée, plus le temps du loyer est long, plus la somme prêtée est forte, et plus l'intérêt est considérable. On est convenu, dans le commerce, de choisir l'année pour unité de temps, et le nombre 100 pour unité de capital; ainsi quand on dit que l'argent est placé à 4 pour 100, cela veut dire que l'emprunteur est convenu de payer au bout de l'année 104 fr. pour chaque 100 fr. que contient le capital. Supposons que les 5850 fr. sont placés à raison de 4 pour 100, pour connaître les intérêts, il faut faire la proportion

$$100 : 5850 :: 104 : 6084.$$

Ainsi, le prêteur recevant 6084 pour les 5850 qu'il a prêtés, l'intérêt se monte à 6084—5850 = 234.

XVI. Dans le commerce, on emploie le signe $\frac{0}{0}$ au lieu des mots *pour cent;* ainsi $4\frac{0}{0}$, $3\frac{0}{0}$, désignent de l'argent prêté à 4, à $3\frac{0}{0}$.

XVII. Soit a le capital prêté
i l'intérêt $\frac{0}{0}$,
b le capital à payer au bout de l'année,
c l'intérêt du capital a,

on aura

$$100 : a :: 100 + i : b = \frac{a(100+i)}{100} \quad (1)$$

$$c = \frac{a(100+i)}{100} - a = \frac{ai}{100} \quad (2)$$

d'où $\log. a + \log. (100+i) - \log. 100 =$
$-2 + \log. (100+i) + \log. a = \log. b$
et $\log. c = -2 + \log. a + \log. i$.

XVIII. Soit $a = 5850$
$i = 4\frac{0}{0}$

on aura

$$\log. b = -2 + \log. 104 + \log. 5850 =$$

$$\log. 5850 = 3{,}7671559$$
$$\log. \ 104 = 2{,}0170333$$
$$5{,}7841892$$
$$3{,}784189 = \log. 6084$$

donc $b = 6084$

$$\log. c = -2 + \log. 5850 + \log. 4 =$$

$$\log. 5850 = 3,7671559$$

$$\log. \quad 4 = 0,6020599$$

$$\overline{4,3692158}$$

$$2,3692158 = \log. 234$$

donc $$c = 234.$$

XIX. Les quatre quantités a, i, b, c sont liées par les deux équations (1) et (2). Connaissant donc deux quelconques de ces quantités, on peut trouver les deux autres ; il y a donc matière à $\frac{4.3}{1.3} = 6$ questions qui sont renfermées avec leurs solutions dans le tableau suivant.

connues	inconnues
a, i......	$b = \frac{a(100+i)}{100}$ $c = \frac{ai}{100}$
a, b......	$i = \frac{100(b-a)}{a}$ $c = b - a$
a, c......	$i = \frac{100c}{a}$ $b = a + c$

$$i,\ b \ldots\ldots \left\{ \begin{array}{l} a = \dfrac{100\,b}{100+i} \\[2ex] c = \dfrac{bi}{100+i} \end{array} \right.$$

$$i,\ c \ldots\ldots \left\{ \begin{array}{l} a = \dfrac{100\,c}{i} \\[2ex] b = \dfrac{c(100+i)}{i} \end{array} \right.$$

$$b,\ c \ldots\ldots \left\{ \begin{array}{l} a = b - c \\[2ex] i = \dfrac{100\,c}{b-c} \end{array} \right.$$

XX. Supposons maintenant que le capital a est prêté pour plusieurs années, et qu'à la fin de chaque année l'emprunteur paie l'intérêt c du capital a, on dit alors que l'argent est placé à intérêt simple.

Soit $a =$ le capital prêté,
$i =$ l'intérêt $\frac{0}{0}$,
$b =$ le capital payé au bout de chaque année,
$c =$ l'intérêt du capital au bout de chaque année,
$n =$ le nombre d'années,
$d =$ le montant de tous les intérêts annuels,

on aura les équations (1) et (2), et encore celle-ci

$$d = nc = \frac{nai}{100} \quad (3).$$

Les quantités a, i, b, c, n, d, sont donc liées par trois équations. Par conséquent il suffit d'en connaître trois, et elles donnent lieu à $\frac{6.5.4}{1.2.3} = 20$ questions dont il est facile de dresser le tableau.

XXI. Un capital est placé à intérêts composés, lorsqu'aux époques des paiemens le prêteur ne touche pas les intérêts, mais les laisse à l'emprunteur pour les joindre au capital; alors les intérêts portent eux-mêmes intérêts, et c'est ce qui a fait donner à ce genre de placement le nom d'intérêts composés.

Soit donc un capital a placé à intérêt composé; conservant les mêmes dénominations que dans le paragraphe précédent, on aura

$100 : 100 + i :: a : \frac{a(100+i)}{100} =$ ce que devient le capital au bout de l'année;

$100 : 100 + i :: \frac{a(100+i)}{100} : \frac{a(100+i)^2}{100^2} =$ ce que devient le capital à la fin de la deuxième année;

$$100 : 100+i :: \frac{a(100+i)^2}{100^2} : \frac{a(100+i)^3}{100^3} =$$

ce que devient le capital à la fin de la troisième année, etc.

En continuant cette suite de proportions, on trouve

$$A = \frac{a(100+i)^n}{100^n} \quad (4).$$

A désigne ce qu'est le capital au bout de la $n^{ème}$ année, et

XXII. $\text{Log.}A = \log.a + \log.(100+i)^n - n \log.100$
$= \log.a + n \log.(100+i) - 2n \quad (5).$

XXIII. L'équation (4) ou (5) renferme quatre quantités, A, a, n, i; par conséquent elle donne lieu à quatre questions, dont une, celle où n est l'inconnue, ne peut se résoudre qu'à l'aide de l'équation (5); étant plus commode pour le calcul, nous nous en servirons de préférence.

inconnues

$\text{Log.}A = \log.a + n\log.(100+i) - 2n;$ · A

$\log.a = \log.A - n\log.(100+i) + 2n;$ a

$n = \dfrac{\log.A - \log.a}{-2 + \log.(100+i)};$ n

$\log.(100+i) = \dfrac{2n + \log.A - \log.a}{n};$ i

XXIV. *Question.* Un capital a étant placé à intérêt composé, et à 5 $\frac{0}{0}$, on demande dans quel rapport il sera augmenté au bout de trente ans.

Réponse. On a $i = 5$

$n = 20.$

On veut connaître le rapport $\frac{A}{a}$, l'équation (5) donne

$$\log. \frac{A}{a} = \log. A - \log. a = 30 \log. 105 - 60$$

$$\log. 105 = 2{,}0211893o$$

$$30 \log. 105 = 60{,}6336790$$

$$\log. \frac{A}{a} = 0{,}6356790 = \log. 4{,}3219,$$

donc $\frac{A}{a} = 4{,}3219$ environ.

Ainsi un capital de 10000 fr. placé à 5 $\frac{0}{0}$ vaut 43219 fr. au bout de trente ans; par conséquent on touche 33219 fr. d'intérêts. Si on avait placé le même capital au même taux d'intérêt simple, on n'aurait reçu que 15000 fr. d'intérêts.

XXV. La même question peut aussi servir à connaître dans quel rapport la population d'un pays s'augmente au bout d'un certain nombre d'années, lorsqu'on connaît le rapport annuel d'augmentation.

XXVI. L'escompte est une transaction commerciale par laquelle le débiteur consent à payer comptant un capital dont le remboursement n'est exigible qu'au bout d'un temps déterminé, moyennant un certain rabais sur le capital, rabais évalué à tant pour cent.

XXVII. *Question.* Un débiteur consent à payer de suite un capital de 43219 fr. exigible dans trente ans; l'escompte étant évalué à 5 pour $\frac{0}{0}$, on demande ce qu'il doit payer.

Solution. Il faut chercher une somme a, qui, placée pendant trente années à 5 $\frac{0}{0}$, s'élève au capital 43219; la quantité cherchée est donc a, et on aura

$$\log. a = \log. 43219 - 30 \log. 105 + 60$$

$$\log. 43219 = 5,6356747$$

$$30 \log. 105 = 60,6356790$$

$$\log. a = 5 = \log. 10000$$

$$a = 10000.$$

XXVIII. *Question.* Un capital de 10000 fr., placé à 5 $\frac{0}{0}$ d'intérêt composé, s'est élevé au capital de 43219 fr.; de combien d'années les intérêts se sont-ils accumulés?

Solution. n est la quantité cherchée.

$$n = \frac{\log. 43219 - \log. 10000}{-2 + \log. 105}$$

$$\log. 43219 = 5,6356747$$

$$\log. 105 = 2,0211893o$$

$$n = \frac{0,6356745}{0,0211893} = \frac{6356747}{211893} = 29,99 = 30 \text{ environ (1).}$$

XXIX. *Question.* Un capital de 10000 fr., placé à intérêts composés, a rapporté 43219 fr., capital et intérêts; quel est le taux de l'intérêt annuel?

Solution. i est la quantité cherchée.

$$\log. (100 + i) = \frac{60 + \log. 43219 - \log. 10000}{30}$$

$$= \frac{60,6356747}{30} = 2,02118915 = \log. 105,$$

donc $100 + i = 105$

$$i = 5.$$

XXX. *Question.* Un capital a, est placé à intérêt composé : au bout de la première année on augmente le capital prêté d'une somme b; au bout de la deuxième année d'une nouvelle somme b'; au bout de la troisième d'une somme b'', et ainsi de suite, jusqu'à la pénultième an-

---

(1) On ne trouve pas exactement 30, comme cela devrait être, parce que les logarithmes ne sont que des valeurs approximatives (p. 373).

née ; on demande ce que devient le capital total.

La somme a restant, n années devient $a\left(\frac{100+i}{100}\right)^{n}$

b. . . $n-1$. . . . . $b\left(\frac{100+i}{100}\right)^{n-1}$

b'. . . $n-2$. . . . . $b'\left(\frac{100+i}{100}\right)^{n-2}$

. . . .

Faisant $$\frac{100+i}{100}=r,$$

on aura $A=ar^{n}+br^{n-1}+b'r^{n-2}+\ldots$. etc.

XXXI. Si $b=b'=b''=b'''\ldots\ldots$ etc.,

on aura

$$A=ar^{n}+b(r^{n-1}+r^{n-2}+r^{n-3}+\ldots\ldots r)$$

$$=ar^{n}+b\left(\frac{r^{n}-r}{r-1}\right)$$

$$=ar^{n}+\frac{br(r^{n-1}-1)}{r-1}\text{ (p. 393) (6)}$$

$$=ar^{n}+\frac{br^{n}}{r-1}-\frac{br}{r-1}\text{ (6). (a)}$$

XXXII. Cette équation entre A, a, r, n, b, donne lieu à quatre questions. Lorsque A est la quantité cherchée, on calcule à part, et par

---

(a) Si on ajoute b à la fin de la $n$ème année, on aura

$$A+b=ar^{n}+\frac{br^{n}-b}{r-1}$$

logarithmes, chacun des trois termes dont se compose la valeur de A; lorsque r est l'inconnu, on obtient, en chassant les dénominateurs, l'équation

$$ar^{n+1}+(b-a)r^n-rb-A(r-1)=0 \quad (7).$$

Lorsque $n=1$, l'équation est du second degré, et nous savons la résoudre : lorsque $n>1$, on peut la résoudre par approximation ; lorsque A et b sont les quantités cherchées, cela n'offre aucune difficulté; mais si c'est n qui est inconnu, il faut avoir recours à une méthode d'approximation.

XXXIII. Lorsqu'au lieu d'ajouter annuellement la somme b on la retranche, alors b devient négatif, et l'équation (7) se change en celle-ci :

$$ar^{n+1}-(a+b)r^n+br-A(r-1)=0 \quad (8).$$

C'est de cette manière que s'effectuent les paiemens dits par *annuités*.

XXXIV. On donne à l'équation (8) la forme suivante :

$$r^n[a(r-1)-b]=A(r-1)-br \quad (9).$$

Le premier membre est nul quand on a

$$b=a(r-1),$$

et alors le second devient

$$A(r-1)-br=0$$

$$A=\frac{br}{r-1}=ar=\text{quantité constante.}$$

Or, $a(r-1)$ est l'intérêt du capital a, et ar est ce que devient ce capital au bout d'une année; donc, lorsqu'un capital est placé à intérêt composé, et qu'on en tire chaque année les intérêts annuels, ce capital n'augmente pas, résultat qui est évident de lui-même.

XXXV. Supposons $A=0$, l'équation (9) donne, dans ce cas,

$$r^n=\frac{br}{b-a(r-1)} \quad (10).$$

Or, le premier membre r^n est essentiellement positif, il faut que la fraction du second membre soit aussi positive; mais son numérateur est positif, il faut donc que son dénominateur le soit aussi ; ce qui nécessite que l'on aie

$$b>a(r-1).$$

Par conséquent, pour qu'un capital placé à intérêt composé finisse par disparaître, il faut en retirer chaque année une somme plus forte que l'intérêt simple annuel du capital, résultat qu'il était facile de prévoir.

L'équation (10) fournit celles-ci :

$$n\log. r=\log. b+\log. r-\log. (b-a)(r-1) \quad (11)$$

$$b=\frac{ar^n(r-1)}{r^n-r}=\frac{ar^{n-1}(r-1)}{r^{n-1}-1}$$

$$\log. b=\log. a+(n-1)\log. r+\log. (r-1)-\log. (r^{n-1}-1).$$

XXXVI. *Question*. Un capital de 100000 fr. étant placé à intérêt composé de 5 %, quelle somme faut-il dépenser annuellement pour consommer le capital au bout de dix ans?

Solution. Ici b est la quantité cherchée, et on l'obtient à l'aide de l'équation (11). On a

$$a = 100000$$

$$r = \frac{105}{100}$$

$$n = 10$$

$\log. a = 5$; $\log. r = 0{,}0211893$

$n - 1 \log. r = 0{,}1907037$

$\log. r - 1 = 0{,}6989700 - 2$

$\log. a + (n-1) \log. r + \log. r - 1 = 3{,}8896737$

$\log. r^{n-1} - 1 = 0{,}7413880 - 1$

$\log. 6 = 4{,}1482857 = \log. 14070$

$r^{n-1} = 1{,}5513.$

Ainsi, en dépensant 14070 fr. par an environ, le capital sera anéanti au bout de dix ans.

XXXVII. *Question*. Les données a et r de la première question restant les mêmes, au bout de combien de temps sera anéanti le capital en dépensant 6000 fr. par an?

Solut. L'intérêt simple annuel de 100000 fr. est 5000 fr.; par conséquent, en dépensant 6000 fr. par an, le capital disparaîtra : il s'agit de savoir au bout de combien de temps. r est l'inconnue, il faut se servir de l'équation (11).

$$a = 100000$$

$$r = \frac{105}{100}$$

$$b = 6000$$

$$n = \frac{\log. 6000 + \log. \frac{105}{100} - \log. \left(6000 - 100000 \times \frac{5}{100}\right)}{\log. \frac{105}{100}}$$

$$n = \frac{3 + \log. 6 + \log. 105 - 2 - \log. 1000}{\log. 105 - \log. 200}$$

$$= \frac{3 - 2 - 3 + \log. 6 + \log. 105}{-2 + \log. 105}$$

$$= \frac{-2 + \log. 6 + \log. 105}{-2 + \log. 106} = \frac{\mathrm{N}}{\mathrm{D}}$$

$$-2 = -2$$

$$\log. \quad 6 = 0{,}77815125$$

$$\log. 105 = 2{,}02118930$$

$$\mathrm{N} = 0{,}79934055$$

$$\mathrm{D} = 0{,}02118930$$

$$n = \frac{\mathrm{N}}{\mathrm{D}} = \frac{79934055}{2118939} = 37{,}7.$$

XXXVIII. 1°. Au bout de combien d'années un capital placé à 5 % et à intérêt composé sera-t-il doublé ?

Réponse. Par l'équation (5),

$$n = \frac{\log.\ 92}{-2+\log.\ 105} = \frac{0{,}30103000}{0{,}0211893} = \frac{3010300}{211893}$$
$$= 14{,}21 \text{ environ.}$$

Ainsi le capital est doublé au bout de 14 ans 2 mois $\frac{1}{2}$ à peu près.

2°. Au bout de combien de temps le capital placé à 4 $\frac{0}{0}$ se double-t-il?

Réponse. $n = 17{,}76 = 17$ années 9 mois et 3 jours environ.

3°. L'intérêt annuel étant à 5 $\frac{0}{0}$, mais se payant par semestre, quel est l'intérêt annuel composé?

Réponse. 5 $\frac{1}{8}$.

4°. L'intérêt annuel simple étant à 4 $\frac{0}{0}$, mais se payant par semestre, quel est l'intérêt annuel composé?

Réponse. 4 $\frac{2}{25}$.

Observation. Tels sont les intérêts que rapportent en France les deux fonds publics lorsqu'ils sont au pair, c'est-à-dire lorsqu'il faut donner 100 fr. de capital pour avoir 5 ou 4 fr. de rente.

Ainsi 20000 fr. dans les 5 $\frac{0}{0}$ rapportent 1025 fr. par an; 20000 fr. dans les 4 $\frac{0}{0}$ rapportent 816 fr. par an, en convertissant les intérêts semestriels en rentes.

Le 4 $\frac{0}{0}$ est connu sous le nom de 3 $\frac{0}{0}$, parce que l'on sous-entend que l'unité du capital n'est pas 100, mais 75. On a la proportion :

$$100 : 4 :: 75 : 3.$$

5°. La rente 5 $\frac{0}{0}$ valant m francs, à quel taux pour $\frac{0}{0}$ est la rente? (1)

Réponse. $\frac{500}{m}$.

Lorsque $m = 100$ la rente est au pair,
$m > 100$ au-dessus,
$m < 100$ au-dessous.

6°. La rente dite 3 $\frac{0}{0}$ valant m francs, à quel taux pour $\frac{0}{0}$ est la rente?

Réponse. $\frac{225}{m}$.

Lorsque $m = 75$ la rente est au pair,
$m => 75$ au-dessus du pair,
$m =< 75$ au-dessous.

XXXIX. *Question.* Un particulier doit un capital de 10000 fr., que doit-il payer chaque année pour s'acquitter dans 20 ans, l'intérêt étant compté à 4 $\frac{0}{0}$?

Réponse. 735 fr. 816.

XL. *Question.* Un particulier hérite de 50000 fr. dont il ne doit jouir que dans 50 ans,

---

(1) *Voyez* la note 4 à la fin du Manuel.

quelle est la valeur annuelle de cette somme, l'intérêt étant compté à 4 $\frac{0}{0}$?

Réponse. 1407 fr. 125.

XLI. *Question.* Un particulier jouit d'une rente annuelle de 8000 fr. sur laquelle il doit rembourser en 10 ans un capital de 18000 fr., que doit-il payer chaque année, l'intérêt étant à 4 $\frac{0}{0}$?

Réponse. 2219,2 (p. 406); ici A = 26644, ou ce que devient 18000 fr. au bout de dix ans.

XLII. *Question.* Le même particulier, se contentant de 4000 fr. de rente, paie chaque année 4000 fr., en combien d'années sera-t-il libéré?

Réponse. En 5 ans 21 jours. Au bout de ce temps les annuités réunies s'élèvent à 21948 (p. 406), et le capital s'élève à la même somme.

XLIII. *Question.* Un particulier ayant espérance de vivre 20 années, place 2000 fr. à fonds perdu à 4 $\frac{0}{0}$, quelle est la rente annuelle?

Réponse. 147 fr. 165.

Observation. Un capital est placé à fonds perdu lorsqu'il devient la propriété de l'emprunteur à la mort du prêteur, et le premier s'engage à payer au second, durant sa vie, une somme déterminée, qu'on règle, d'après le taux de l'intérêt et d'après la longévité probable du prêteur.

Dans le cas actuel, en plaçant chaque année,

et pendant 20 années consécutives, la même somme de 147 fr. 165 à intérêt composé de 4 %, la somme de tous les capitaux produits est égale à 2000 au capital prêté; ce cas rentre dans le problème de la page 405, où

$$A = 2000$$

$$r = \frac{104}{100}$$

$$b = a$$

XLIV. *Question.* Un particulier emprunte 7000 fr., sa dépense annuelle est de 800 fr., quel doit être son revenu annuel pour acquitter cette somme, à raison de 4 %, en 10 ans, en 15 ans, en 20 ans?

R. En 10 ans son revenu doit être 1663
15 ans 1429,616
20 ans 1315,215

XLV. *Question.* Un particulier ayant espérance de vivre encore 25 ans, jouit d'une rente viagère de 1000 fr., quel capital représente actuellement cette rente, l'intérêt étant à 5 %?

Réponse. 14260 fr. environ.

Observation. Tel est à peu près le prix moyen des retraites que le gouvernement français accorde aux employés dans les services publics.

NOTES.

Note 1 (page 92).

Sur le nombre des arrangemens qui se trouvent dans chaque classe des combinaisons avec répétition.

Nous avons donné et démontré (p. 96) les formules pour calculer le nombre des arrangemens des classes combinatoires sans répétition; à l'aide de ces formules il est aisé de découvrir celles qui conviennent aux combinaisons avec répétition. Occupons-nous d'abord de la seconde classe, ou des élémens combinés 2 à 2; or, m élémens combinés 2 à 2. A. R, fournissent autant d'arrangemens que $m+1$ élémens combinés de la même manière, mais sans admettre de répétition. En effet, soit, pour fixer les idées, d'un côté les trois élémens a, b, c, à combiner 2 à 2 avec répétition, et d'un autre côté les quatre élémens a, b, c, d, à combiner S. R. Effectuant les classes d'après les procédés indiqués (pages 90 et 93), on voit que le premier genre de combinaison renferme (avec répétition)

3 arrangemens commençant par la lettre a
2 .... b
1 c

Il en est de même dans le second genre de combinaison. Il y a donc le même nombre d'arrangemens dans les deux genres, et cette conclusion est indépendante du nombre d'élémens; mais $m+1$ élémens combinés

S. R. 2 à 2 fournissent $\frac{(m+1)m}{1.\quad 2}$ arrangemens (p. 96); telle est donc aussi la formule qui exprime le nombre des arrangemens de m élémens combinés 2 à 2 A. R.

Venons maintenant à la troisième classe combinatoire; m élémens combinés 3 à 3. A. R, fournissent autant d'arrangemens que $m + 2$. élémens combinés 3 à 3 S. R; soit encore les trois élémens a, b, c, et les cinq élémens a, b, c, d, e; développant les classes avec et sans répétition, et raisonnant comme ci-dessus, on verra que, dans l'un et l'autre genre de combiner les élémens entre eux, le même nombre d'arrangemens commence par a, le même nombre par b, etc.; or, $m + 2$ élémens fournissent

$$\frac{(m+2)(m+1)m}{1.\quad 2\ .\ 3}$$

arrangemens, étant combinés 3 à 3 sans répétition; donc telle est aussi la formule qui donne les arrangemens pour n élémens A. R. En généralisant ce raisonnement, on parvient à la formule donnée sans démonstration à la page 93 du Manuel.

Note 2 (page 144).

Sur le développement ordonné du polynome $(a + bx + cx^2 + \ldots\ldots)^m$.

On peut aussi obtenir ce développement par les procédés de l'algèbre élémentaire. Prenons pour exemple le quadrinome $(a + bx + cx^2 + dx^3)$ à élever à la cinquième puissance, et faisons

$$(a+bx+cx^2+dx^3)^5 = A_0 + A_1x + A_2x^2 + A_3x^3 + \ldots\ldots A_{14}x^{14} + A_{15}x^{15}.$$

A_0, A_1, A_2, etc., sont des coefficiens composés en a, b, c, et qu'il s'agit de trouver.

Soit encore

$$\begin{aligned} a &= B_0 \\ bx &= B_1 \\ cx^2 &= B_2 \\ dx^3 &= B_3 \end{aligned}$$

le terme général du développement sera de la forme

$$\lambda\, B_0^{\,p}\; B_1^{\,r}\; B_2^{\,s}\; B_3^{\,t} = \lambda\, a^p\; b^r\; c^s\; d^t\;\; x^{r+2s+3t}$$

et l'on aura $\quad p+r+s+t=5 \quad (1)$

$$\lambda = \frac{1.2.3.4.5}{1\ldots\ldots p \times 1\ldots\ldots r \times 1\ldots\ldots s \times 1\ldots\ldots t} \quad \text{(p. 142)}$$

$$r+2s+3t=n \quad (2)$$

Il faudra, 1°. donner successivement à n toutes les valeurs entières et positives depuis $n=0$
jusqu'à $n=15$;

2°. Satisfaire aux deux équations (1) et (2), en n'admettant, pour p, r, s, t, que des valeurs entières et positives (p. 271);

3°. Calculer, pour chaque système de valeurs des exposans p, r, s, t, la valeur de λ qui y correspond;

4°. Réunir tous ces termes, et on aura le terme $A^n x_n$ du développement.

Faisons d'abord $\quad n = 0$

on aura

$$\begin{aligned} p &= 5 \\ r &= 0 \\ s &= 0. \end{aligned}$$

$$t = 0$$
$$\lambda = 1$$

donc $$A_0 = a^5.$$

Pour $n = 1$ on n'a qu'un seul systéme de valeurs

$$r = 1$$
$$s = 0$$
$$t = 0$$
$$p = 4$$
$$\lambda = 5$$

d'où $$A_1 = 5a^4 b$$

Pour $n = 2$ on trouve ces deux systèmes de valeurs

$$r,\ s,\ t,\ p,\ \lambda$$
$$0,\ 1,\ 0,\ 4,\ 5$$
$$2,\ 0,\ 0,\ 3,\ 10$$

d'où l'on conclut

$$A_2 = 5a^4 c + 10a^3 b^2$$

et ainsi de suite.

Note 3 (page 107).

Sur le jeu de la loterie.

1°. Ce jeu est frauduleux, parce que le banquier y est trop favorisé aux dépens des joueurs. En effet, des 90 numéros que contient l'urne, on en fait sortir 5 gagnans, et qui forment 5 extraits,

10 ambes,

10 ternes,

5 quaternes.

Celui qui joue l'extrait a 5 chances pour, et 85 chances contre; il a donc 17 fois plus de motifs pour craindre de perdre que d'espérance pour gagner. L'équité exigerait donc que le banquier payât 18 fois la mise sur l'extrait gagnant, et toutefois il ne paie que 15 fois cette mise. L'ambe a 10 chances pour, et 4005 — 10 = 3995 chances contre elle. Elle devrait être payée 400 ½ fois la mise, et on ne donne que 270 fois la mise. Il est facile maintenant de comprendre le tableau suivant, qui fait ressortir l'iniquité de ce jeu :

	à payer	est payé
Extrait,......	18 fois,	15 fois la mise;
Ambe,......	400 ½ fois,	270 fois la mise;
Terne,....	11748 fois,	5500 fois la mise;
Quaterne,	511037 fois,	75000 fois la mise.

2°. Ce jeu est immoral, parce que l'immense majorité des joueurs est formée de personnes simples, qui non-seulement ne savent pas qu'on les trompe, mais ne sont pas même en état de comprendre en quoi et de combien on les trompe.

3°. Ce jeu est immoral, parce qu'il existe une disproportion énorme entre la fortune du joueur et celle du banquier : la même perte qui suffit pour anéantir à jamais le bien-être de l'un, n'entame même pas celui de l'autre. Cette cause d'immoralité existerait encore, lors même que toutes les chances seraient rigoureusement et équitablement compensées.

4°. Ce jeu, étant fondé sur le hasard, est irréligieux, parce qu'il favorise, renforce le penchant à la superstition, si naturel à l'homme qui est obligé de chercher dans des rencontres fortuites les motifs de ses déterminations.

5°. Ce jeu est anti-social, parce qu'il enseigne et fait saisir avec avidité les moyens de parvenir subitement, sans aucun travail, sans aucun droit acquis, aux avantages de la richesse; moyens qu'il n'est donné à aucun législateur d'autoriser, parce qu'aucune morale ne les sanctionne.

6°. Il est anti-social, parce que, sous l'apparence de modérer, de diriger la passion du jeu chez quelques individus, il la développe et l'alimente chez une foule d'autres. Est-il permis de faire un mal considérable et certain, en vue d'un bien, faible et incertain?

7°. Il est impolitique, parce que l'exploitation des vices est une mauvaise ressource financière, qu'il n'est dans l'intérêt d'aucun gouvernement de mettre en usage, et qu'aucun particulier, sans renoncer à l'honneur, n'oserait publiquement avouer.

Note 4 (page 412).

Il faut distinguer dans la rente, 1°. le taux nominal; il est fixe, par exemple, de 5 dans les 5 %, et de 4 dans les 4 %;

2°. Le taux vénal; il varie, et dépend en général de l'état du commerce en dedans et au dehors, et du degré de confiance que l'on a dans les opérations du gouvernement, ou, ce qui revient au même, dans sa solvabilité prochaine ou éloignée. Ces deux causes peuvent agir dans le même sens, ou se contrarier : de là la mobilité dans le prix des effets publics.

FIN DES NOTES.

TABLE DES MATIÈRES.

FIN DE LA TABLE.

ERRATA.

Pag.	lig.	
19,	*dern. ligne*,	*au lieu de*, $-8a^4 b$; *lisez* : $+8a^4 b$.
22,	*avant-dernière ligne*,	*au lieu de*, soustraite; *lisez* : à soustraire.
23,	14,	*au lieu de*, e; *effacez*.
38,	7,	*au lieu de*, peut; *lisez* : paraît.
42,	13,	*au lieu de*, c^{p-}; *lisez* : c^{p-t}
60,	16,	*au lieu de*, a; *lisez* : $-a$.
61,	15,	*au lieu de*, -26; *lisez* : $-2b$.
65,	4,	*au lieu de*, réduits; *lisez* : ajoutés.
idem.	11,	*après*, $\frac{1}{a}$; *lisez* : le facteur a^{-m}, etc.....
80,	6e	*ligne de l'alinéa*, *après*, renferment; *ajoutez* : pas.
84,	24,	*au lieu de*, restant; *lisez* : restans.
103,	11,	*au lieu de*, $m-n$; *lisez* : $m-p$.
113,	6,	*après*, comme; *ajoutez* : des.
126,	2,	*au lieu de*, soit; *lisez* : supposé.
127,	12,	*effacez* : m à la fin de la ligne.
129,	1,	*au lieu de*, -1; *lisez* : $1-$.
188,	13,	*au lieu de*, by; *lisez* : $6y$.
233,		*effacez* : la dernière ligne au bas de la page.
276,	21,	*au lieu de*, Équation; *lisez* : Équations.
303,	Ex. 7°.....	*au lieu de*, $+\frac{2b}{3c}$; *lisez* : $-\frac{2b}{3c}$.
idem.	Ex. 9°.....	*au lieu de*, $a^m x^n$; *lisez* : $a^m + x^n$.
304,	*dernière ligne*,	*au lieu de*, $5ca^{m-2} x^{n-1}$; *lisez* : $5ca^{m-2} x^{n+1}$.
309,	4,	*au lieu de*, mettant; *lisez* : prenant.

www.ingramcontent.com/pod-product-compliance
Lightning Source LLC
Chambersburg PA
CBHW060948220326
41599CB00023B/3631

9782012156470